Manual de
ARDUINO
Curso Práctico

E y S, control, sensores, red, placa, wi-fi, BT, códigos

Tomo 2

ISBN: 9798374863215

Edición EMD

ÍNDICE

ENTRADAS Y SALIDAS

La utilidad más evidente de una placa Arduino es interaccionar con su entorno físico a través de sensores y actuadores. Para ello, disponemos de varias funciones que tratan señales de tipo digital (ya sean entradas o salidas) o de tipo analógico (ya sean entradas o salidas).

USO DE LAS ENTRADAS Y SALIDAS DIGITALES

Las funciones que nos ofrece el lenguaje Arduino para trabajar con entradas y salidas digitales son:

pinMode(): configura un pin digital (cuyo número se ha de especificar como primer parámetro) como entrada o como salida de corriente, según si el valor de su segundo parámetro es la constante predefinida INPUT o bien OUTPUT, respectivamente. Esta función es necesaria porque los pines digitales a priori pueden actuar como entrada o salida, pero en nuestro sketch hay que definir previamente si queremos que actúen de una forma u de otra. Es por ello que esta función se suele escribir dentro de "setup()". No tiene valor de retorno.

Si el pin digital se quiere usar como entrada, es posible activar una resistencia "pull-up" de 20 KΩ que todo pin digital incorpora. Para ello, se ha de utilizar la constante predefinida INPUT_PULLUP en vez de INPUT, ya que la constante INPUT desactiva explícitamente estas resistencias "pull-ups" internas. Recordemos que si un pin de entrada tiene su resistencia "pull-up" interna desactivada, en el momento que no esté conectado a nada puede recibir ruido eléctrico del entorno o de algún pin cercano y provocar así inconsistencias en los valores de entrada obtenidos (ya que estos cambiarán aleatoriamente en cualquier momento). Esto hace que por lo general sea recomendable activar la resistencia "pull-up".

Otra forma alternativa de activar la resistencia "pull-up", diferente de la descrita en el párrafo anterior, es utilizar la constante INPUT y además la función *digitalWrite()* de una forma muy concreta —ver siguiente párrafo—. Otra forma diferente de conseguir el mismo resultado práctico sería utilizar en vez de la resistencia "pull-up" interna, una resistencia "pull-down" extra externa (es decir, una resistencia que conectara ese pin a tierra); un valor de 10 KΩ ya valdría.

digitalWrite(): envía un valor ALTO (HIGH) o BAJO (LOW) a un pin digital; es decir, tan solo es capaz de enviar dos valores posibles. Por eso, de hecho, hablamos de salida "digital". El pin al que se le envía la señal se especifica como primer parámetro (escribiendo su número) y el valor concreto de esta señal se especifica como segundo parámetro (escribiendo la constante predefinida HIGH o bien la constante predefinida LOW, ambas de tipo "int").

Si el pin especificado en *digitalWrite()* está configurado como salida, la constante HIGH equivale a una señal de salida de hasta 40 mA y de 5 V (o bien 3,3 V en las placas que trabajen a ese voltaje) y la constante LOW equivale a una señal de salida de 0 V. Si el pin está configurado como entrada usando la constante INPUT, enviar un valor HIGH equivale a activar la resistencia interna "pull-up" en ese momento (es decir, es idéntico a usar directamente la constante INPUT_PULLUP), y enviar un valor LOW equivale a desactivarla de nuevo. Esta función no tiene valor de retorno.

Es posible que el valor HIGH (5V) ofrecido por un pin digital de salida no sea suficiente para alimentar componentes de alto consumo (como motores o matrices de LEDs, entre otros), por lo que estos deberían alimentarse siempre con circuitería extra (evitando así además posibles daños en el pin por sobrecalentamiento). O por el contrario, que dicho valor se deba reducir mediante un divisor de tensión para adecuarlo al voltaje de trabajo del componente allí conectado. En las páginas siguientes se irán viendo ejemplos de uno y de lo otro.

digitalRead(): devuelve el valor leído del pin digital (configurado como entrada mediante *pinMode()*) cuyo número se haya especificado como parámetro. Este valor de retorno es de tipo "int" y puede tener dos únicos valores (por eso, de hecho hablamos de entrada digital): la constante HIGH (1) o LOW (0).

Si la entrada es de tipo INPUT, el valor HIGH se corresponde con una señal de entrada mayor de 3 V y el valor LOW con una señal menor de 2 V. Si la entrada es de tipo INPUT_PULLUP, al tener la entrada conectada una resistencia "pull-up", las lecturas son al revés: el valor HIGH indica que no se recibe señal de entrada y el valor LOW que sí.

Además de las anteriores, otra función no tan usada pero interesante es:

pulseIn(): pausa la ejecución del sketch y se espera a recibir en el pin de entrada especificado como primer parámetro la próxima señal de tipo HIGH o LOW (según lo que se haya indicado como segundo parámetro). Una vez recibida esa señal, empieza a contar los microsegundos que esta dura hasta cambiar su estado otra vez, y devuelve finalmente un valor —de tipo "long"— correspondiente a la duración en microsegundos de ese pulso de señal. De forma opcional, se puede especificar un tercer parámetro —de tipo "unsigned long"— que representa el tiempo máximo de espera en microsegundos: si la señal esperada no se produce una vez superado este tiempo de espera, la función devolverá 0 y continuará la ejecución del sketch. Si este tiempo de espera no se especifica, el valor por defecto es de un segundo. En la documentación oficial recomiendan usar esta función para rangos de valores de retorno de entre 10 microsegundos y 3 minutos, ya que para pulsos más largos la precisión puede tener errores.

Ejemplos con salidas digitales

Ejemplo 6.1: Veamos un código muy sencillo para ilustrar el uso de las funciones *pinMode()* y *digitalWrite()*. La idea es encender y apagar un LED de forma periódica, simplemente. El circuito montado en la breadboard sería parecido a este:

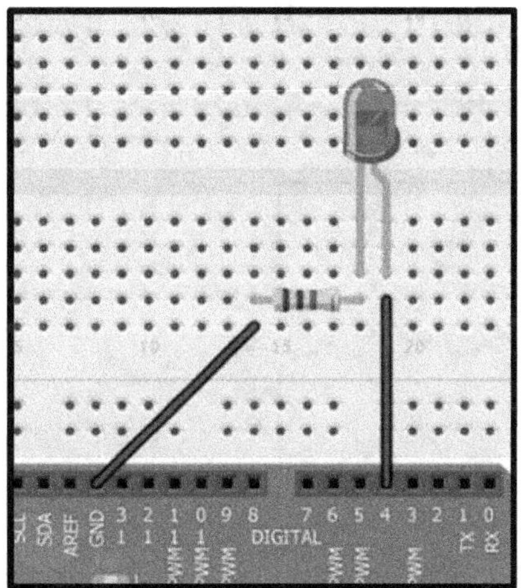

En él se puede observar que el terminal positivo del LED está conectado al pin-hembra digital número 4 de la placa Arduino y su terminal negativo está conectado a una resistencia que hace de divisor de tensión (un valor de 220 ohmios ya estaría bien), la cual está conectada a su vez a tierra.

Evidentemente, para que este circuito funcione la placa Arduino ha de recibir alimentación eléctrica de alguna manera (en la figura anterior no se muestra la fuente porque para el caso es irrelevante). Una vez la placa esté encendida (y por tanto, nuestro sketch –mostrado en la página siguiente– esté ejecutándose), cuando así lo decida nuestro programa la placa enviará corriente al LED a través de su pin 4 configurado como salida (y por tanto, lo encenderá), y cuando toque dejará de enviarle corriente (y por tanto, lo apagará).

Notar que no se ha tenido que hacer uso de los pines-hembra "5V" o "Vin" de la placa Arduino; esto es un hecho que confunde mucho a los principiantes. Los pines-hembra de alimentación solamente son necesarios cuando queremos aportar electricidad de forma permanente y estable a algún componente de nuestro circuito (como un LED, por ejemplo) independientemente del estado de las salidas digitales. Tal como veremos en el código de ejemplo, para encender el LED enviamos un voltaje de 5 V (el valor HIGH) a la salida digital en la que está conectado porque queremos tenerlo encendido solo cuando se envía precisamente ese valor HIGH, no todo el tiempo. Eso sí, los valores HIGH que puede ofrecer la placa Arduino a través de sus pines de salida son gracias a que es ella la que se alimenta.

En cualquier caso, lo que sí que ha de tener todo circuito es una toma de tierra. Por tanto, en todos nuestros proyectos con Arduino siempre utilizaremos algún pin-hembra de los que están marcados como "GND".

El esquema correspondiente al circuito anterior será este:

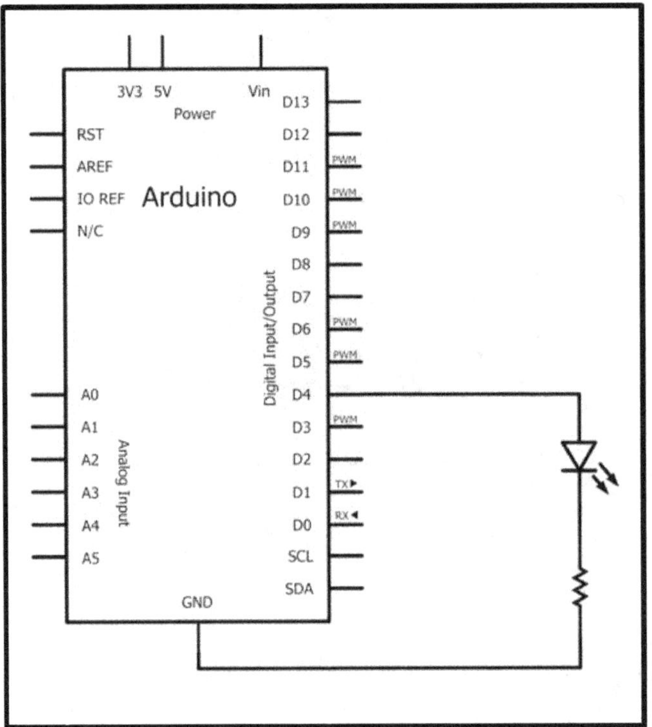

Y he aquí finalmente el código:

```
void setup(){
      //Inicializamos el pin digital 4 como salida.
      //Es donde irá conectado nuestro LED.
      pinMode(4,OUTPUT);
}
void loop(){
      digitalWrite(4,HIGH);  //Decimos que se encienda el LED
      delay(1000);           //Esperamos un segundo
      digitalWrite(4,LOW);   //Decimos que se apague el LED
      delay(1000);           //Esperamos un segundo
}
```

El sketch anterior es bastante autoexplicativo: tras establecer el pin digital número 4 como salida, enviamos gracias a la función *digitalWrite()* una señal de valor HIGH (5V) a través de ella. Si no se hiciera nada en nuestro código para evitarlo, esta señal, una vez activada, continuaría enviándose sin interrupción. Pero como lo que queremos es hacer parpadear el LED, justo después de enviar la señal de valor HIGH, enviamos una señal de valor LOW (0V) para así interrumpir el encendido. Una vez llegados al final del "loop", volvemos para arriba y continuamos el proceso: encendido-apagado-->encendido-apagado... y así.

¿Por qué intercalamos las funciones *delay()* en medio de las dos *digitalWrite()*? Porque si no estuvieran, el envío de la señal HIGH y el de la señal LOW se harían sumamente seguidos (ya que la velocidad con la que el microcontrolador pasa de ejecutar una línea del sketch a la siguiente es tremendamente alta; de hecho, eventos escritos en líneas contiguas dentro de la función "loop()" los podemos considerar prácticamente simultáneos) y nuestro ojo no podría distinguir ningún parpadeo. La función *delay()* sirve para pausar ("congelar") el sketch un determinado tiempo y así mantener la señal previamente enviada por los dos *digitalWrite()* de forma que se pueda apreciar. Es evidente, pues, que escribir un tiempo menor en *delay()* hará que el parpadeo sea más rápido, y un tiempo mayor lo contrario. De hecho, si reducimos el parámetro de *delay()* hasta aproximadamente 10 milisegundos, veremos que efectivamente el LED deja de parpadear; esto es porque el parpadeo es tan rápido que nuestro ojo ya es incapaz de observarlo. Como dato curioso, si con 10 ms de *delay()* además movemos nuestro montaje de un lado a otro dentro de una habitación oscura, veremos que el LED deja un camino de luz.

Teniendo lo anterior en cuenta, podríamos jugar un poco con el código. Por ejemplo, si cambiáramos el tiempo de espera de uno de los *delay()* podríamos mantener encendido o apagado el LED más tiempo o menos. Sabiendo esto (y añadiendo algún *digitalWrite()* y *delay()* más), podríamos realizar un ejercicio interesante: mostrar una secuencia de encendidos/apagados correspondientes a diferentes códigos Morse (tal como el S.O.S., compuesto por tres puntos, tres rayas y tres puntos), donde la raya equivaldría a un "encendido largo", el punto a un "encendido corto" y la pausa entre ellos a un apagado de duración única.

<u>Ejemplo 6.2</u>: Veamos otro ejemplo de salidas digitales (seguiremos utilizando LEDs porque su comportamiento es fácilmente observable). El circuito de este nuevo ejemplo es exactamente igual al utilizado en el ejemplo anterior, y su comportamiento también (es decir, se consigue el parpadeo periódico de un LED). La novedad está en el código de nuestro sketch, donde para generar el tiempo de espera entre los estados encendido y apagado del LED no se utiliza ninguna función *delay()*. ¿Qué aporta este cambio? Que podamos ejecutar instrucciones de nuestro código al mismo tiempo que se está encendiendo o apagando el LED. Es decir: con *delay()* todo sketch se pausa hasta que no termina el tiempo especificado y continúa su ejecución; si por ejemplo queremos hacer parpadear un LED mientras queremos a la vez estar

pendientes de la llegada de algún dato por algún pin de entrada o por el canal serie, no podemos usar *delay()* porque nuestro programa al llegar a la línea de esta instrucción se pararía completamente y se estaría "perdiendo" lo ocurrido "ahí fuera".

El truco para no usar *delay()*, tal como se puede ver en el código siguiente, es guardar el tiempo de la última vez que el LED se encendió o se apagó y comprobar entonces en cada vuelta del "loop()" si ya ha pasado el tiempo suficiente para cambiar el estado del LED. Evidentemente, esta idea se puede generalizar para gestionar la periodicidad de todo tipo de eventos.

```
int estadoLed = LOW; //Variable para cambiar el estado del LED
long t1 = 0 ; //Guarda el último momento cuando el LED cambió
long t2 = 0 ; //Guarda el instante actual de ejecución
long intervalo = 1000; //Intervalo de tiempo para el parpadeo
void setup(){
    pinMode(4,OUTPUT);
}
void loop() {
/*Aquí viene el  código que se desea ejecutar todo el rato (lectura
de sensores, control de actuadores, etc.) */

/*Ahora se pasa a comprobar si ha de cambiar el estado del LED. Esto
se hace mirando si la diferencia entre el tiempo actual y la última
vez que el LED cambió es mayor que el intervalo que se quiere para el
parpadeo.*/
    t2=millis();
    if (t2 - t1 > intervalo){
        //Guardo el tiempo del cambio, para la próxima vez
        t1 = t2;
        //Y realizo el cambio de estado
        if (estadoLed == LOW){
            estadoLed = HIGH;
        } else {
            estadoLed = LOW;
        }
        digitalWrite(4, estadoLed);
    }
}
```

Ejemplo 6.3: Veamos otro ejemplo más de salidas digitales. Como se puede ver en las figuras siguientes, ahora tenemos 3 LEDs conectados en paralelo. Cada uno de ellos recibirá una señal digital proveniente de un pin-hembra de la placa Arduino (en nuestro ejemplo, son el 6, 7 y 8 respectivamente, pero podrían ser otros cualesquiera). La tarea del circuito es realizar un encendido de los LEDs de tal forma que simule el efecto "coche fantástico" (sin estela); es decir, que se enciendan los LEDS por este orden: 6, 7, 8, 7, 6, 7, 8...

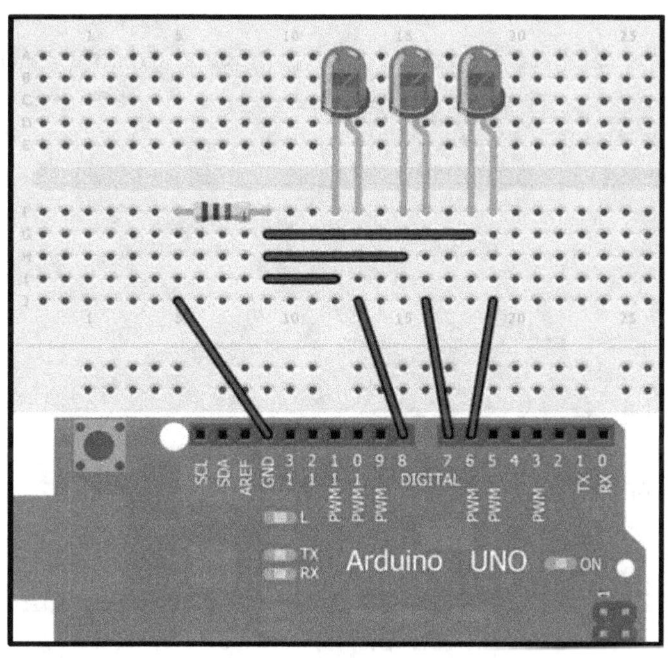

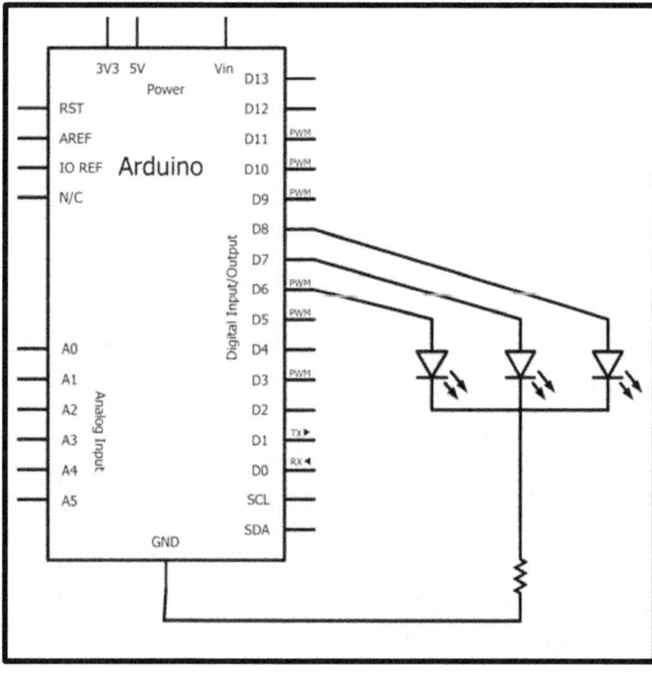

Fijarse que como divisor de tensión hemos utilizado una sola resistencia. Podríamos haber utilizado una resistencia conectada en serie a cada LED (es decir, tres resistencias en total) para conseguir el mismo objetivo, pero tal como lo hemos hecho nos ahorramos dos resistencias. El código del sketch que la placa Arduino ha de ejecutar es este:

```
byte i=0;      //Variable contador para los bucles for
int del=100; //Variable que marca el tiempo en los delay()
void setup() {
/*Inicializamos los pines digitales 6, 7 y 8 como salida.
Hacerlo con un for nos ahorra muchas líneas de código */
      for (i = 6; i<=8 ; i++)     {
             pinMode(i, OUTPUT);
      }
}
void loop() {
      //Parpadean los LEDs del 6 al 8
      for (i = 6; i<=8; i++) {
             digitalWrite(i, HIGH);
             delay(del);
             digitalWrite(i, LOW);
      }
   /*Parpadean los LEDs del 8-1 (7) hasta el 6+1 (7). En
   este caso particular, no habría hecho falta ningún bucle
   porque solo hay un LED entre ambos extremos (el 7) pero
   se deja como demostración para posibles ampliaciones */
      for (i = 7; i>=7; i--) {
             digitalWrite(i, HIGH);
             delay(del);
             digitalWrite(i, LOW);
      }
}
```

Ejemplo 6.4: El siguiente es otro ejemplo de código que realiza lo mismo que el anterior, pero utilizando un array para almacenar los números de pines donde están conectados los LEDs. Además, introduce una "estela" al mantener iluminados a la vez un LED y el siguiente e ir avanzando.

```
//Este array tiene los n° de pines donde se conectan los LED
byte leds[]={6,7,8};
byte i=0;      //Variable contador para los bucles for
int del=30;   //Variable que marca el tiempo en los delay()
void setup() {
```

```
//El bucle recorre los tres elementos del array (0, 1 y 2)
      for (i=0;i<=2;i++) {
            pinMode(leds[i],OUTPUT);
      }
}
void loop() {
//Parpadean los LEDs, del 6 al 8
//Atención a los límites del bucle for
      for (i=0;i<2;i++) {
            digitalWrite (leds[i],HIGH);
            delay(del);
            digitalWrite(leds[i+1],HIGH);
            delay(del);
            digitalWrite (leds[i],LOW);
            delay(del*2);
      }
//Parpadean los LEDs, del 8 al 6
//Atención a los límites del bucle for
      for (i=2;i>0;i--) {
            digitalWrite (leds[i],HIGH);
            delay(del);
            digitalWrite(leds[i-1],HIGH);
            delay(del);
            digitalWrite (leds[i],LOW);
            delay(del*2);
      }
}
```

Se deja como ejercicio modificar el sketch anterior para que los tres LEDs se iluminen y se apaguen a la vez. ¡Es muy fácil!

Otro ejercicio interesante con tres LEDs en paralelo (si fueran de color verde, naranja y rojo sería perfecto) es escribir un sketch que simule el comportamiento de un semáforo. Es decir, hacer que el LED "verde" se encienda durante un rato, que al cabo de un tiempo empiece a parpadear el LED "naranja", para seguidamente apagarse ambos y encenderse el LED "rojo". Seguidamente se debería de volver a empezar el mismo proceso otra vez. Incluso con la ayuda de un pulsador (de cuyo uso hablaremos en el siguiente apartado) se podría obligar a encender el LED "verde" (y apagar los demás), tal como ocurre en algunos semáforos reales.

<u>Ejemplo 6.5</u>: Para acabar este apartado, mostraremos un sketch (para el mismo circuito de los tres LEDs) donde se ilustra el uso de funciones propias para reutilizar código. ¿Qué es lo que ocurriría si lo ponemos en marcha?

```
void setup(){
      pinMode(6, OUTPUT);
      pinMode(7, OUTPUT);
      pinMode(8, OUTPUT);
}
void loop() {
     /*Ojo: hasta que no una función no acaba de
      ejecutarse, el sketch no pasará a la siguiente */
      flash_led(6,500);
      flash_led(7,1000);
      flash_led(8,200);
}
void flash_led(byte unled, unsigned long espera)
{
      digitalWrite(unled, HIGH);
      delay(espera);
      digitalWrite(unled, LOW);
      delay(espera);
}
```

Ejemplos con entradas digitales (pulsadores)

En este apartado veremos varios ejemplos donde la placa Arduino realiza lecturas de señales digitales recibidas específicamente de parte de pulsadores. A priori esto puede parecer un poco extraño, ya que en principio un pulsador tan solo sirve para abrir o cerrar un circuito, pero hemos de saber que también tiene la capacidad de permitir la "monitorización" de su estado, de tal forma que con una señal de entrada digital la placa Arduino puede saber en todo momento si el pulsador está en posición abierta o posición cerrada. Para conseguir esta capacidad de "monitorización", los pulsadores han de estar obligatoriamente conectados a una resistencia "pull-up" o bien "pull-down". Así pues, tenemos dos posibilidades de circuitos.

<u>Ejemplo 6.6</u>: A continuación, mostramos el dibujo (y esquema correspondiente) del circuito que es capaz de monitorizar el estado de un pulsador utilizando una resistencia "pull-down".

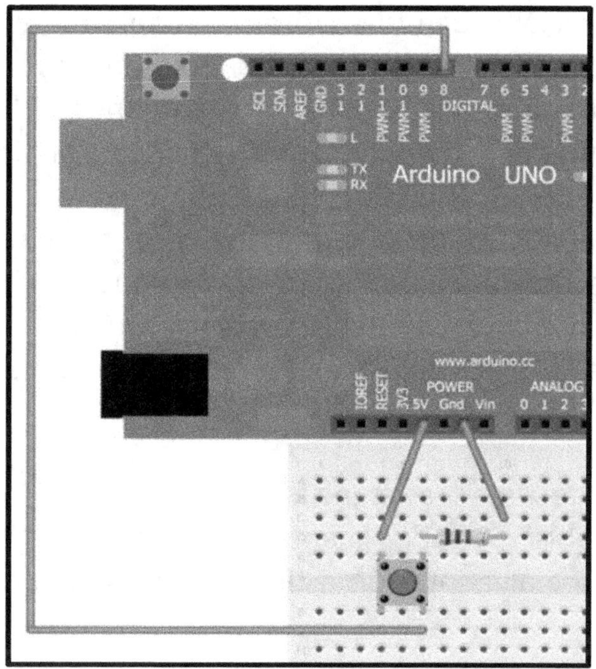

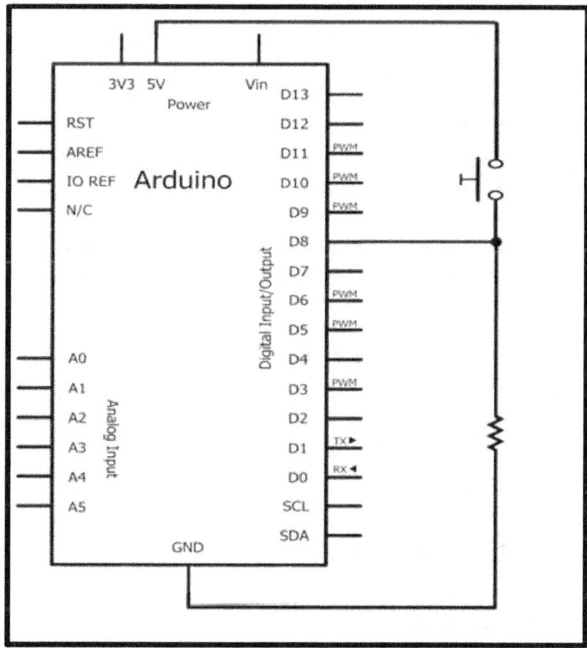

Podemos comprobar cómo las conexiones del pulsador son por un lado directa a la alimentación y por otro a tierra a través de la resistencia "pull-down" (pongamos que de 10 KΩ). Existe un tercer cable, conectado entre el pulsador y la resistencia que va a parar a un pin digital de la placa Arduino (en este caso particular, el nº 8). Este pin digital deberá configurarse como pin de entrada porque allí será donde se reciba la señal que indique el estado del pulsador.

En esta configuración, cuando el botón está abierto (es decir, cuando no está pulsado), el "tercer cable" está conectado a tierra a través de la resistencia "pull-down", por lo que recibe una señal de 0 V (LOW). Cuando el botón está cerrado (es decir, cuando sí está pulsado), el "tercer cable" se conecta al pin de alimentación, por lo que recibe una señal de 5 V (HIGH). Está claro que en este último caso, el "tercer cable" seguirá estando conectado a tierra, pero la corriente proveniente de la alimentación apenas se desviará a tierra por allí (porque precisamente la resistencia "pull-down" se opone a ello) y por tanto circulará a través del "tercer cable", que ofrece una alternativa a los electrones para cerrar el circuito más fácilmente.

La necesidad de una resistencia "pull-down" se ve claramente si se desconecta el "tercer cable" de todo: la entrada empezará a "flotar" ya que no tiene ninguna conexión sólida a alimentación o tierra y los valores recibidos serán HIGH o LOW aleatoriamente.

Una vez diseñado el circuito, ¿cómo podemos observar el estado actual del pulsador en un sketch de Arduino? Una manera podría ser mediante el "Serial monitor". A continuación, mostramos el código de ejemplo. Si lo ejecutamos, veremos que mientras tengamos pulsado el botón, en el "Serial monitor" aparecerá un 1, y cuando esté sin pulsar aparecerá un 0.

```
int estadoBoton=0; //Guardará el estado del botón (HIGH ó LOW)
void setup(){
        pinMode(8,INPUT); //Pin donde está conectado el pulsador
        Serial.begin(9600);
}
void loop() {
        estadoBoton=digitalRead(8);
        Serial.println(estadoBoton);
        delay (50);   //Para mayor estabilidad entre lecturas
}
```

<u>Ejemplo 6.7</u>: También podríamos monitorizar el estado de un botón usando una resistencia "pull-up". En ese caso, el circuito y su esquema correspondiente serían así:

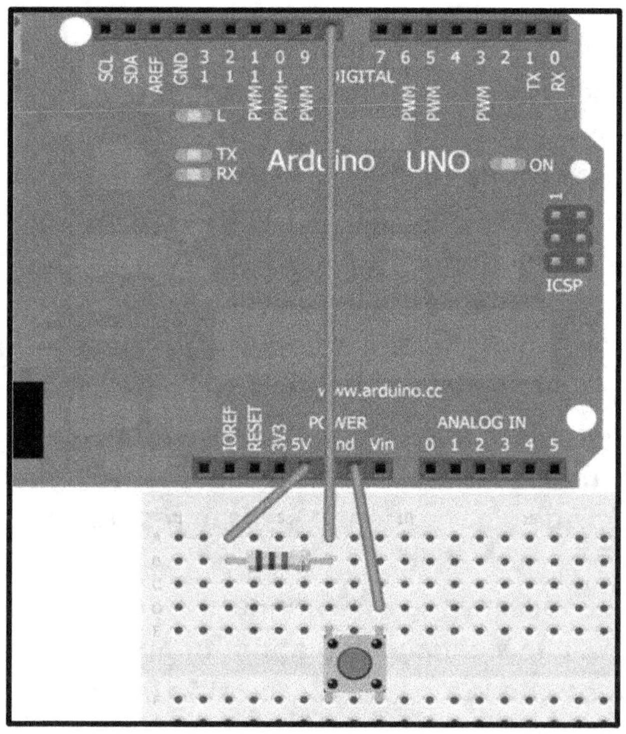

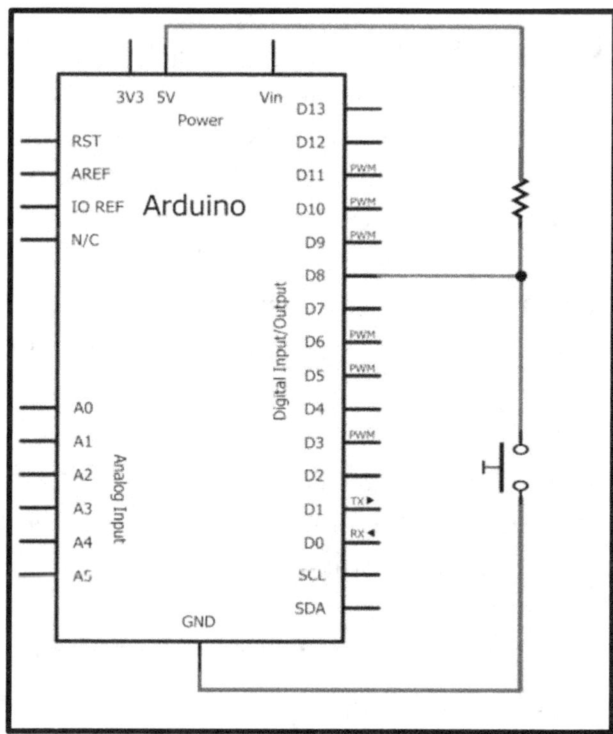

Aquí podemos comprobar cómo las conexiones del pulsador son por un lado a la alimentación a través de la resistencia "pull-up" (pongamos que de 10 KΩ) y por otro directa a tierra. Existe un tercer cable, conectado entre el pulsador y la resistencia que va a parar a un pin digital de la placa Arduino (en este caso particular, el nº 8). Este pin digital deberá configurarse como pin de entrada porque allí será donde se reciba la señal que indique el estado del pulsador.

En esta configuración, cuando el botón está abierto, el "tercer cable" está conectado a la alimentación a través de la resistencia "pull-up", por lo que recibe una señal de 5 V (HIGH). Cuando el botón está cerrado, el "tercer cable" se conecta a tierra directamente, por lo que recibe una señal de 0 V (LOW). Está claro que en este último caso, el "tercer cable" seguirá estando conectado a la alimentación, pero la resistencia "pull-up" impide en la práctica el paso de electrones. Es importante notar, por tanto, que en esta configuración con la resistencia "pull-up", se recibe LOW cuando se pulsa el botón y HIGH cuando se deja de pulsar, al contrario de lo "convencional" y de lo que ocurre cuando se usan resistencias "pull-down".

El código que pusimos para monitorizar el pulsador en el circuito con resistencia pull-down sigue siendo válido ahora también con el circuito de resistencia "pull-up", pero veremos que los valores 0 y 1 están invertidos, tal como acabamos de comentar.

Recordemos que la placa Arduino tiene en cada uno de sus pines-hembra digitales una resistencia "pull-up" conectada internamente a la alimentación de 5 V. Esto quiere decir que si para un determinado pin-hembra la activáramos (utilizando en la función *pinMode();* la constante INPUT_PULLUP en vez de INPUT, recordemos), la conexión de un pulsador a ese pin-hembra sería mucho más sencilla. Concretamente deberíamos conectar un terminal del pulsador a tierra y el otro al pin-hembra deseado, y nada más. De todas formas, en esta configuración, seguiríamos recibiendo una señal HIGH al tener el pulsador abierto y una señal LOW al tenerlo cerrado.

Una vez conocidas las diferentes configuraciones posibles (con resistencias "pull-up" o "pull-down"), podemos empezar ya a diseñar circuitos que sean capaces de detectar el estado actual de un pulsador y reaccionar en consecuencia.

<u>Ejemplo 6.8</u>: Empezaremos por un caso muy claro y directo: el encendido de un LED mientras se mantiene pulsado un botón. Para ello en realidad lo que tenemos que hacer es diseñar dos circuitos independientes: uno para el manejo del pulsador y otro para el encendido del LED. El primero lo acabamos de estudiar (elegiremos el de la configuración "pull-down") y el segundo no es más que el primer circuito que vimos en los ejemplos de las salidas digitales. Los dos juntos tienen un aspecto como el mostrado en la siguiente figura:

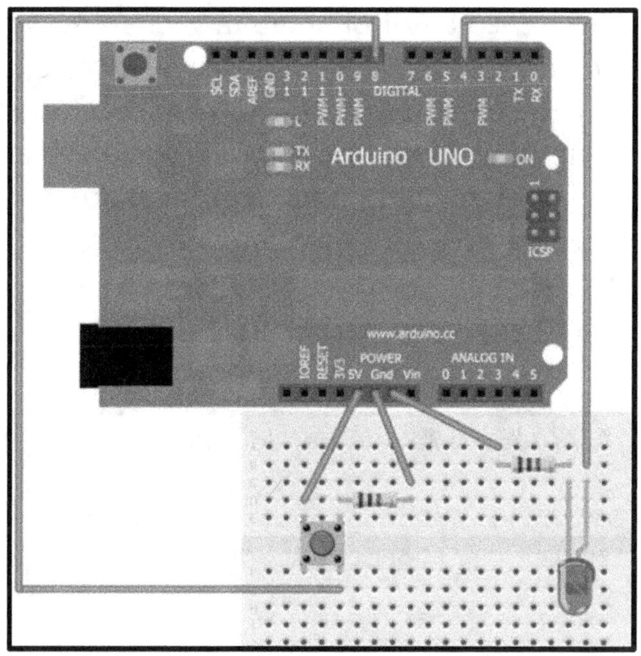

En el dibujo anterior se puede observar que hay dos cables conectados a tierra, cada uno perteneciente a uno de los dos circuitos independientes. Esto se ha hecho así por claridad, pero es más habitual unir todos los cables a tierra físicamente en un solo cable final. En todo caso, la tierra siempre ha de ser común (cosa que en este caso está garantizado porque las diferentes tierras ofrecidas por la placa Arduino están todas conectadas entre sí, tal como se aprecia en el esquema del circuito).

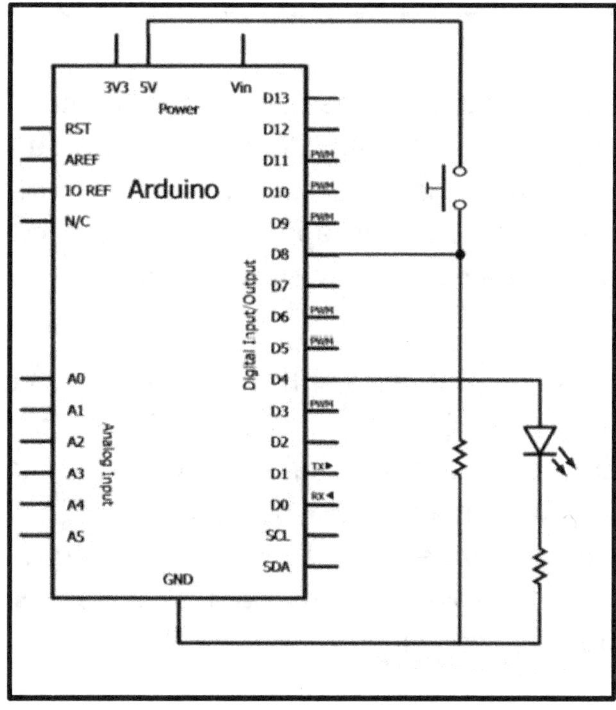

En el esquema eléctrico anterior se ve más claro aún que este circuito no es más que la unión de dos circuitos independientes ya vistos anteriormente. Así pues, aparentemente, cada uno de estos dos circuitos no está relacionado con el otro, pero aquí es cuando interviene nuestro sketch, el cual funcionará como un "pegamento" entre las dos partes. Nuestro programa irá leyendo el estado del pulsador constantemente y cuando detecte que este esté siendo pulsado (al recibir una señal HIGH por el pin de entrada nº 8), reaccionará consecuentemente enviando una señal HIGH por el pin de salida nº 4 para encender el LED.

```
int estadoBoton=0; //Guardará el estado del botón (HIGH ó LOW)
void setup(){
      pinMode(4,OUTPUT); //Donde está conectado el LED
      pinMode(8,INPUT);   //Donde está conectado el pulsador
}
void loop() {
      estadoBoton=digitalRead(8);
//Si se detecta que el botón está pulsado, se enciende el LED
      if (estadoBoton == HIGH) {
            digitalWrite(4,HIGH);
//Si no, no
      } else {
            digitalWrite(4,LOW);
      }
}
```

A partir de aquí, debería ser bastante sencillo modificar el código anterior para que cada vez que, por ejemplo, se mantuviera pulsado el botón, el LED parpadeara cinco veces por segundo (es decir, estuviera 100 ms iluminado, 100 ms apagado, 100 ms iluminado, 100 ms apagado...y así) y cuando se soltara no se iluminara en absoluto. Se deja como ejercicio al lector.

Otra modificación del proyecto anterior (hay tantas como la imaginación nos permita) podría ser añadir al circuito un nuevo LED (junto con su correspondiente divisor de tensión) conectado al pin digital nº 5 (por ejemplo) y modificar el código anterior para que cuando se mantuviera pulsado el botón se encendiera un LED y cuando se soltara se encendiera el otro. El truco está en enviar una señal HIGH a un LED y una señal LOW al otro al mismo tiempo, según el estado detectado del pulsador. Se deja como ejercicio al lector.

Por otro lado, indicar que si hubiéramos querido realizar el ejemplo anterior usando la versión de pulsador con resistencia "pull-up", deberíamos haber tenido en cuenta que si *digitalRead()* devuelve LOW, es cuando el botón está pulsado y cuando devuelve HIGH es cuando el botón no está activado. Nada más.

<u>Ejemplo 6.9</u>: Ahora lo que queremos es usar un botón que no se tenga que mantener pulsado para activar una salida, sino que pulsándolo una vez ya se active y pulsándolo otra vez se desactive. Pensemos por ejemplo en el botón de encendido/apagado de un mando a distancia del televisor: sería muy pesado tener que mantenerlo pulsado todo el rato para hacer funcionar el aparato.

Como ejemplo utilizaremos el mismo circuito de los códigos anteriores, con un pulsador conectado a una resistencia "pull-down" y a la entrada digital número 8 por un lado y con un LED conectado a un divisor de tensión y la salida digital número 4 por otro. El código, presentado a continuación, es lo que cambia:

```cpp
int estadoActual=0; //Guarda el estado actual del botón
int estadoUltimo=0; //Guarda el último estado del botón
int contador=0; //Guarda las veces que se pulsa el botón
void setup(){
        pinMode(4,OUTPUT); //Donde está conectado el LED
        pinMode(8,INPUT);   //Donde está conectado el pulsador
        Serial.begin(9600);
}
void loop(){
        //Leo el nuevo estado actual del botón
        estadoActual=digitalRead(8);
        //Si éste cambia respecto el estado justo anterior…
        if (estadoActual != estadoUltimo){
/*…lo notifico. Ojo, tengo que comprobar que el cambio sea una
pulsación y no una liberación. Si hubiéramos usado una resistencia
pull-up, el valor a comprobar de "estadoActual" sería LOW */
                if (estadoActual == HIGH) {
                        contador = contador + 1;
/*Notar que se ha de poner varios Serial.print para intercalar en una
sola sentencia frase literal con valores de variables*/
                        Serial.print ("Ésta es la pulsación n° ");
                        Serial.println(contador);
                }
        }
//Guardo el estado actual para la siguiente comprobación
        estadoUltimo= estadoActual;
```

```
/*Cambiamos el estado del LED contando las veces que se ha pulsado el
botón, de forma alternativa (número par = LED apagado, número impar =
LED encendido) ¡Ojo, no contamos cuando se suelta!)*/
    if (contador % 2 == 0 ) {
        digitalWrite(4, LOW);
    } else {
        digitalWrite(4, HIGH);
    }
}
```

Expliquemos el código anterior. Este sketch continuamente está monitorizando el estado del botón. Si detecta en algún momento que el botón sufre un cambio (es decir, si sufre una pulsación –pasa de no estar apretado a sí estarlo– o bien sufre una liberación –pasa de estar apretado a no estarlo–), se comprueba de cuál de estos dos cambios se trata (pulsación o liberación). Si es el segundo caso no hará nada, pero si se trata de una pulsación, se envía a través del canal serie un mensaje notificando que ha ocurrido dicha pulsación (hemos añadido esta nueva funcionalidad en nuestro sketch además de la del simple encendido de un LED), y sobre todo, se aumenta el contador de pulsaciones. Este contador será importante después, más allá de que ahora sea un simple numerito mostrado en el "Serial monitor". Antes de proceder con la manipulación de los LEDs, el sketch aún tiene que guardar el estado actual del botón (haya cambiado o no: por eso la línea correspondiente está fuera de cualquier "if") para que en la nueva repetición del "loop()" se compare este con el nuevo estado que tendrá a continuación, y así constantemente.

Para mantener el LED encendido (o apagado, según el caso) sin necesidad de mantener pulsado todo el rato el botón, se hace uso del contador de pulsaciones comentado antes. La clave está en darse cuenta de que solo nos interesan las pulsaciones y no las liberaciones (es decir, no todos los cambios del botón nos interesan: solo los que contamos con la variable "contador"). Lo que queremos es que (suponiendo que el LED está apagado al iniciar el sketch) cuando el botón se pulse una vez ("vez nº 1"), el LED se encienda, cuando se pulse la siguiente vez ("vez nº 2") se apague, cuando se pulse la siguiente vez ("vez nº 3") se encienda, y así. Podemos fijarnos que se cumple un patrón: si la pulsación ocurre una vez impar, el LED se encenderá y si la vez es par, se apagará. Por tanto, la idea es comprobar que el contador de pulsaciones tenga un valor par o impar. A medida que se realicen pulsaciones este contador irá aumentando hasta llegar a su límite máximo marcado por su tipo de datos, pero en ese momento su valor se reseteará por debajo y seguirá aumentando, así que en este sentido no habrá ningún problema.

¿Y cómo se sabe si un número es par o impar? Dividiéndolo entre dos y observando el resto de la división: si este es 0, el número es par. El lenguaje Arduino consta de un operador matemático (llamado "módulo" y representado con el signo %) que permite obtener precisamente el resto de una división. Así que ya lo tenemos todo.

Como ejercicio: ¿cómo se podría modificar el código anterior para que mostrara por el "Serial monitor" una cuenta atrás de 10 pulsaciones (por ejemplo) y que al llegar a 0 (es decir, al hacer diez pulsaciones) se imprimiera un mensaje final? El truco está en usar un valor inicial para la variable "contador" igual a 10 y modificar el interior de la sección *if (estadoActual == HIGH) {}* con la introducción allí de dos nuevos "ifs" : uno para comprobar si esa variable es aún mayor que 0 (en cuyo caso, se disminuiría el valor de "contador" y se mostraría la correspondiente cuenta atrás), y otro para comprobar si esa variable es exactamente igual que 0 (mostrando entonces el mensaje final). ¿Se seguiría encendiendo el LED una vez mostrado el mensaje final?

Volviendo al sketch de ejemplo, desgraciadamente, es posible que al probarlo se vea que cada pulsación del botón genera más de un mensaje por el "Serial monitor" y que el LED a veces no reacciona a las pulsaciones (de hecho, ambos problemas están relacionados). Esto ocurre porque durante el primer milisegundo de cada presionado (y soltado) del botón se producen a nivel electrónico pequeñas variaciones de la señal de entrada que hacen que los valores HIGH y LOW obtenidos del pulsador alternen rápidamente hasta que no se estabilizan en el valor adecuado.

Este fenómeno se llama "bounce" (rebote) y es inevitable por la propia construcción de este tipo de pulsadores: cuando el botón se aprieta, una lámina existente bajo este es presionada y hace contacto con dos extremos conductores; cuando el botón se deja de apretar, esta lámina retorna. Pero durante el primer milisegundo de la pulsación, esta lámina puede rebotar varias veces entre sus dos posiciones hasta que queda fijada finalmente en su posición correcta, provocando por tanto lecturas alternas del estado del pulsador. Esto causa que a veces nuestro sketch no recoja el valor correcto del estado del pulsador y parezca estar recibiendo múltiples pulsaciones y liberaciones ficticias, y por tanto, múltiples valores HIGH y LOW sin sentido.

Existen muchas soluciones para resolver este problema: incluir en el circuito un condensador (con un terminal conectado entre el pulsador y el pin de entrada de la placa y el otro conectado a tierra) para "amortiguar" la señal rebotada, usar otro tipo de interruptores más sofisticados, etc. Sin embargo, la solución más sencilla es realizar dos lecturas del estado del botón con una diferencia de unos milisegundos entre ellas. Si en las dos lecturas obtenemos valores diferentes, significa que estamos en un momento de rebote y por tanto nuestro sketch no debe hacer nada hasta que vuelva a comprobar si la señal ya está estabilizada; si las dos lecturas son la misma, significa que el estado del botón finalmente es "el que ha de ser" (es decir, no lo hemos pillado por un rebote de casualidad) y nuestro sketch podrá tomar por tanto dicho valor como bueno.

Ejemplo 6.10: Para solucionar el fenómeno del "bounce", modificaremos el sketch del ejemplo anterior. Tal como se puede observar en el código mostrado a continuación, el truco está en realizar dos lecturas del estado del pulsador separadas por 10 milisegundos (tiempo suficiente). Entonces se comprueba que ambas lecturas sean iguales. Si es así, se deduce que el pulsador está en una posición estable y por tanto podemos ejecutar toda la lógica del conteo de pulsaciones y del encendido del LED (código que es idéntico al del ejemplo anterior). Notar que hemos añadido una nueva variable ("estadoActual2") que representa el valor obtenido en la segunda lectura y a la variable llamada "estadoActual" en el ejemplo anterior la hemos llamado ahora "estadoActual1".

```
int estadoActual1=0;
int estadoActual2=0;
int estadoUltimo=0;
int contador=0;
void setup(){
     pinMode(4,OUTPUT);
     pinMode(8,INPUT);
     Serial.begin(9600);
}
void loop(){
     estadoActual1=digitalRead(8);
     delay(10);
     estadoActual2=digitalRead(8);
//Si los estados no son iguales, el sketch no hace gran cosa
     if (estadoActual1 == estadoActual2) {
//El código que sigue es idéntico al del anterior ejemplo
          if (estadoActual1 != estadoUltimo){
               if (estadoActual1 == HIGH) {
                    contador = contador + 1;
                    Serial.print ("Ésta es la pulsación n° ");
                    Serial.println(contador);
               }
          }
     }
     estadoUltimo= estadoActual1;
```

```
      if (contador % 2 == 0 ) {
          digitalWrite(4, LOW);
      } else {
          digitalWrite(4, HIGH);
      }
}
```

<u>Ejemplo 6.11</u>: Vamos a diseñar ahora otro circuito: un juego. El circuito constará de tres LEDs conectados cada uno (a través de su respectivo divisor de tensión en serie) a un pin digital diferente de la placa Arduino. Estos LEDs se irán encendiendo y apagando de forma secuencial, y cuando el LED del medio se encienda, el jugador debe apretar en un pulsador. Si acierta, se mostrará un mensaje por el "Serial monitor" y la velocidad de la secuencia de iluminación de los LEDs aumentará (y también lo hará por tanto la dificultad). En nuestro sketch los LEDs están conectados a los pines digitales 5, 6 y 7, y el pulsador al pin 8. El tiempo inicial entre encendido y encendido de los LEDs es 200 ms, pero si el jugador acierta, este tiempo disminuirá en 20 ms, hasta llegar a un tiempo entre encendidos de 10 ms, momento en el cual se volverá al tiempo inicial de 200 ms.

```
int leds[]={5,6,7};
int i=0;
int tiempo=200;
void setup (){
      for(i=0;i<=2;i++) {
            pinMode(leds[i],OUTPUT);
      }
      pinMode(8,INPUT);
      Serial.begin(9600);
}
void loop () {
//Recorro los LEDs del array, iluminándolos y apagándolos
      for(i=0;i<=2;i++) {
            digitalWrite(leds[i],HIGH);
            delay(tiempo);
//Antes de apagar cada LED, miro si el jugador ha acertado
            compruebaacierto();   //Función propia
            digitalWrite(leds[i],LOW);
            delay(tiempo);
      }
}
void compruebaacierto(){
/*Si se tiene pulsado el botón y ahora mismo el LED encendido es de
índice 1 dentro del array (el del medio), se acertó */
```

```
if(digitalRead(8)==HIGH && i==1) {
    Serial.println("Acierto");
       tiempo=tiempo-20;
       if(tiempo<10){
              tiempo=200;
       }
   }
}
```

<u>Ejemplo 6.12</u>: Evidentemente, con pulsadores no solo podemos controlar LEDs, sino cualquier otro tipo de actuador. Por ejemplo, en un circuito con dos pulsadores conectados a los pines de entrada digital nº 7 y nº 8 respectivamente (además de a la alimentación y a tierra a través de una resistencia "pull-down") y un servomotor conectado al pin de salida PWM nº 3 (además de a la alimentación y a tierra), podríamos ejecutar el siguiente código. Gracias a él, pulsando un botón el servomotor se movería en un sentido de giro, y pulsando el otro botón se movería en sentido contrario.

```
#include <servo.h>
Servo miservo;
int pos = 90;   //Posición del servo
void setup()   {
      pinMode(7, INPUT);
      pinMode(8, INPUT);
      miservo.attach(3);
      miservo.write(pos);//Posición inicial en el centro
}
void loop() {
      if(digitalRead(7) == HIGH)  {
          if( pos > 0)  {
                 pos--;
              //Mueve el servo de 180 a 0 grados
                 miservo.write(pos);
          }
      if(digitalRead(8) == HIGH)  {
          if( pos < 180)  {
                 pos=pos++;
              //Mueve el servo de 0 a 180 grados
                 miservo.write(pos);
          }
      }
}
```

Ejemplo 6.13: Otro circuito sencillo que podemos realizar con solo dos pulsadores (conectados a los pines de entrada digital nº 7 y nº 8 respectivamente, además de a la alimentación y a tierra a través de una resistencia "pull-down") es el de un temporizador, donde un botón servirá para poner en marcha la cuenta de tiempo y el otro para pararla. A través del canal serie se mostrará el número de horas, minutos y segundos transcurridos entre ambas pulsaciones.

```
unsigned long inicio, fin, transcurrido;
void setup(){
  Serial.begin(9600);
  pinMode(7, INPUT); //Botón de inicio
  pinMode(8, INPUT); //Botón de fin
}
void loop(){
  if (digitalRead(7)==HIGH){
    inicio=millis();
    delay(200); //Para hacer el "debounce"
  }
  if (digitalRead(8)==HIGH){
    fin=millis();
    delay(200); //Para hacer el "debounce"
    verResultado();
  }
}
void verResultado(){
  float h,m,s,ms;
  unsigned long resto;
  transcurrido=fin-inicio;
  h=int(transcurrido/3600000); //Número de horas
//Obtengo el resto de ms sobrantes que no llegan a una hora
  resto=transcurrido%3600000;
  m=int(resto/60000); //Número de minutos
//Obtengo el resto de ms que no llegan a un minuto
  resto=resto%60000;
  s=int(resto/1000);  //Número de segundos
//Obtengo el resto de ms que no llegan a un segundo
  ms=resto%1000;
  Serial.print("Total de milisegundos transcurridos");
  Serial.println(transcurrido);
  Serial.print("Tiempo transcurrido formateado");
  Serial.print(h);  Serial.print("h ");
  Serial.print(m);  Serial.print("m ");
  Serial.print(s);  Serial.print("s ");
  Serial.print(ms); Serial.println("ms");
```

```
    Serial.println();
}
```

<u>Ejemplo 6.14</u>: Otro circuito curioso es el siguiente: se trata de implementar el juego de "los trileros", en el cual tenemos tres LEDs que durante un breve lapso de tiempo se iluminan en una secuencia rápida y aleatoria. El usuario deberá adivinar cuál de los tres LEDs es el último en iluminarse apretando el pulsador correspondiente. Existe un pulsador por cada LED, y en el código se han configurado con las resistencias "pull-up" internas de la placa Arduino, por lo que su conexión no requiere ninguna resistencia externa, tal como ya se ha comentado en párrafos anteriores. Si el usuario acierta, se enviará un mensaje de felicitación por el canal serie; si no, se enviará un mensaje de consuelo.

```
byte LEDizq = 2;    //Pin-hembra donde está conectado el LED izquierdo
byte LEDmedio = 3; //Pin-hembra donde está conectado el LED del medio
byte LEDder = 4;    //Pin-hembra donde está conectado el LED derecho
byte BotonIzq = 7; //Pin-hembra donde está conectado el pulsador izq.
byte BotonMed = 8; //Pin-hembra donde está conectado el pulsador med.
byte BotonDer = 9; //Pin-hembra donde está conectado el pulsador der.
byte LEDrandom;
byte LEDultimo;
byte respuesta;
void setup() {
  pinMode(LEDizq, OUTPUT);
  pinMode(LEDmedio, OUTPUT);
  pinMode(LEDder, OUTPUT);
  pinMode(BotonIzq, INPUT_PULLUP);
  pinMode(BotonMedio, INPUT_PULLUP);
  pinMode(BotonDer, INPUT_PULLUP);
  Serial.begin(9600);
}
void loop() {
//Uso como semilla aleatoria el ruido leído en una entrada analógica
  randomSeed(analogRead(0));
  //Enciendo los tres LEDs de forma aleatoria
  for(int x = 0; x < 10; x++) {
    LEDrandom = random(2,5);
    digitalWrite(LEDrandom, HIGH); delay(15);
    digitalWrite(LEDrandom, LOW);  delay(10);
    if(x == 9) {
      LEDultimo = LEDrandom;
    }
  }
/*Me espero mientras no se reciba ninguna respuesta. La condición del
```

```
while siempre es cierta (se trata de un bucle infinito), pero cuando
se detecte una pulsación, se sale de él y se continúa el programa */
  while(1 == 1) {
    if(digitalRead(BotonIzq) == LOW) {
      respuesta = 2; break;
    } else if(digitalRead(BotonMedio) == LOW) {
      respuesta = 3; break;
    } else if(digitalRead(BotonDer) == LOW) {
      respuesta = 4; break;
    }
  }
  //Compruebo si la respuesta es correcta o no
  if(respuesta == LEDultimo) {
      Serial.print("Muy bien");
  } else {
      Serial.print("Vaya, lo siento");
  }
}
```

Keypads

Un paso más allá en el uso de pulsadores digitales son los teclados numéricos como el de la imagen inferior (también llamados "keypads"). En efecto, estos aparatos no son más que pulsadores conectados entre sí de tal forma que, cuando alguno de ellos es apretado, envía una señal identificativa de tipo binario a nuestra placa Arduino para que así esta pueda reaccionar de la forma que nosotros deseemos dependiendo del botón pulsado. Una aplicación práctica podría ser la introducción de una secuencia determinada de dígitos (una "contraseña") para compararla con una ya previamente definida en el código y así activar (o no) algún componente del circuito.

Si observamos el dorso de un keypad típico, veremos que ofrece una serie de pines numerados (entre siete y nueve normalmente) a los que se les ha de conectar los pines-hembra de la placa Arduino (bien directamente o bien a través de una breadboard o PCB). Si el keypad es de 3x4 (como el de la imagen; uno similar es el producto nº 8653 de Sparkfun) suele ofrecer como mínimo siete pines, donde cada uno de ellos se corresponde o bien a una fila de las cuatro o una columna de las tres. También existen keypads de 4x4 y otras dimensiones. En todo caso, el sistema siempre es el mismo: cuando se pulse un botón determinado del keypad, el pin correspondiente a su fila y el correspondiente a su columna enviarán una señal digital HIGH a nuestra placa Arduino, identificando inequívocamente a la tecla pulsada, ya que solo existe una pareja posible de valores (fila, columna) para cada botón. Para saber qué pines se corresponden con qué fila o columna, se ha de consultar su datasheet.

Si no disponemos del datasheet de nuestro keypad, aún podemos encontrar la relación de los pines con las filas/columnas utilizando la funcionalidad de medir continuidad con un multímetro. Se trataría de conectar un cable del multímetro en el pin nº 1 del keypad y otro en el pin nº 2, e ir pulsando los diferentes botones, hasta escuchar (si se produce) el zumbido que indicara que hay continuidad; entonces pasaríamos a conectar el segundo cable del multímetro al siguiente pin (el nº 3 en este caso) y repetiríamos el proceso. Después conectaríamos ese mismo segundo cable al nº 4, y así hasta el final. Entonces pasaríamos a conectar el primer cable al pin nº 2 y el segundo cable al 3,4,5,6...; luego el primer cable al nº 3 y el segundo cable al 4,5,6... y así con todas las parejas de pines posibles, anotando siempre qué botón provoca continuidad en una combinación dada. Es posible que en este procedimiento se descubra que hayan pines que no "sirvan para nada"; se pueden obviar tranquilamente.

En el caso concreto del keypad de Sparkfun, tenemos que conectar cada uno de sus siete pines a un pin-hembra digital de la placa Arduino diferente (los cuales actuarán como entradas) y además, para alimentar el keypad, debemos conectar sus pines nº 3, 5, 6 y 7 al pin "5V" de la placa Arduino a través de un divisor de tensión de 1 KΩ ó 10 KΩ.

Para facilitar el uso de este tipo de dispositivos, lo más recomendable es utilizar la librería "Keypad", librería no oficial, pero disponible dentro de la propia web de Arduino (concretamente, en http://arduino.cc/playground/Code/Keypad). Es una librería no bloqueante (es decir: las pulsaciones realizadas en el keypad no interrumpen el funcionamiento normal del microcontrolador) y permite pulsaciones de múltiples teclas a la vez. Una vez instalada como cualquier otra librería, y conectado cada pin del keypad a un pin-hembra digital de la placa Arduino configurado como entrada, ya podemos empezar a usarla. Desgraciadamente, no hay espacio suficiente en el libro para mostrar su funcionamiento, así que remito a su documentación oficial (descargada junto con los ficheros que componen la librería y complementada con varios ejemplos de código).

USO DE LAS ENTRADAS Y SALIDAS ANALÓGICAS

Las funciones que sirven para gestionar entradas y salidas analógicas son las siguientes:

analogWrite(): envía un valor de tipo "byte" (especificado como segundo parámetro) que representa una señal PWM, a un pin digital configurado como OUTPUT (especificado como primer parámetro). No todos los pines digitales pueden generar señales PWM: en la placa Arduino UNO por ejemplo solo son los pines 3, 5, 6, 9, 10 y 11 (están marcados en la placa). Cada vez que se ejecute esta función se regenerará la señal. Esta función no tiene valor de retorno.

Recordemos que una señal PWM es una señal digital cuadrada que simula ser una señal analógica. El valor simulado de la señal analógica dependerá de la duración que tenga el pulso digital (es decir, el valor HIGH de la señal PWM). Si el segundo parámetro de esta función vale 0, significa que su pulso no dura nada (es decir, no hay señal) y por tanto su valor analógico "simulado" será el mínimo (0V). Si vale 255 (que es el máximo valor posible, ya que las salidas PWM tienen una resolución de 8 bits, y por tanto, solo pueden ofrecer hasta 2^8=256 valores diferentes —de 0 a 255, pues—), significa que su pulso dura todo el período de la señal (es decir, es una señal continua) y por tanto su valor analógico "simulado" será el máximo ofrecido por la placa (5 V). Cualquier otro valor entre estos dos extremos (0 y 255) implica un pulso de una longitud intermedia (por ejemplo, el valor 128 generará una onda cuadrada cuyo pulso es de la misma longitud que la de su estado bajo) y por tanto, un valor analógico "simulado" intermedio (en el caso anterior, 2,5 V).

Es importante recalcar que esta función no tiene nada que ver con los pines analógicos A0, A1, etc., ya que estos solo funcionan como pines analógicos de entrada (mediante el uso de la función *analogRead()*) pero no de salida. Las salidas analógicas se han de generar utilizando solamente los pines digitales PWM.

analogRead(): devuelve el valor leído del pin de entrada analógico cuyo número (0, 1, 2...) se ha especificado como parámetro. Este valor se obtiene mapeando proporcionalmente la entrada analógica obtenida (que debe oscilar entre 0 y un voltaje llamado voltaje de referencia, el cual por defecto es 5 V) a un valor entero entre 0 y 1023. Esto implica que la resolución de lectura es de 5V/1024, es decir, de 0,049 V.

Ya comentamos en el capítulo 2 que es posible aumentar la resolución de lectura (es decir, detectar cambios de voltaje de entrada más pequeños) si se reduce el voltaje de referencia. Esto se hace mediante la función *analogReference()*, explicada en los próximos párrafos. También comentamos en el capítulo 2 que este proceso de mapeado lo realiza un convertidor analógico-digital interno incorporado a la placa, que tiene 6 canales (por eso hay 6 pines analógicos) y que tiene 10 bits de resolución (por eso los valores finales van de 0 a 1023: 2^{10} valores posibles).

Como los pines analógicos por defecto solamente funcionan como entradas de señales analógicas, no es necesario utilizar previamente la función *pinMode()* con ellos. No obstante, estos pines también incorporan toda la funcionalidad de un pin de entrada/salida digital estándar (incluyendo las resistencias "pull-up"), por lo que si se necesita utilizar más pines de entrada/salida digitales de los que la placa Arduino ofrece, y los pines analógicos no están en uso, estos pueden ser utilizados como pines de entrada/salida digitales extra de la forma habitual, simplemente identificándolos con un número correlativo más allá del pin 13, que es el último pin digital. Es decir, el pin "A0" sería el número 14, el "A1" sería el 15, etc. Por ejemplo, si quisiéramos que el pin analógico "A3" funcionara como salida digital y además enviara un valor BAJO, escribiríamos primero `pinMode(17,OUTPUT);` y luego `digitalWrite(17,LOW);`

Si un pin analógico no está conectado a nada, el valor devuelto por *analogRead()* fluctuará debido a múltiples factores como por ejemplo los valores que puedan tener las otras entradas analógicas, o lo cerca que esté nuestro cuerpo a la placa, etc. Esto, que en principio no es deseable, lo podemos utilizar sin embargo para algo útil: para establecer semillas de números aleatorios diferentes (y por tanto, aumentar así la aleatoriedad de las diferentes series de números generados). Esto se haría poniendo como parámetro de *randomSeed();* el valor obtenido en la lectura de un pin analógico cualquiera que esté libre; es decir, por ejemplo así: `randomSeed(analogRead(0));`

Por otro lado, hay que saber que el convertidor analógico/digital tarda alrededor de 100 microsegundos (0,0001s) en procesar la conversión y obtener el valor digital, por lo que el ritmo máximo de lectura en los pines analógicos es de 10000 veces por segundo. Esto hay que tenerlo en cuenta en nuestros sketches.

Solo si disponemos de la placa Arduino Due, podremos hacer servir otras dos funciones más relacionadas con las entradas y salidas digitales:

analogWriteResolution(): establece, mediante su único parámetro —de tipo "byte"—, la resolución en bits que tendrá a partir de entonces la función *analogWrite()* a lo largo de nuestro sketch. Este parámetro puede ser un número entre 1 y 32. Por defecto, esta resolución es de 8 bits (es decir, que con *analogWrite()* se pueden escribir valores entre 0 y 255), pero la placa Arduino Due dispone de dos conversores digital-analógicos que permiten trabajar con una resolución de hasta 12 bits. Esto significa que, si usamos estas dos salidas analógicas especiales y usamos *analogWriteResolution()* para establecer a 12 la resolución deseada, la función *analogWrite()* podría llegar a escribir valores de entre 0 y 4095. Esta función no devuelve nada.

Si en *analogWriteResolution()* se especifica una resolución mayor de la que las salidas analógicas de la placa son capaces de admitir, los bits extra serán descartados. Si, en cambio, se especifica una resolución menor, los bits extra se rellenarán con ceros. Por ejemplo: si escribimos `analogWriteResolution(16);`, solo los primeros 12 bits de cada valor (empezando por la derecha) serán utilizados por *analogWrite()*, y los últimos 4 no se tendrán en cuenta. Si, en cambio, escribimos `analogWriteResolution(8);`, se añadirán automáticamente 4 bits (iguales a 0) a la izquierda del valor de 8 bits, para que así *analogWrite()* pueda escribir, a través de los dos conversores digital-analógicos, un valor de 12 bits.

analogReadResolution(): establece, mediante su único parámetro –de tipo "byte"–, el tamaño en bits del valor que devolverá la función *analogRead()* a partir de entonces a lo largo de nuestro sketch. Este parámetro puede ser un número entre 1 y 32. Por defecto, este tamaño es de 10 bits (es decir, que *analogRead()* devuelve valores entre 0 y 1023). La placa Arduino Due es capaz de manejar tamaños de hasta 12 bits en los valores devueltos por *analogRead()*, por lo que podríamos obtener datos dentro de un rango de entre 0 y 4095. Esta función no devuelve nada.

Si en *analogReadResolution()* se especifica un tamaño mayor del que las entradas analógicas de la placa son capaces de devolver, al valor leído se le añadirán por la izquierda bits extra iguales a 0 hasta llegar al tamaño especificado. Si, en cambio, se especifica una resolución menor, los bits leídos sobrantes (por la izquierda) no se tendrán en cuenta y serán descartados.

Ejemplos con salidas analógicas

Hasta ahora hemos conectado siempre los LEDs a salidas digitales. Por tanto, estos solo podían estar en dos estados: o apagados o encendidos. Pero los LEDs (como tantos otros) son dispositivos analógicos. Esto implica que pueden tener muchos más estados (de hecho, pueden tener estados continuos). Es decir, que pueden iluminarse con muchas intensidades diferentes y de forma gradual.

<u>Ejemplo 6.15</u>: Para conseguir cambiar la intensidad lumínica de un LED, primero deberemos montar el circuito. La conexión del LED no tiene ningún misterio: su terminal positivo ha de ir enchufado a un pin PWM de nuestra placa Arduino (por ejemplo el nº 9) y su terminal negativo a tierra. Se recomienda también conectarle en serie un divisor de tensión (de unos 220 ohmios está bien). A continuación, debemos escribir el sketch, el cual modificará el voltaje PWM ofrecido por la salida analógica donde esté conectado el LED (recordemos, de 0 –valor mínimo– a 255 –valor máximo–).

```
int brillo = 0;
int incremento = 5; //Puede valer negativo (decremento)
void setup(){
    pinMode(9, OUTPUT); //El LED está conectado al pin 9 (PWM)
}
void loop()  {
    analogWrite(9, brillo);
    /*Cambio el brillo un incremento dado
    (se verá en el próximo analogWrite) */
    brillo = brillo + incremento;
    /*Si se llega a los extremos, se invierte
    la dirección del incremento */
    if (brillo == 0 || brillo == 255) {
        incremento = -incremento;
    }
/*Espero 30 milisegundos con la señal actual de analogWrite() para
ver mejor el efecto. Si se desea que el (incremento o disminución)
del brillo se realice a otra velocidad, basta con modificar el tiempo
de espera */
    delay(30);
}
```

Otro código que hace exactamente lo mismo es:

```
int brillo = 0;
void setup(){
pinMode(9, OUTPUT); //El LED está conectado al pin 9 (PWM)
}
void loop(){
    //Incrementa el brillo (de mínimo a máximo)
    for(brillo = 0 ; brillo<= 255; brillo=brillo+5) {
        analogWrite(9, brillo);
        delay(30);
    }
```

```
//Disminuye el brillo (de máximo a mínimo)
for(brillo = 255; brillo>=0; brillo=brillo-5) {
    analogWrite(9, brillo);
    delay(30);
}
}
```

<u>Ejemplo 6.16</u>: Podríamos incluso manipular el brillo de un LED a voluntad mediante el envío de algún comando adecuado a través del canal serie. En el siguiente ejemplo supondremos que tenemos 3 LEDs diferentes (de colores primarios rojo, verde y azul, respectivamente) conectados cada uno a través de su divisor de tensión correspondiente a un pin PWM diferente. La idea es utilizar el "Serial monitor" para enviar a la placa Arduino un comando determinado que especifique qué LED en concreto queremos manipular (indicado por la letra "r", "g" o "b") y qué cantidad de brillo le queremos asignar (indicado por un valor entre 0 y 255). Así, si queremos por ejemplo apagar el LED rojo el comando a enviar debería ser "r0". Y si queremos iluminar al máximo el LED azul, el comando debería ser "b255".

```
char color; //Es importante que sea de tipo char y no byte
byte brillo;
byte LedRojo  = 5;
byte LedVerde = 6;
byte LedAzul  = 9;
void setup() {
  Serial.begin(9600);
  pinMode(LedRojo,  OUTPUT);
  pinMode(LedVerde, OUTPUT);
  pinMode(LedAzul,  OUTPUT);
  analogWrite(LedRojo,  127);   //Establezco un brillo inicial medio
  analogWrite(LedVerde, 127);
  analogWrite(LedAzul,  127);
}
void loop () {
  //Leo el primer carácter recibido por el canal serie
  if (Serial.available()>0) {
    color=Serial.read();
    if( color == 'r' || color == 'g' || color == 'b' ) {
        delay(5);
        //Extraigo el número que sigue a la primera letra
        brillo=byte(Serial.parseInt());
        if(color == 'r') {
            analogWrite(LedRojo, brillo);
```

```
          } else if(colorCode == 'g'){
              analogWrite(LedVerde, brillo);
          }else if(colorCode == 'b'){
              analogWrite(LedAzul, brillo);
          }
      }
  }
  delay(100);   //Me espero para recibir los datos serie bien
}
```

Ejemplo 6.17: Otro código que persigue el mismo objetivo que el anterior, pero de una forma algo más compacta, es el siguiente. En él también enviamos a través del canal serie la cantidad de brillo que deseamos que tenga cada LED, pero lo hacemos enviando siempre el brillo de los tres LEDS en cada "comando". La idea es enviar los tres brillos separados por comas o cualquier otro carácter (o cadena, incluso), de tal forma que Arduino recoja uno tras otro el primer brillo, el segundo y el tercero, para seguidamente asignarlos a los LEDs adecuados.

```
byte brilloRojo, brilloVerde, brilloAzul;
byte LedRojo  = 5;
byte LedVerde = 6;
byte LedAzul  = 9;
void setup() {
  Serial.begin(9600);
  pinMode(LedRojo,  OUTPUT);
  pinMode(LedVerde, OUTPUT);
  pinMode(LedAzul,  OUTPUT);
  analogWrite(LedRojo,  127);
  analogWrite(LedVerde, 127);
  analogWrite(LedAzul,  127);
}
void loop () {
  //Leo todos los caracteres recibidos por el canal serie
  while (Serial.available()>0) {
    //Busco el siguiente número entero válido en los datos entrantes
    brilloRojo = Serial.parseInt();
    //Repito la búsqueda
    brilloVerde = Serial.parseInt();
    //Repito la búsqueda
    brilloAzul = Serial.parseInt();
    //Miro si ha llegado el carácter de nueva línea: eso marca el fin
    if (Serial.read() == '\n') {
      //Restrinjo los valores leídos al rango 0-255, por si acaso
```

```
      brilloRojo = constrain(brilloRojo, 0, 255);
      brilloVerde = constrain(brilloVerde, 0, 255);
      brilloAzul = constrain(brilloAzul, 0, 255);
      //Ilumino los LEDs convenientemente
      analogWrite(LedRojo, brilloRojo);
      analogWrite(LedVerde, brilloVerde);
      analogWrite(LedAzul, brilloAzul);
      }
   }
}
```

Podemos jugar a establecer los valores PWM de los tres LEDs anteriores (rojo, verde y azul) de forma que se puedan obtener otros colores. Para ello es necesario colocar los tres LEDs físicamente muy próximos y es recomendable, para conseguir un mejor efecto, difuminar la luz a través de algún material tal como pañuelos de papel, por ejemplo. Si variamos entonces el brillo de uno de los LEDs (o de dos o de los tres a la vez) alteraremos la combinación total y obtendremos, a partir de los tres colores primarios, una mezcla que producirá un color totalmente diferente (amarillo, lila, naranja...). Incluso se pueden generar transiciones de un color a otro si vamos modificando el brillo de cada LED (mediante bucles "for", por ejemplo).

Para generar colores no primarios, también se puede utilizar un LED RGB, que no es más que un LED con cuatro terminales. Cuidado porque pueden ser de dos tipos: si es de tipo "cátodo común" (como el producto nº 9264 de Sparkfun), el terminal más largo se conecta a tierra, y los tres restantes se conectan (a través de sendos divisores de tensión) a diferentes pines PWM de nuestra placa Arduino: uno servirá para recibir (usando un divisor de 220 Ω por ejemplo) la intensidad deseada de color rojo, otro para recibir (usando otro divisor de 100 Ω por ejemplo) la intensidad de color verde y otro para recibir (usando otro divisor de 100 Ω) la intensidad de color azul. Si es de tipo "ánodo común" (como el producto nº 159 de Adafruit), el terminal más largo se conecta a la alimentación (5V) y los tres restantes se conectan (igualmente a través de un divisor de tensión en serie) a tierra y además a diferentes pines PWM de nuestra placa Arduino. Hay que tener en cuenta además que en los LEDs de ánodo común, el valor enviado mediante *analogWrite()* está invertido: un valor 0 hace brillar al máximo el color correspondiente y un valor 255 lo apaga.

<u>Ejemplo 6.18</u>: Un código que muestra el uso de un LED RGB es el siguiente:

```
int pinRojo = 6;
int pinVerde = 5;
int pinAzul = 3;
```

```
void setup () {
  pinMode(pinRojo, OUTPUT);
  pinMode(pinVerde, OUTPUT);
  pinMode(pinAzul, OUTPUT);
}
void loop () {
  setColor(0, 0, 0);         // Apagado
  setColor(255, 0, 0);       // Rojo
  setColor(0, 255, 0);       // Verde
  setColor(0, 0, 255);       // Azul
  setColor(0, 255, 255);     // Cian
  setColor(255, 255, 0);     // Amarillo
  setColor(255, 0, 255);     // Fucsia
  setColor(255, 255, 255); // Blanco
}
void setColor (int rojo, int verde, int azul) {
  //Cátodo común
  //analogWrite(pinRojo, rojo);
  //analogWrite(pinVerde, verde);
  //analogWrite(pinAzul, azul);
  //Ánodo común
  analogWrite(pinRojo, 255 - rojo);
  analogWrite(pinVerde, 255 - verde);
  analogWrite(pinAzul, 255 - azul);
  delay(1000);
}
```

Una propuesta práctica de lo que acabamos de descubrir es la siguiente: cuando estudiemos los sensores de temperatura en el próximo capítulo, en vez de mostrar la temperatura a través del "Serial monitor" o algún otro método similar poco original, podríamos tener un sistema de LEDs mostrando un color rojo más intenso a más calor o un color azul más intenso a más frío.

Otra idea menos útil pero muy llamativa es la de enviar valores PWM aleatorios a uno o varios LEDs independientes (usando *random();* como segundo parámetro de *analogWrite();*) y entre envío y envío esperar también un tiempo aleatorio (usando *random();* como parámetro de *delay();*). Realmente el efecto es psicodélico.

Ejemplo 6.19: Para finalizar este apartado, presentamos un código donde interviene, además de un LED conectado al pin PWM nº 9, un pulsador en configuración "pull-down" cuya cable de control está conectado al pin digital nº 8. La novedad está en el bucle *while*: lo que conseguimos con él es que mientras tengamos presionado el pulsador y no hayamos llegado al máximo de brillo, el LED se irá iluminando al ritmo que marque *delay()* debido al incremento del brillo de 5 puntos en cada vuelta. Una vez dejemos de pulsar el botón, de forma brusca apagaremos el LED.

```
int brillo=0;
void setup() {
      pinMode(9, OUTPUT);
      pinMode(8, INPUT);
}
void loop() {
      while (digitalRead(8) == HIGH && brillo<=255){
            analogWrite(9,brillo);
            delay(200);
            brillo=brillo+5;
      }
      brillo=0;
      analogWrite(9, 0);
}
```

¿Qué pasaría si en el código anterior sustituimos la palabra "while" por la palabra "if"? Que el LED nunca se encenderá, porque aunque la condición se cumpla y se haga el primer *analogWrite()* del interior del "if", justo después de este se vuelve a resetear la variable "brillo" a cero, y por si fuera poco, el último *analogWrite()* apaga lo poco que se había podido iluminar, por lo que en cada repetición del "loop" volveremos a estar en las mismas.

Ejemplos con entradas analógicas (potenciómetros)

Los ejemplos del apartado anterior están muy bien, pero nos gustaría modificar el brillo del LED a voluntad. Para ello, en nuestros circuitos podríamos utilizar un potenciómetro conectado por un extremo a una fuente de voltaje conocido (los 5 V ofrecidos por la propia placa Arduino ya nos va bien), por otro a tierra y por su patilla central a algún pin de entrada analógico de la placa. La idea es que la placa reciba (proveniente de esa patilla central) una señal analógica controlable a voluntad, y aprovechar esto para "reenviarla" a las salidas analógicas de la placa que queramos. En otras palabras: usaremos un potenciómetro conectado a una entrada analógica como intermediario para manipular un dispositivo conectado a alguna salida PWM (como un LED). Si no decimos lo contrario, en nuestros proyectos utilizaremos un potenciómetro de 10 KΩ.

Ya sabíamos que un potenciómetro es una resistencia variable controlable por su patilla central, pero ¿cuál es esta señal analógica que recibe la placa Arduino proveniente de él? Esta señal es el voltaje existente entre la patilla central y el extremo del potenciómetro conectado a tierra. Por pura y simple Ley de Ohm, al variar la resistencia existente entre la patilla central y sus extremos, varía también la caída de potencial entre estos puntos. Concretamente, cuando entre la patilla central y el extremo del potenciómetro conectado a la alimentación haya una resistencia cercana a cero (y por tanto la resistencia entre la patilla central y el otro extremo, el conectado a tierra, sea máxima), el voltaje leído por la entrada analógica será cercano a 5 V. Cuando la patilla central esté en el otro lado, tocando al extremo conectado a tierra, la lectura será cercana a 0 V. Esta lectura del voltaje (analógico) controlable es el que hemos dicho que podremos "reenviar" a través de los pines PWM de la placa a los dispositivos que deseemos controlar analógicamente.

Recordemos por otro lado que la placa Arduino dispone de un conversor analógico-digital que solo permite utilizar valores entre 0 y 1023, por lo que el valor máximo del voltaje leído a través del potenciómetro (es decir, los 5 V) es convertido siempre al valor numérico 1023 (y el mínimo, lógicamente a 0). Los valores intermedios son convertidos proporcionalmente según la cantidad de voltaje recibido por el pin.

<u>Ejemplo 6.20</u>: Empezaremos por un circuito muy sencillo para ver en la práctica todo lo que se acaba de explicar. Consta tan solo de un potenciómetro y nada más, conectado tal como se ha dicho. El pin de entrada analógico escogido ha sido el nº 2.

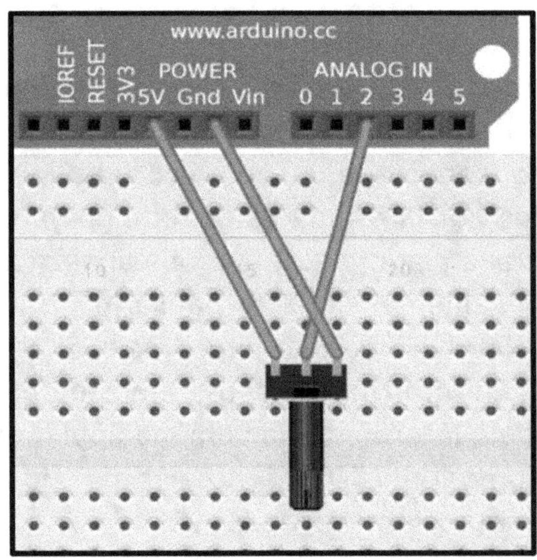

El esquema eléctrico es realmente simple:

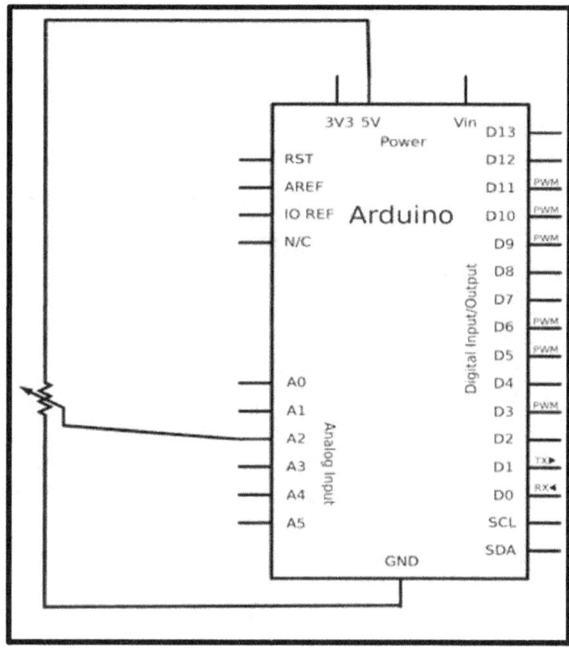

Si ejecutamos el siguiente sketch y movemos el potenciómetro, veremos por el "Serial monitor" las lecturas realizadas a través del pin analógico 2, que no son más que valores entre 0 y 1023. Notar que no se ha utilizado la función *pinMode()* como hasta ahora porque los pines-hembra analógicos de la placa Arduino solo pueden ser de entrada.

```
int valorPot=0;
void setup(){
    Serial.begin(9600);
}
void loop(){
    valorPot=analogRead(2);
    Serial.println(valorPot);
    delay(100);
}
```

De todas formas, tendría más gracia observar el valor analógico correspondiente a esa lectura. Es decir, ya sabemos que si vemos un 1023 este valor se corresponde con 5 V (esto es solo porque suponemos que estamos alimentando el potenciómetro con 5 V –los ofrecidos por la propia placa–), pero ¿y si vemos un 584? ¿Cuántos voltios se reciben en ese caso por la entrada analógica? Para saberlo, simplemente debemos aplicar una regla de proporcionalidad: multiplicar el valor leído por 5/1023.

```
int valorPot=0;
float voltajePot=0;
void setup(){ Serial.begin(9600);   }
void loop(){
    valorPot=analogRead(2);
/*La siguiente línea convierte el valor de valorPot en un valor de
voltaje. Fijarse que los valores obtenidos de analogRead() van desde
0 a 1023 y los valores que queremos van desde 0 a 5. Podríamos pensar
en utilizar la función map(), pero esta solo devuelve valores
enteros, por lo que no nos sirve. Afortunadamente, como en este caso
particular los mínimos de ambos rangos son 0, en vez de map() podemos
escribir una simple regla de proporcionalidad. Hay que tener en
cuenta el detalle de haber especificado los valores numéricos de la
fórmula como de tipo "float" (añadiéndoles el 0 decimal) para que el
resultado obtenido sea de tipo "float" también y no se trunque.*/
    voltajePot=valorPot*(5.0/1023.0);
    Serial.println(voltajePot);
    delay(100);
}
```

Con un poco de imaginación, podríamos modificar el ejemplo anterior para que en vez de mostrar el voltaje leído por el canal serie, lo visualizáramos en una tira de LEDs (10 por ejemplo), a modo de "termómetro" luminoso. Se deja como ejercicio.

Por otro lado, cuando trabajamos con sensores analógicos uno de los problemas que podemos tener es que cada cierto tiempo obtengamos algún "pico", es decir, un valor distorsionado y separado de los demás , y por tanto, erróneo. Es decir, ruido. Para intentar "suavizar" los valores leídos por si aparece alguno demasiado errático, podemos hacer servir un truco: leer la entrada analógica repetidas veces y calcular la media de los valores leídos, considerando esta el valor medido fiable.

<u>Ejemplo 6.21</u>: Para probar esta manera de obtener datos podemos utilizar el mismo circuito del ejemplo anterior. Concretamente, el código siguiente guarda diez lecturas analógicas en un array de diez posiciones, una a una. Por cada nuevo valor guardado, suma todos los valores y divide el resultado por el número de elementos del array (es decir, calcula la media de esos valores en ese preciso momento). Esta media, mostrada en el "Serial monitor", ofrece una lectura más suavizada del conjunto de valores leídos. Como la media se calcula cada vez que se lee un nuevo valor (en vez de esperar a llenar el array de diez valores nuevos, que sería otra manera), no se aprecia ningún tiempo de espera en los cálculos. Lógicamente, cuanto mayor sea el

número de elementos del array, mayor suavizado habrá en el resultado final, pero también será más lenta la obtención de este.

```
const int numElementos = 10; //Número de elementos del array
int lecturas[numElementos];   //Aquí se guardan las lecturas
int index = 0;    //Índice para irse moviendo por los elementos
 /*Valor de la suma de los 10 valores
 que haya en un momento dado en el array*/
int total = 0;
int media = 0;   // Es igual a total/numElementos
void setup(){
      Serial.begin(9600);
      //Inicializo todos los elementos del array a 0
      for (i = 0; i < numElementos; i++){
          lecturas[i] = 0;
      }
}
void loop() {
/*Quito de la suma total el valor que será sobrescrito enseguida por
el nuevo valor obtenido. De esta forma, se mantiene tan solo la suma
de los valores que en este momento estén dentro del array */
      total= total - lecturas[index];
      lecturas[index] = analogRead(2);
      //Añado el valor recién leído a la suma total
      total= total + lecturas[index];
/*Avanzo a la siguiente posición del array para
 sobrescribir en esta nueva posición el próximo valor leído*/
      index = index + 1;
      //Si estamos en el final del array…
      if (index >= numElementos){
          //…vuelvo al principio para sobrescribir por allí
          index = 0;
      }
      //Calculo la media de los 10 valores actuales
      media = total / numElementos;
      Serial.println(media);
      delay(1);//Me espero para leer de nuevo (por estabilidad}
}
```

Bien, volvamos al ejemplo 6.20: ya sabemos obtener un dato (de hasta 1024 valores posibles diferentes) proporcional al voltaje analógico recibido. La gracia está ahora en utilizar este valor de tensión para aplicársela a los dispositivos conectados a las salidas PWM de la placa Arduino. De esta manera, podremos variar gradualmente el brillo de un LED, la velocidad de un motor, la frecuencia de un sonido emitido por un zumbador, etc., según les enviemos más o menos voltaje.

Por suerte, tanto el rango de voltaje analógico leído de entrada es de 5 V (porque hemos alimentado el potenciómetro con la propia placa) como también lo es el rango del voltaje de salida ofrecidos por los pines-hembra de Arduino, así que en este sentido no hay que preocuparse de que los valores leídos por un lado no sean eléctricamente seguros para ser utilizados en el otro. No obstante, hay que tener en cuenta que los valores leídos pueden estar entre 0 y 1024 (como ya hemos dicho) pero los valores PWM recordemos que solo pueden estar entre 0 y 255. Esto es muy importante, porque nos obliga en nuestro sketch a hacer un "mapeo" (normalmente con *map()*) de los valores obtenidos para que se ajusten a este nuevo rango cuatro veces más pequeño que el original.

Ejemplo 6.22: Todo esto lo probaremos en el siguiente circuito, donde añadiremos un LED (conectado a un pin de la placa que ha de ser de tipo PWM, como por ejemplo el nº 9) al potenciómetro que ya teníamos montado.

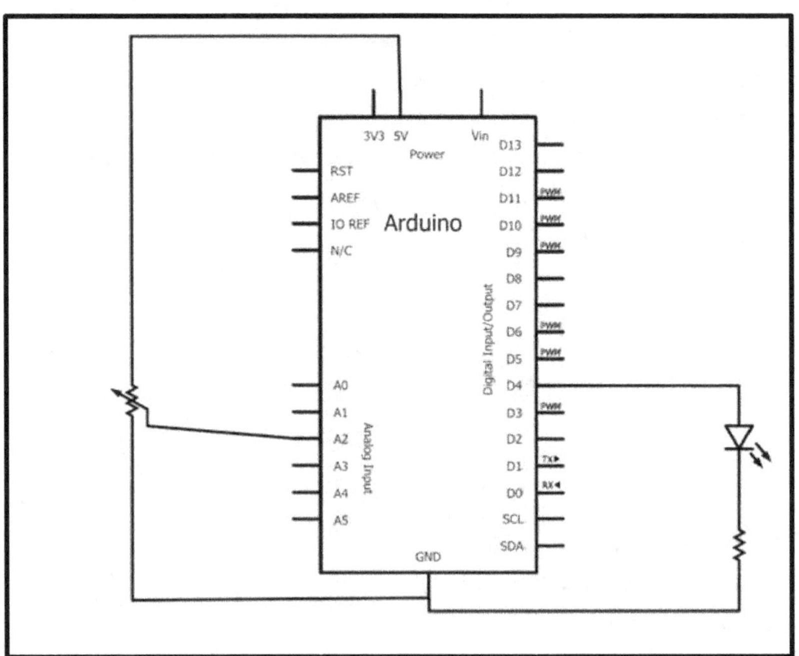

Y aquí está el código:

```
int valorPot=0;
void setup(){
    pinMode(9,OUTPUT);
}
```

```
void loop(){
    valorPot=analogRead(2);
/*Los valores de analogRead() van desde 0 a 1023 y los valores de
analogWrite van desde 0 a 255, por eso reajustamos el valor leído
para poderlo reenviar. En este caso particular, como los mínimos de
ambos rangos son 0, en vez de map() podríamos haber escrito una
simple    regla    de    proporcionalidad,    mediante    la    fórmula
valorPot=valorPot*(255.0/1023.0), o dicho de otra forma: dividiendo
el valor original entre 4.0 (el 4 ha de ser un valor "float" para que
el resultado no se trunque!, de ahí el 0 decimal).*/
    valorPot=map(valorPot,0,1023,0,255);
    analogWrite(9,valorPot);
//Espero un rato para que la señal de analogWrite se mantenga
    delay(100);
}
```

Ejemplo 6.23: En vez de utilizar la lectura del potenciómetro para variar de forma continua el brillo de un LED, otra cosa que podemos hacer con el mismo circuito del ejemplo anterior es enviar al LED una señal digital con *digitalWrite()* –es decir, sin valores intermedios: o se enciende (HIGH) o se apaga (LOW)– para hacerlo parpadear y utilizar entonces la lectura del potenciómetro como parámetro de *delay()* para establecer el tiempo de parpadeo. De esta forma, al variar de forma continua el estado del potenciómetro, variaremos de forma continua el tiempo de parpadeo:

```
int valorPot = 0;
void setup() {
    pinMode(9, OUTPUT);
}
void loop() {
    valorPot = analogRead(2);
    digitalWrite(9, HIGH);
    delay(valorPot);
    digitalWrite(9, LOW);
    delay(valorPot);
}
```

Ejemplo 6.24: O también encender el LED solamente si el valor leído del potenciómetro supera un determinado umbral:

```
int valorPot = 0;
void setup() {
    pinMode(9, OUTPUT);
```

```
}
void loop() {
    valorPot = analogRead(2);
    if (valorPot > 500) {
        digitalWrite(9, HIGH);
    } else {
        digitalWrite(9, LOW);
    }
    delay(valorPot);
}
```

<u>Ejemplo 6.25</u>: Evidentemente, además de LEDs, mediante un potenciómetro podemos controlar cualquier otro tipo de actuador, como por ejemplo un servomotor. Si diseñamos un circuito tal como el mostrado en la figura siguiente, podríamos girar el servomotor un ángulo determinado, según el valor leído del potenciómetro.

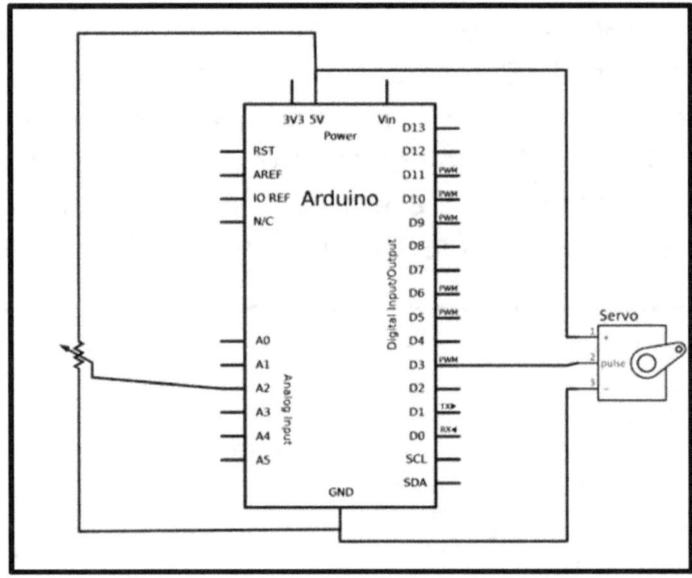

El código necesario para ello sería el siguiente:

```
#include <Servo.h>
Servo miservo;
int valorPot = 0;
void setup() {
    miservo.attach(3);
}
void loop() {
    valorPot = analogRead(0);
/*Los  valores  de  analogRead()  van  desde  0  a  1023  y  los  valores
```

```
aceptados por miservo.write() van desde 0 a 180, por eso reajustamos
el valor leído para poderlo utilizar con el servomotor. En este caso
particular, como los mínimos de ambos rangos son 0, en vez de map()
podríamos haber escrito una simple regla de proporcionalidad,
mediante la fórmula valorPot=valorPot*(180.0/1023.0)*/
    valorPot = map(valorPot, 0, 1023, 0, 180);
    miservo.write(valorPot);
    delay(15);   //Para dar tiempo al servo a moverse
}
```

Breve nota sobre los "softpots" o potenciómetros de "membrana":

Un "softpot" o potenciómetro de "membrana" es un tipo de potenciómetro en forma de tira muy delgada. Si a lo largo de esa tira se ejerce presión, la resistencia cambia prácticamente de forma lineal desde unos 100 ohmios hasta unos 10 KΩ. Esto permite calcular con gran precisión la posición relativa en la tira de, por ejemplo, nuestro dedo. Por ello, estos dispositivos se suelen utilizar mucho en aparatos domésticos, como reproductores "mp3", televisores, etc. Un ejemplo de "sofpot" es el producto nº 8607 de Sparkfun.

Estos componentes disponen de tres pines: el pin de más a la derecha (mirándolo de frente con los pines en la zona inferior) suele ser el de la alimentación, el de más a la izquierda es el de tierra y el central se corresponde a la señal obtenida como lectura analógica. Si se presiona en la zona superior de la tira, obtendremos por ese pin central una lectura de 0, y si vamos presionando hacia abajo llegaremos a obtener una lectura máxima de 1023.

Ejemplo de uso de joysticks como entradas analógicas

Un joystick internamente no es más que un conjunto de dos potenciómetros que permiten medir el movimiento de la palanca a lo largo del eje X y el eje Y (es decir, en 2 dimensiones). Por tanto, las conexiones necesarias para utilizar un joystick con nuestra placa Arduino son las siguientes: un extremo de cada potenciómetro ha de estar conectado a la fuente de alimentación del circuito (normalmente, los 5 V proporcionados por la placa Arduino), el otro extremo de cada potenciómetro ha de estar conectado a tierra, y la patilla central de cada potenciómetro ha de estar conectado a una entrada analógica diferente.

La mayoría de veces, el joystick también incorpora un pulsador interno, que se activa al apretarlo. En estos casos, para detectar estas pulsaciones generalmente deberemos conectar además otro cable a nuestra placa Arduino, pero esta vez a una entrada digital.

Para saber el desplazamiento realizado en un eje o en otro, deberemos consultar el valor leído en la entrada analógica correspondiente (el cual puede ir desde 0 en un extremo hasta 1023 en otro). Dependiendo de la magnitud de esos dos valores leídos, mediante "ifs" o "switchs" podremos decidir entonces qué hacer.

IteadStudio distribuye un módulo, el "Joystick breakout module", cuya conexión es muy sencilla. Tan solo ofrece 5 pines: "+" (a conectar a 5 V), "G" (a conectar a tierra), "X" (a conectar a una entrada analógica), "Y" (a conectar a la otra entrada analógica) y "B" (a conectar a una entrada digital, para detectar pulsaciones). Sus dos potenciómetros internos son de 10 KΩ cada uno. Otro producto parecido es el nº 27800 de Parallax, el cual, no obstante, carece del pulsador integrado; con él las conexiones a realizar son: pines "L/R+" y "V/D+" a alimentación de 5V, pin "L/R" a una entrada analógica, "V/D" a la otra entrada analógica y "GND" a tierra.

También podemos utilizar shields que incluyen un joystick y varios pulsadores extra más. Se debe consultar la documentación de cada shield para saber a qué entradas analógicas y digitales está vinculado tanto el joystick como los diversos pulsadores incluidos, de manera que podamos escribir nuestros sketches correctamente. Ejemplos de este tipo de shield son: el "InputShield" de LiquidWare, el "Arduino Input Shield" de DFRobot, el "Joystick Shield" de IteadStudio, el "Joystick Shield" de Elecfreaks o el "Joystick Shield Kit" de Sparkfun (aunque este último, tal como su nombre indica, viene en forma de kit, por lo que es necesario soldar sus partes).

A continuación, se muestra un código muy sencillo válido para todos los módulos y shields anteriores, donde, mientras se manipula un joystick, se va visualizando en tiempo real por el "Serial monitor" los valores leídos por las entradas analógicas nº 0 (eje X) y nº 1 (eje Y).

```
byte ejeX=0;                      //Entrada analógica eje X (nº 0)
byte ejeY=1;                      //Entrada analógica eje Y (nº 1)
byte boton=3;                     //Entrada digital botón (nº 3)
int  valorx,valory,valorboton;    //Valores leídos
```

```
void setup() {
      Serial.begin(9600);
}
void loop(){
      valorx = analogRead(ejeX);
      Serial.print( "X:" );
      Serial.print(valorx);
/*Es necesario hacer una pequeña pausa entre lecturas de diferentes
pines analógicas porque si no puede ser que obtengamos la misma
lectura dos veces (debido al funcionamiento interno de esos pines) */
      delay(100)
      valory = analogRead(ejeY);
      Serial.print ( " | Y:" );
      Serial.print (valory);
      delay(100);
      valorboton = digitalRead(boton);
      Serial.print ( " | Botón: " );
      Serial.print (valorboton);
}
```

Ejemplo de uso de pulsadores como entradas analógicas

Los pulsadores se pueden utilizar para detectar valores diferentes más allá de los simples HIGH y LOW, pero para ello deberemos conectarlos a entradas analógicas. Montaremos el siguiente circuito (usando la configuración con resistencia "pull-down"):

Como se puede ver, es muy parecido al que ya vimos cuando tratamos las entradas digitales, solo que ahora el "cable de control" del pulsador está conectado a una entrada analógica de la placa (concretamente, la número 3) en vez de a un pin digital. El esquema eléctrico correspondiente sería:

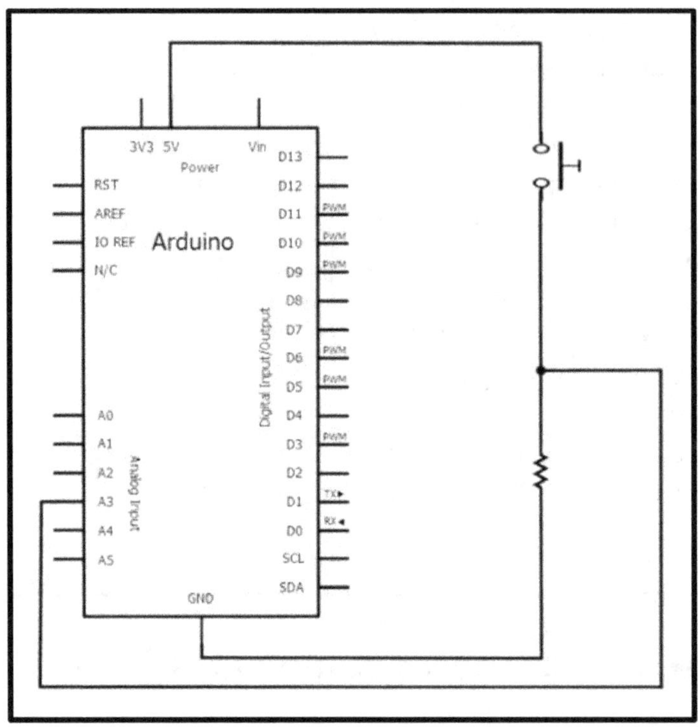

Para probar el circuito anterior, podemos utilizar un sketch muy parecido al que vimos cuando introdujimos por primera vez las entradas digitales, pero ahora estaremos viendo lo que ocurre en una entrada analógica.

```
int estadoBoton=0; //Guardará el estado "analógico" del botón
void setup(){ Serial.begin(9600); }
void loop() {
     estadoBoton=analogRead(3);
     Serial.println(estadoBoton);
     delay (50);  //Para mayor estabilidad entre lecturas
}
```

¿Y qué es lo que se ve? Que en vez de obtener un valor HIGH (1) cuando se pulsa el botón y un valor LOW (0) cuando no, en el primer caso se obtiene un valor 1023 (es decir, el equivalente, tras la conversión analógico-digital interna) a 5 V, y en el segundo un valor 0 (0 V). ¿Por qué? Porque cuando se pulsa el botón el voltaje existente entre la fuente de alimentación (los 5 V proporcionados por la placa) y el pin de entrada analógico es precisamente 5 V, ya que hay un camino directo entre ambos extremos sin ninguna caída de potencial entremedio. Pero cuando el botón está abierto, el pin analógico está conectado a tierra a través de la resistencia "pull-down".

Si ahora queremos leer un valor de voltaje entre 0 y 5 V (¡es la gracia de tener lecturas analógicas!), deberíamos introducir un divisor de tensión en el camino entre la fuente de alimentación y el pin analógico de entrada. Concretamente, colocaremos una resistencia entre el pin de 5 V de la placa y la patilla del pulsador conectado a ella, tal como se muestra en las siguientes figuras. El valor de la resistencia puede ser cualquiera, pero cuanto mayor sea, mayor caída de potencial provocará entre sus bornes, y por tanto, menor será la lectura que reciba el pin analógico cuando se pulse el botón. Así pues, tenemos:

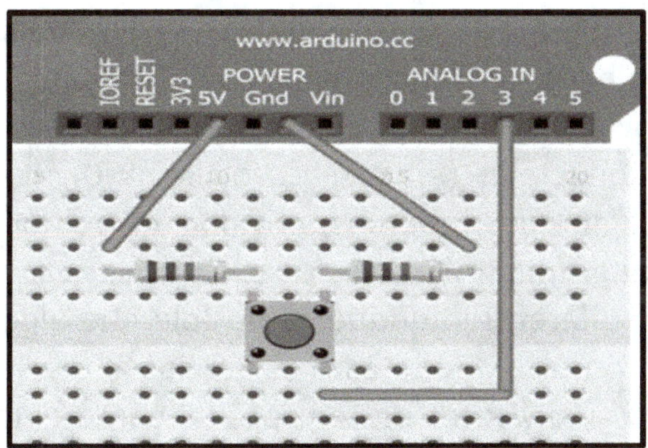

Es decir:

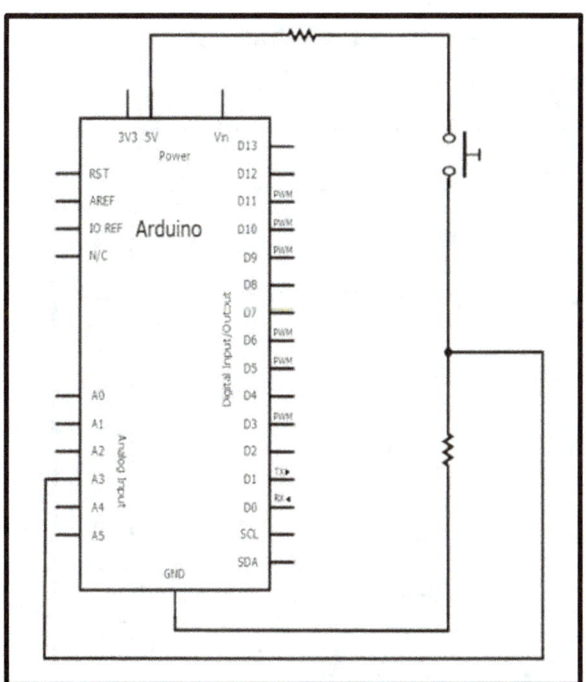

En el caso de haber utilizado la configuración del pulsador con resistencias "pull-up", entonces deberíamos haber colocado el divisor de tensión entre tierra y la patilla del pulsador conectada a esta.

¿Qué ocurre ahora si volvemos a ejecutar el mismo sketch de antes? Que ahora veremos un valor intermedio entre 0 y 1023, dependiendo del valor de la resistencia que hayamos puesto como divisor de tensión (recordemos, a mayor resistencia, el valor leído será menor). Ahora mismo, por tanto, tenemos un circuito que recibe una señal analógica (de un valor fijo) solo cuando se mantiene pulsado el botón.

¿Para qué nos puede servir esta funcionalidad de los pulsadores? Para por ejemplo poder implementar un circuito R-2R "en escalera", tal como el mostrado en la página siguiente. Este tipo de circuito utiliza varios pulsadores, todos ellos conectados a un único pin de entrada analógica. Cada uno de estos pulsadores cuando es presionado enviará una señal analógica de un determinado voltaje a la entrada a la que están conectado (en este caso, la nº 0). La gracia está en que dependiendo del pulsador que presionemos, el valor del voltaje de la señal recibida por el pin analógico será diferente. Incluso se pueden pulsar varios botones a la vez, y esto generará otro voltaje diferente (aunque es posible que algún conjunto concreto de pulsaciones se solape con otro). Todo esto es gracias al diseño R-2R "en escalera" de resistencias "pull-down" y divisores de tensión, tal como el mostrado en la figura siguiente. Este diseño se llama así porque las resistencias "pull-down" (mostradas en la figura verticalmente) tienen siempre la mitad de valor (en este ejemplo, 10 KΩ) que los divisores de tensión (mostrados en la figura horizontalmente, y, en este ejemplo, con un valor de 20 KΩ). Es preferible que todas las resistencias tengan un 1% de tolerancia para mejorar la exactitud de las medidas.

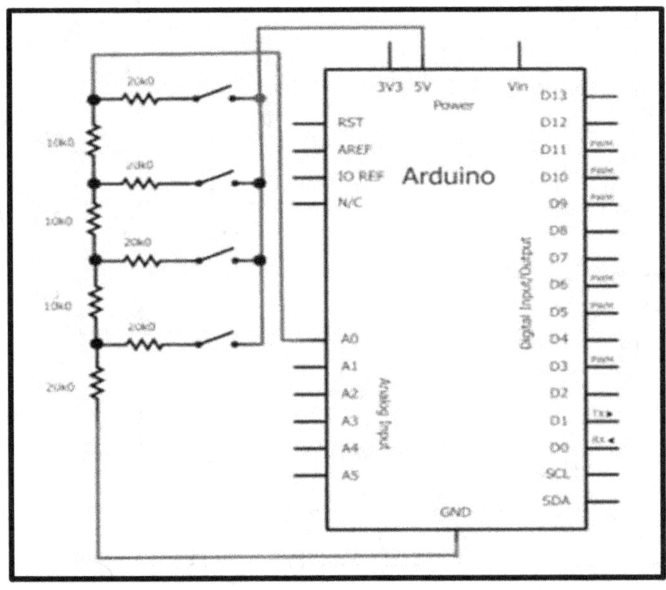

Una vez realizado el circuito R-2R, lo único que tendríamos que hacer para aprovechar estas diversas entradas es escribir un sketch que fuera comprobando (con varios "ifs" o un "switch") qué valor de voltaje recibe la placa, para así responder según lo que proceda. De esta manera, podríamos implementar un "keypad" artesano con solo un pin de nuestra placa.

De hecho, una plaquita que implementa esta misma idea es la llamada "ADKeyboard Module" de DFRobot. Esta plaquita contiene 5 botones que tan solo requieren el uso de una entrada analógica de nuestra placa Arduino para ser monitorizados de forma independiente. En la página web de este producto se ofrece además un código Arduino de ejemplo para saber cómo se puede realizar la gestión de las pulsaciones.

Otra plaquita similar es la "TWI Keyboard" de Akafugu. No obstante, esta plaquita se comunica con nuestra placa Arduino vía I^{2}C y por tanto, requiere 2 cables (además del de alimentación y tierra). También dispone de 5 botones independientes, los cuales pueden ser controlados mediante la librería descargable de https://github.com/akafugu/twikeyboard. Esta librería es capaz de detectar los eventos de pulsación, soltado y repetición de los botones, y gestiona correctamente el efecto de "bounce".

También podemos utilizar el producto nº 27801 de Parallax, el cual es un pulsador de cinco posiciones. Es decir, funciona como si fuera una plaquita de cinco pulsadores, aunque a simple vista se asemeje a un joystick. Su conexión es sencilla: el pin marcado como "VCC" va a 5 V, el "GND" va a tierra y los otros cinco pines se han de conectar a cinco entradas digitales de la placa Arduino. Cada uno de estos pines se corresponde con una posición del pulsador (arriba, abajo, derecha, izquierda, centro), y cuando el pulsador se coloque en una de ellas, el pin correspondiente recibirá una señal LOW (debido a las resistencias "pull-up" internas de la plaquita).

Sensores capacitivos

No solamente los condensadores propiamente dichos disponen de capacidad eléctrica (es decir, de posibilidad de almacenar carga): cualquier objeto sometido a un determinado voltaje y formado internamente por dos superficies conductoras separadas por un material aislante y situadas a una distancia una de la otra relativamente corta ya puede actuar como un condensador. El valor concreto de la capacidad intrínseca de ese objeto depende del tipo de material aislante utilizado y de la distancia entre ambas superficies conductoras. Concretamente, la capacidad es inversamente proporcional a esta distancia; es decir: si la distancia entre ellas aumenta, la capacidad del componente disminuye, y viceversa. Esta variación de la capacidad puede ser utilizada para implementar un "sensor capacitivo" que sirva para deducir la distancia entre ambas superficies.

Lo interesante del asunto es que nuestro cuerpo humano actúa como una superficie conductora conectada a tierra. Esto implica que si acercamos un dedo a una plancha de metal o de cualquier otro material conductor sometido a una determinada tensión y protegido por un material aislante (como el plástico, la cerámica o la madera) estaremos creando un condensador, cuya capacidad dependerá del material aislante (normalmente fijo) y de la distancia de nuestro dedo a esa plancha (variable).

Podemos pues utilizar nuestra placa Arduino como un sensor capacitivo, detectando la aproximación o contacto de un dedo (por ejemplo) a una determinada superficie en un rango de unos pocos milímetros. Si utilizamos varios sensores, podríamos establecer diferentes reacciones en nuestro circuito, lo que nos permitiría interactuar con la placa Arduino de una manera similar a como lo hacemos con un keypad o un conjunto de pulsadores. De hecho, esta técnica es la que se utiliza habitualmente en muchos productos electrónicos con pantallas táctiles de contacto a baja presión.

Para ello, deberemos construir un circuito tan sencillo como el siguiente:

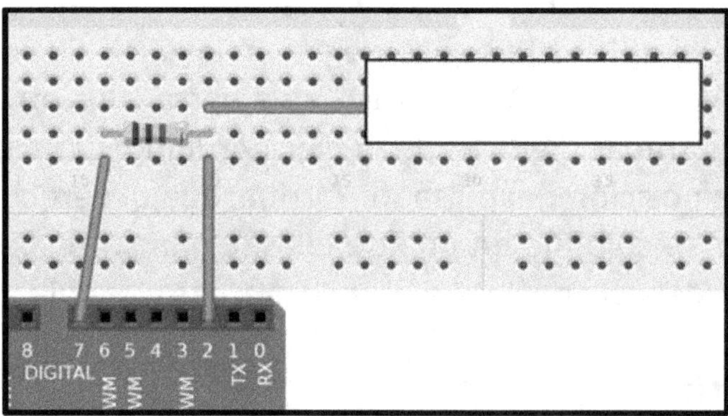

donde el rectángulo blanco representa la superficie conductora (una opción podría ser una tira de papel de aluminio, por ejemplo) preferiblemente bajo una capa aislante (una opción podría ser un simple papel).

La resistencia ha de tener un valor relativamente elevado (entre 100 KΩ y 50 MΩ son valores adecuados). Si se utiliza un valor menor de 1 MΩ, el sensor tan solo detecta la presencia de un dedo cuando existe contacto físico. Con 10 MΩ el sensor detecta la presencia de un dedo a una distancia de 5-10 cm, y con una resistencia de

40 MΩ el dedo es detectado a una distancia de 30-60 cm (dependiendo de las dimensiones de la superficie conductora). Este incremento de sensibilidad a mayores resistencias tiene el inconveniente de que la respuesta del sensor es bastante más lenta.

El circuito anterior se basa en que un pin de la placa Arduino actúe como salida digital (en el diagrama anterior sería el pin nº 7) y el otro pin (conectado a la superficie sensible) actúe como entrada digital (en el diagrama anterior sería el pin nº 2). El método de medición consiste en establecer un nuevo valor al pin de salida (HIGH o LOW) y esperar un determinado tiempo hasta que el pin de entrada cambie automáticamente al mismo estado que el pin de salida. Dependiendo del tiempo transcurrido hasta ese cambio de estado, se puede medir la capacidad generada por el contacto humano. Concretamente, el retraso entre el cambio de estado del pin de salida y el del pin de entrada está definido por la llamada "constante de tiempo", calculada mediante la expresión R·C, donde R es el valor de la resistencia y C es la capacidad presente en el pin de entrada, la cual depende de todas las otras capacidades presentes del circuito (como la resultante de la interacción humana, que es la única que varía).

La experiencia indica que es conveniente añadir al circuito anterior dos condensadores extra para mejorar la estabilidad de las lecturas realizadas. Concretamente, es recomendable conectar un condensador de 0,1 µF entre el pin de entrada y tierra, y otro pequeño condensador (de entre 0,02 y 0,4 µF) cerca de la superficie conductora, en paralelo con el generado por el cuerpo humano. Es decir, que el montaje más conveniente es el siguiente:

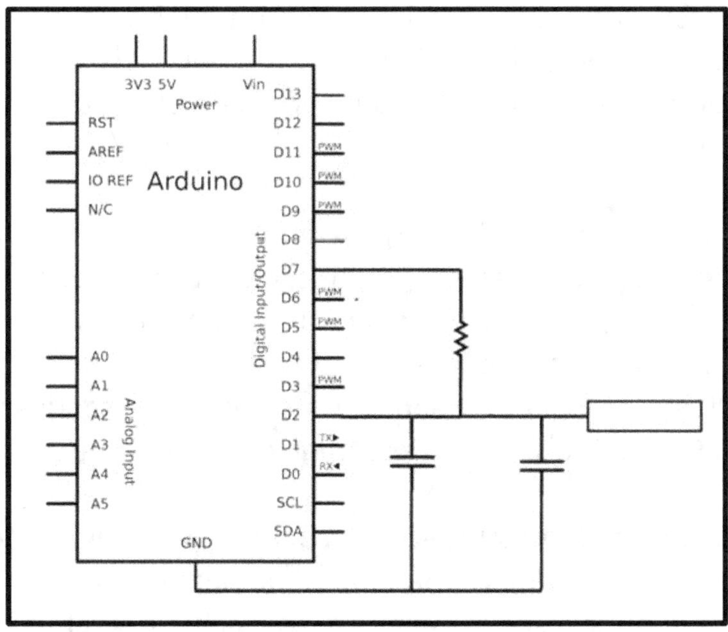

También es recomendable para mejorar la estabilidad de las lecturas conectar la placa Arduino a una tierra externa de referencia, o bien, si está conectada a un computador, que este esté enchufado a la red eléctrica.

Afortunadamente, no tenemos que tener grandes conocimientos de electricidad ni de condensadores para poder interpretar las lecturas obtenidas por el circuito anterior, porque la librería semi-oficial "CapacitiveSensor", descargable de http://www.arduino.cc/playground/Main/CapacitiveSensor, nos facilitará muchísimo la faena. Las funciones más importantes de esta librería son:

CapacitiveSensor(): esta función se ha de escribir en la zona de declaraciones globales del sketch, fuera por tanto de las funciones "setup()" y "loop()". Su primer parámetro es el número del pin de la placa Arduino que actuará como salida y su segundo parámetro es el pin de entrada. Devuelve un objeto de tipo CapacitiveSensor (lo llamaremos "micapsense") que representa el sensor y que nos permitirá utilizar el resto de funciones de la librería. Si tenemos varios sensores, cada uno de ellos será representado por un objeto CapacitiveSensor diferente. Un ejemplo de declaración-creación de un objeto CapacitiveSensor sería: `CapacitiveSensor micapsense = CapacitiveSensor(4,2);`

micapsense.capacitiveSensor(): esta función requiere un único parámetro —de tipo "byte"—, que es el número de muestras (30 sería un buen valor) que se quieren obtener de la superficie conductora, para realizar el cálculo pertinente y devolver (en forma de valor de tipo "long") la capacidad medida, en unidades arbitrarias. Esta función tiene en cuenta la capacidad de base siempre presente en el circuito y la resta de la capacidad detectada variable, por lo que normalmente devuelve un valor bajo cuando no hay contacto o proximidad humana.

micapsense.set_CS_Autocal_Millis(): esta función requiere un único parámetro —de tipo "unsigned long"— que indica cada cuántos milisegundos la librería recalculará y recalibrará la capacidad de base constante en el circuito que se resta en las medidas de las variaciones detectadas. El valor por defecto son 20 segundos. La recalibración se puede desactivar escribiendo el valor "0xFFFFFFFF" como valor del parámetro de esta función.

Un ejemplo sencillo demostrativo de su uso es el siguiente sketch. Para probarlo, se puede acercar y alejar una mano de alguno de los sensores para comprobar en el "Serial monitor" los cambios en los valores detectados.

```
#include <CapacitiveSensor.h>
/*Declaro tres sensores capacitivos,
todos ellos con el pin nº 4 como pin de salida */
CapacitiveSensor   micapsense1 = CapacitiveSensor(4,2);
CapacitiveSensor   micapsense2 = CapacitiveSensor(4,6);
CapacitiveSensor   micapsense3 = CapacitiveSensor(4,8);
void setup(){
   //Desactivo la calibración automática, solo como ejemplo
   micapsense1.set_CS_AutocaL_Millis(0xFFFFFFFF);
   Serial.begin(9600);
}
void loop(){
   long inicio, total1,total2,total3;
   inicio = millis();
   total1 =  micapsense1.capacitiveSensor(30);
   total2 =  micapsense2.capacitiveSensor(30);
   total3 =  micapsense3.capacitiveSensor(30);
   //Compruebo el rendimiento
   Serial.println(millis() - inicio);
   //Muestro el valor obtenido por los sensores
   Serial.println(total1);
   Serial.println(total2);
   Serial.println(total3);
   delay(10);   //Me espero para darle tiempo al canal serie
}
```

Tal como se ve en el código anterior, si queremos tener varios sensores (es decir, varias superficies conductoras), para distinguir diferentes contactos, no es necesario utilizar para cada sensor dos parejas de pines: el pin de salida puede ser compartido. Así, podríamos tener como único pin de salida por ejemplo el nº 7 conectado mediante la resistencia adecuada a un pin de entrada cualquiera (conectado a su vez a la superficie conductora), y tenerlo además conectado mediante otra resistencia, en paralelo a la anterior, a otro pin de entrada diferente, y tenerlo conectado también mediante otra resistencia, en paralelo a las anteriores, a otro pin de entrada, y así.

De todas maneras, si no queremos construir desde cero un circuito con varios sensores capacitivos, podemos utilizar shields que ya nos los incorporan de fábrica cómodamente. Por ejemplo, Modern Device distribuye un shield llamado "ArduCapSense" que está fabricado utilizando los principios básicos explicados en los párrafos anteriores y que, por tanto, es programable con la misma librería

"CapacitiveSensor". Dispone de ocho botones (sensores capacitivos) y además, dispone de una salida jack de audio y de varios LEDs por si se quiere identificar el botón pulsado de forma acústica o lumínica respectivamente; en la página del producto se pueden encontrar códigos de ejemplo para ambos casos. No obstante, el shield se distribuye en forma de kit, por lo que se precisa soldar los componentes.

Sparkfun distribuye su "Touch shield" (nº de producto 10508), que ofrece nueve botones (como un "keypad" estándar), pero utiliza un chip especializado, el sensor de contacto capacitivo MPR121 de Freescale. Esto hace que la librería "LibCapSense" no nos sea útil; sin embargo, en la página del producto se puede descargar un código Arduino de ejemplo para comprender su manejo (además de la librería particular de la que este hace uso). El mismo sensor capacitivo también se distribuye en forma de plaquita breakout (nº de producto 9695), a la cual se le pueden conectar hasta 12 sensores capacitivos ("botones") externos. Esta plaquita funciona a 3,3 V y se comunica a través del protocolo I^2C con el exterior, por lo que para utilizarla con nuestra placa Arduino es necesario utilizar un convertidor de nivel y para programarla es necesario utilizar la librería oficial Wire (en la página del producto se ofrecen diversos códigos de ejemplo). Otra placa muy similar a la anterior pero incluyendo dentro de sí los 12 sensores capacitivos en forma de "keypad" ya prefabricado es el producto 10250 de Sparkfun.

Cambiar el voltaje de referencia de las lecturas analógicas

Ya comentamos en el capítulo 2 el concepto de "voltaje de referencia". Básicamente, es un valor que define la precisión con la que se convierte una señal analógica (leída en una entrada analógica con *analogRead()*) a una señal digital equivalente (transformada por el conversor interno de la placa Arduino). Cuanto menor sea ese voltaje de referencia, mayor es la exactitud en la conversión. Por defecto, este valor es de 5 V, pero si la precisión que nos ofrece no nos es suficiente (ya que con 5 V de referencia se llega a una distancia entre valores digitales contiguos de aproximadamente 4,9 mV), lo podemos reducir haciendo uso de la función *analogReference()* y, opcionalmente, del pin AREF de la placa.

analogReference(): configura el voltaje de referencia usado para la conversión interna de valores analógicos en digitales. Dispone de un único parámetro, que en la placa Arduino UNO puede tener los siguientes valores: la constante predefinida DEFAULT (que equivale a establecer el voltaje de referencia es 5 V –o 3,3 V en las placas que trabajen a esa tensión–, el cual es el valor por defecto), o la constante predefinida INTERNAL (donde el voltaje de referencia entonces es de 1,1 V) o la constante predefinida EXTERNAL (donde el voltaje de referencia entonces es el voltaje que se aplique al pin AREF —"Analogue REFerence"—). Es muy importante ejecutar siempre esta función antes de cualquier lectura realizada con *analogRead()* para evitar daños en la placa. Esta función no tiene valor de retorno.

Si usamos la opción de utilizar una fuente de alimentación externa para establecer el voltaje de referencia, deberemos conectar el borne positivo de esa fuente al pin-hembra AREF de la placa y su borne negativo a la tierra común. Para no dañar la placa, es muy importante que el voltaje de referencia externo aportado al pin AREF no sea nunca menor de 0 V (es decir, invertido de polaridad) ni mayor de 5 V.

Rebajar el voltaje de referencia es útil cuando sabemos que los valores de las entradas analógicas no alcanzan nunca los 5 V. Por ejemplo, si sabemos que el valor máximo de una determinada señal de entrada es de 2,5 V, podríamos rebajar con una fuente adecuada el voltaje de referencia a 2,5 V, para hacer así que cada valor digital se correspondiera con su valor analógico respectivo en una precisión de 2,5V/1024≈2,5 mV, doblando pues así la resolución utilizada. Hay que tener en cuenta, no obstante, que los efectos del ruido aumentan a medida que aumentemos la resolución en los valores leídos.

Podemos construir una fuente de referencia externa fácilmente (¡y muy barata!) con un simple divisor de tensión. Por ejemplo, si queremos que el voltaje de referencia sea de 2,5 V, podemos utilizar los 5 V que aporta el pin "5V" de la propia placa Arduino para reducirlo mediante dos resistencias idénticas conectadas en serie (no importa su valor numérico concreto, lo que importa es que sean iguales) y utilizar el voltaje presente entre las dos (reducido a 2,5 V por simple Ley de Ohm) como entrada del pin AREF. Es decir, diseñar un circuito como este:

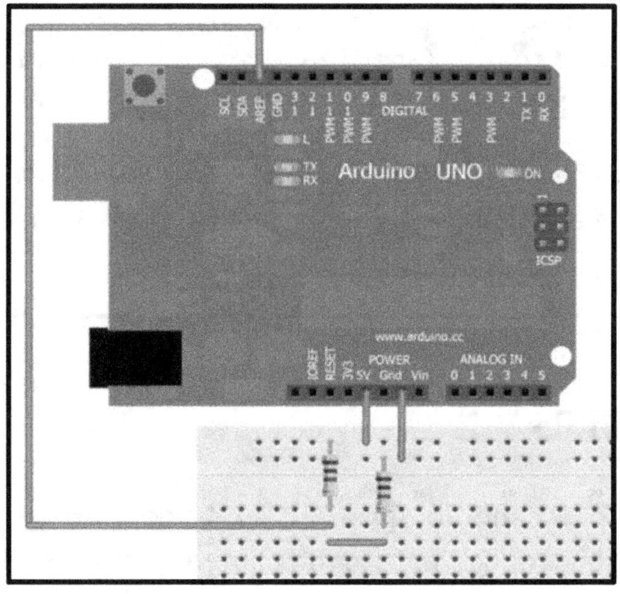

Se deberían usar resistencias de baja tolerancia (1%) para que la señal de referencia sea lo suficientemente precisa. Aunque la manera más exacta de proporcionar una señal rebajada y estable sería usando un regulador de tensión apropiado.

El siguiente código muestra cómo utilizar un voltaje de referencia externo. Necesitamos un circuito con un potenciómetro, la patilla central que ha de estar conectada al pin analógico de entrada nº 2. Supondremos que la fuente externa de referencia proporciona por ejemplo 1,8 V (y por tanto, dividiendo entre 1024 tendríamos 1,75 milivoltios de resolución entre cada lectura de *analogRead()*).

```
int valorPot=0;
float voltajePot=0;
void setup(){
    analogReference(EXTERNAL); //Ésta es la línea clave
    Serial.begin(9600);
}
void loop(){
    valorPot=analogRead(2);
//Primero se muestra la lectura en forma de porcentaje
    Serial.println((voltajePot/1024)*100);
/*La siguiente línea convierte el valor de valorPot en un valor de
voltaje. Fijarse que los valores obtenidos de analogRead() van desde
0 a 1023 y los valores que queremos van desde 0 al voltaje de
referencia (1,8V hemos supuesto en este ejemplo). Podríamos pensar en
utilizar la función map(), pero esta solo devuelve valores enteros,
por lo que no nos serviría demasiado. No obstante, como en este caso
particular los mínimos de ambos rangos son 0, en vez de map() podemos
escribir una simple regla de proporcionalidad. Hay que tener en
cuenta el detalle de haber especificado los valores numéricos de la
fórmula como de tipo "float" (añadiéndoles el 0 decimal) para que el
resultado obtenido sea de tipo "float" también y no se trunque.*/
    voltajePot=valorPot*(1.8/1023.0); //En V
    voltajePot=voltajePot*1000; //Lo convertimos a mV
    Serial.println(voltajePot);
    delay(100);
}
```

CONTROL DE MOTORES DC

En el apartado del capítulo anterior correspondiente a los motores no hablamos de cómo escribir código para controlar motores DC. Esto es porque no existe una librería Arduino específica para ellos, ya que estos dispositivos se pueden controlar con simples señales analógicas. Cuanto mayor sea el valor de la salida PWM enviado al motor, a más voltaje estará sometido y, por tanto, más rápido girará. Así de simple. Probaremos este funcionamiento con un circuito tal como el siguiente:

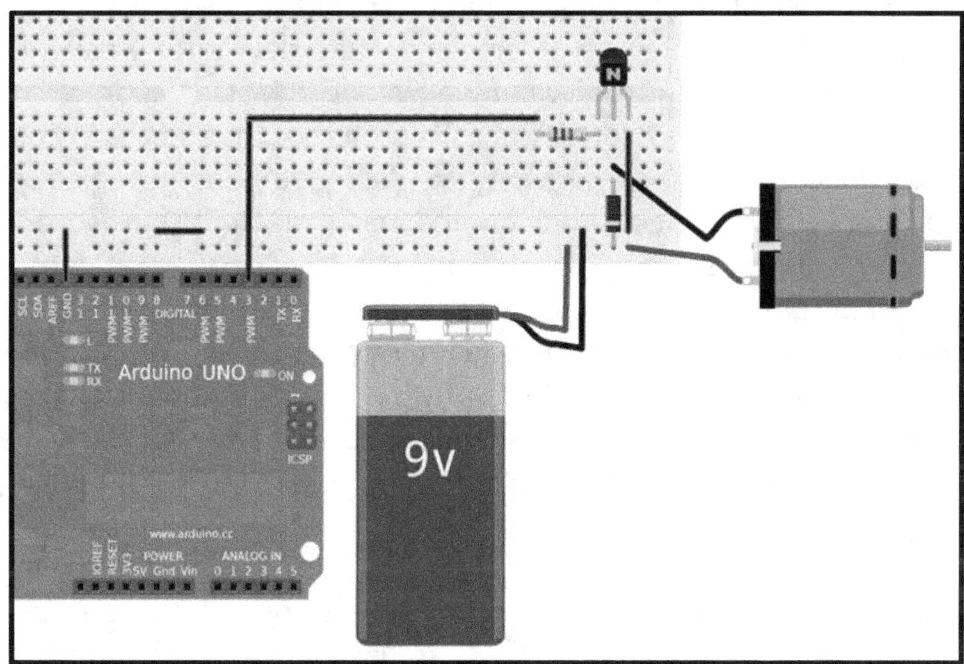

Tal vez su esquema eléctrico sea más claro:

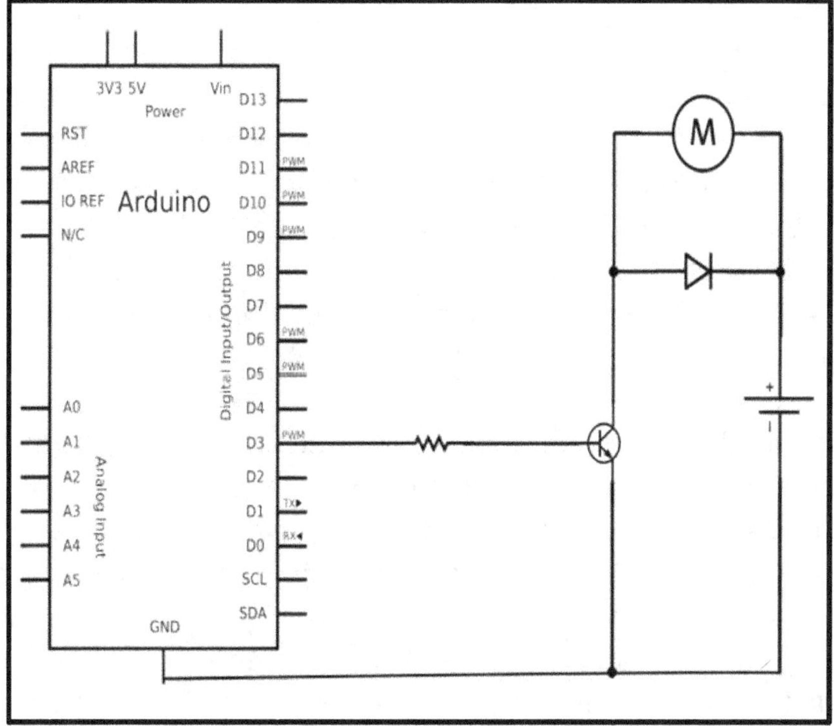

Lo primero que llama la atención es la necesidad de utilizar una alimentación externa (en este caso, una pila de 9 V) porque los motores por lo general realizan un elevado consumo, y con los 40 mA y 5 V que ofrecen los pines de la placa Arduino no es suficiente. Lo segundo que llama la atención es el transistor. En este circuito lo utilizamos como simple válvula accionada por la señal PWM proveniente de la placa. Si esta vale 0, el transistor mantendrá abierto el circuito del motor y este no girará. A medida que se vaya aumentando el valor de voltaje PWM enviado a la base del transistor, por esta circulará más corriente. Esto provocará que entre el colector y el emisor vaya pasando más y más corriente (o dicho de otra forma, que se vaya reduciendo la resistencia entre estos dos puntos más y más). Esto provocará a su vez que el motor vaya siendo sometido a un mayor potencial y por tanto, que vaya girando más rápido. El caso extremo aparece cuando el transistor actúa como un simple circuito cerrado; esto ocurre al llegar a un determinado valor de la señal PWM, el cual provoca la llamada "intensidad de saturación" en la base del transistor. En ese momento, la resistencia entre colector y emisor es nula, por lo que el motor se somete a la tensión íntegra ofrecida por la fuente, y, por tanto, el motor gira a la máxima velocidad.

Está claro que si en vez de haber sometido el transistor a una señal PWM, lo sometiéramos a una señal digital, el transistor actuaría como un interruptor, parando o moviendo el motor según si recibe una señal LOW o HIGH, respectivamente.

Es importante aclarar que en el esquema hemos utilizado un transistor NPN de tipo Darlington modelo TIP120 (otro similar sería el BD645). El TIP120 puede trabajar sometido a tensiones entre el colector y el emisor (V_{ce}) de hasta 60 V pero admite una corriente por el colector (I_c) de hasta tan solo 5 A. Por otro lado, hay que tener en cuenta la ubicación de sus patillas para comprender el diseño del circuito: mirándolo de frente, la base es su patilla izquierda, el colector es su patilla central y el emisor es su patilla derecha; en otro modelo de transistor las patillas pueden estar intercambiadas. A destacar también el divisor de tensión (2 KΩ sería un buen valor) conectado en serie a su base.

El mismo circuito lo podríamos haber diseñado utilizando un transistor de tipo MOSFET (por ejemplo, el RFP30N06LE). En ese caso, la única diferencia es sustituir la resistencia en serie del circuito anterior por una resistencia "pull-up" (de 10 KΩ por ejemplo) situada entre el pin de salida PWM de la placa Arduino y tierra. Y ya está. La ventaja de utilizar este transistor es que, aunque su V_{ce} máximo admitido sigue siendo de 60 V, la I_c máxima es de 30 A, pudiendo ser usado por tanto en circuitos con mucho mayor consumo. Podemos utilizar otros transistores diferentes (incluso un optoacoplador), pero en todo caso deberemos comprobar en su datasheet que sus V_{ce} e I_c máximos sean valores dentro del rango de trabajo del circuito.

Por otro lado, la resistencia que conectemos en serie a la base del transistor (necesaria para no dañarla) debe ser de un valor lo suficientemente pequeño como para poder alcanzar la corriente mínima con la que se llega al estado de saturación del transistor. El valor adecuado de esta resistencia se puede calcular mediante la expresión $(V_{pin} - 0,7)/I_{bsat}$, donde V_{pin} es la tensión que proporciona el pin de la placa Arduino donde está conectada la base (en nuestro caso, es siempre 5 V), 0,7 V es la caída de tensión típica entre la base y el emisor del transistor (aunque se puede mirar en el datasheet del transistor como V_{be}) e I_{bsat} es precisamente la corriente mínima con la que se llega al estado de saturación del transistor, más allá de la cual no se obtiene más amplificación en I_c. Si I_{bsat} no nos lo proporcionaran en el datasheet, se podría calcular fácilmente a partir de la expresión $I_{bsat} = I_{cmax}/h_{FE}$, donde tanto I_{cmax} como h_{FE} sí que son consultables en el datasheet (h_{FE} es la llamada ganancia de corriente del transistor: si hay varios valores se ha de elegir el más pequeño).

Lo importante del circuito anterior es fijarse en que hemos utilizado un transistor para "desacoplar" dos circuitos que funcionan a diferentes voltajes para que no haya peligro de dañarlos. Es decir, los 9 V utilizados para alimentar el motor no son nunca percibidos por la placa Arduino, la cual continúa trabajando como siempre a 5 V. El transistor hace pues de barrera entre los dos circuitos, de tal forma que uno (sometido a 5 V) simplemente sirve para controlar el funcionamiento del otro (sometido a 9 V) pero sin peligro para el primero. Si se desea una protección algo más sofisticada, se puede sustituir el transistor por un optoacoplador, pero en el circuito anterior esto no es necesario.

Es interesante conocer la potencia consumida por el transistor en un circuito como este, calculable mediante la expresión $P = I_c \cdot V_{CE}$. En el modo de corte, $I_c = 0$, por lo que la potencia consumida es 0, y en el modo de saturación $V_{CE} = 0$ (aproximadamente), por lo que la potencia también es prácticamente nula. Esto quiere decir que el transistor no debería calentarse en ningún rango de su uso y no se necesita tener en cuenta ninguna potencia máxima de trabajo.

Por último, la presencia del diodo tiene una razón: hace de diodo "fly-back". Ya hemos comentado en el capítulo anterior que cuando se deja de alimentar una bobina (y los motores están hechos de bobinas) durante unos milisegundos entre los bornes del motor aparece un voltaje de hasta varios centenares de voltios polarizado a la inversa del de la fuente. Cuando hay alimentación, el diodo está situado "al revés" y no hace nada, pero cuando aparece ese voltaje inverso, el diodo permite que la corriente generada retorne al motor y no se dirija al transistor (ya que si no, lo freiría). Necesitamos por tanto un diodo lo suficientemente rápido para reaccionar al voltaje inverso y lo suficientemente fuerte para resistirlo: el modelo 1N4001 o SB560 son buenas opciones.

Un error común en el principiante es olvidarse de conectar el emisor del transistor, además de al polo negativo de la fuente, al pin GND de la placa. Esta conexión es necesaria porque que la señal PWM necesita un camino de retorno.

Otro detalle que debemos tener en cuenta es que aunque podemos considerar que el montaje anterior se compone de dos circuitos separados por el transistor (el circuito del motor y el circuito de la señal PWM), estos están interrelacionados, por lo que es fundamental que las tierras de ambos sean comunes. Es por eso que el polo negativo de la fuente está conectado al pin GND de la placa Arduino.

Ejemplo 6.26: Aquí vemos un sketch que aumenta la velocidad de giro del motor hasta llegar a su máximo y seguidamente la disminuye hasta pararse, y volver a acelerarse otra vez, y así siempre:

```
void setup(){
  pinMode(3, OUTPUT);
}
void loop(){
  int i;
  for(i = 0; i<255; i++){
    analogWrite(3,i);
    delay(15);
  }
  for(i = 255; i>=0; i--){
    analogWrite(3,i);
    delay(15);
  }
}
```

Añadiremos ahora al circuito anterior un potenciómetro (en el pin de entrada analógica nº 2, por ejemplo), de tal manera que la velocidad de giro del motor venga ahora dada por el valor leído de la resistencia variable. El esquema eléctrico del nuevo diseño ha de ser así:

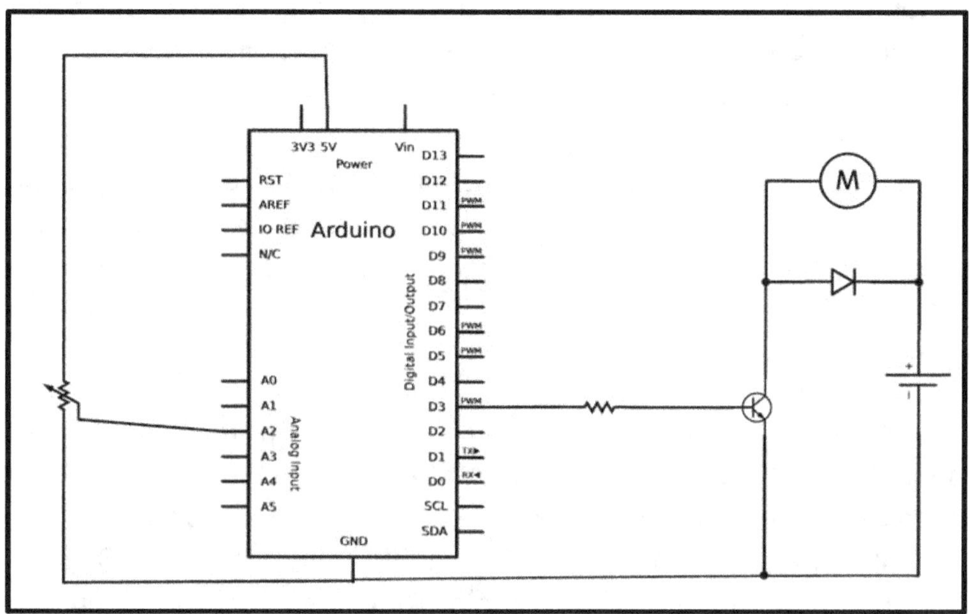

Ejemplo 6.27: Para hacer el sketch algo más sofisticado, hemos añadido la condición de que si el valor leído por el potenciómetro no llega a un nivel mínimo ("umbral"), el motor no se pone en marcha; y cuando se pone en marcha, entonces ya sí que su velocidad es proporcional a la lectura recibida del potenciómetro:

```
int lectura = 0;
int umbral= 700;
void setup() {
    pinMode(3, OUTPUT);
}
void loop() {
  lectura = analogRead(2);
  if (lectura > umbral) {
  //Ajusto el valor de "lectura" para que caiga entre 0 y 255
       analogWrite(3, lectura/4);
  } else {
       digitalWrite(3, LOW);
  }
}
```

El código anterior es perfectamente válido para cualquier otra tipo de entrada analógica, como las que veremos en el capítulo siguiente. Así, un termistor o un fotorresistor se comportan de forma equivalente a un potenciómetro, por lo que podríamos diseñar circuitos que pudieran en marcha un motor cuando se detectara cierta cantidad de luz (para por ejemplo, bajar una persiana) o cuando se detectara una cierta temperatura (para por ejemplo activar un ventilador) ,etc.

No debería costar demasiado sustituir el potenciómetro del diseño anterior por un pulsador, y conseguir que el motor solamente gire cuando se mantenga apretado el pulsador. Se deja como ejercicio.

Otro ejercicio podría ser probar de enviar, tal como ya hicimos con los servomotores, un dato numérico a través del canal serie para, en este caso, especificar la velocidad a la que deseamos girar el motor. Se deja como ejercicio.

El chip L293

Desgraciadamente, los circuitos con un solo transistor ya sabemos qué carencia tienen: el motor solo puede girar en un sentido. Para que pueda girar en los dos, se necesita utilizar un "puente H" . Podemos optar por utilizar en nuestros circuitos un chip integrado como el L293, el SN754410 o el L298, conectándolos directamente a una breadboard, por ejemplo. Todos estos chips permiten controlar 2 motores DC conectando 4 salidas digitales de nuestra placa (2 para cada motor). Para hacer girar cada motor en un determinado sentido, se ha de establecer una salida a HIGH y la otra a LOW y para hacerlo girar en sentido contrario, se han de establecer al revés (LOW y HIGH). El L293 y el SN754410 tienen una distribución de patillas idéntica, pero diferente al L298. En nuestro ejemplo utilizaremos el L293, ya que su distribución es algo más sencilla.

Este chip en realidad tiene dos puentes (uno para cada motor): uno en su lado izquierdo y otro en el derecho. Puede entregar hasta 1 A por motor y opera entre 4,5 V y 36 V, así que hay que elegir un motor DC acorde con estas características. La distribución de sus pines es la siguiente:

- **Pin 1**: activa o desactiva un motor, según si recibe una señal HIGH o LOW. También sirve para especificar la velocidad de giro si recibe una señal PWM.
- **Pin 2**: envía la señal de giro (HIGH o LOW) en un sentido para un motor.
- **Pin 3**: donde se conecta uno de los dos terminales de un motor.
- **Pin 4 y 5**: tierra.
- **Pin 6**: donde se conecta el otro terminal de un motor.
- **Pin 7**: envía la señal de giro (HIGH o LOW) en el otro sentido para un motor.
- **Pin 8**: alimentación del motor (debe ser un valor suficiente).
- **Pin 9-11**: si no se usa un segundo motor, pueden estar desconectados. El nº 9 es para enviar la señal de

activación/desactivación y PWM, el nº 10 es para enviar la señal de giro en un sentido y el nº 11 es para conectar un terminal del segundo motor.

- **Pin 12 y 13**: tierra.
- **Pin 14 y 15**: si no se usa un segundo motor, pueden estar desconectados. El nº 14 es para conectar el otro terminal del segundo motor y el nº 15 es para enviar la señal de giro en sentido contrario.
- **Pin 16**: alimentación del propio chip (ha de estar conectado a 5 V).

Según las combinaciones de señales que se envíen a las diferentes patillas de este chip, el motor girará más o menos velozmente en un determinado sentido. Concretamente, si suponemos que el pin nº 1 envía una señal HIGH, cuando en el pin nº 2 haya una señal HIGH y en el pin nº 7 haya una señal LOW, el motor girará a la derecha, y cuando en el pin nº 2 haya una señal LOW y en el pin nº 7 haya una señal HIGH, el motor girará a la izquierda. Si en ambos pines hay una señal igual (HIGH o LOW), el motor se parará.

Al circuito formado por la placa Arduino, el motor y el chip L293 es recomendable añadir además un condensador de 10-100 µF conectado cerca del motor, entre la alimentación del motor (pin nº 8) y tierra. Esto suavizará los picos de voltaje que se producen cuando el motor se enciende y evitará que el microcontrolador se reinicie debido a ello: es decir, estamos hablando de un condensador "by-pass". Cuanto mayor sea la capacidad del condensador, más carga podrá almacenar pero más tiempo necesitará para liberarla.

Podemos incluir también un pulsador conectado a algún pin digital de la placa Arduino para alternar los dos sentidos de giro del motor. Lo más sencillo es hacer girar el motor en un sentido mientras el pulsador no está apretado, y hacerlo girar en el otro cuando sí está apretado. Así es como el sketch 6.28 opera, de hecho.

<u>Ejemplo 6.28</u>: Una vez ya tenemos el circuito montado, el código es simple:

```
const int switchPin = 2;   //Conectado al pulsador
const int motor1Pin = 3;   //Conectado al pin n° 2 del L293
const int motor2Pin = 4;   //Conectado al pin n° 7 del L293
const int enablePin = 9;   //Conectado al pin n° 1 del L293
void setup() {
    pinMode(switchPin, INPUT);
    pinMode(motor1Pin, OUTPUT);
    pinMode(motor2Pin, OUTPUT);
```

```
    pinMode(enablePin, OUTPUT);
    digitalWrite(enablePin, HIGH);
}
void loop() {
    if (digitalRead(switchPin) == HIGH) {
      digitalWrite(motor1Pin, LOW);
      digitalWrite(motor2Pin, HIGH);
    } else {
      digitalWrite(motor1Pin, HIGH);
      digitalWrite(motor2Pin, LOW);
    }
}
```

En el código anterior no podemos variar la velocidad de giro del motor porque el pin nº 1 del L293D tan solo recibe una señal HIGH y ya está. Pero podríamos enviarle una señal de tipo PWM mediante *analogWrite()* y hacerla variar por la acción de un potenciómetro, por ejemplo. Así podríamos controlar la velocidad de giro también. Se deja como ejercicio.

Módulos de control para motores DC

Otra opción diferente para controlar motores DC, en vez de conectar el chip directamente a una breadboard, es utilizar alguna placa breakout específica. De esta forma, el cableado es menos enrevesado y el montaje es mucho más sencillo. Usando un módulo, lo único que deberemos hacer es, además de alimentarlo y enchufar el motor a sus bornes pertinentes, localizar los dos terminales de control de sentido de giro (y conectarlos a dos pines digitales de la placa Arduino), y el terminal de activación/desactivación y control de la velocidad de giro (y conectarlo a un pin de salida PWM). Y poco más.

La placa TB6612FNG

Una placa breakout recomendable es por ejemplo el producto nº 9457 de Sparkfun. Este módulo incorpora el chip TB6612FNG, el cual incorpora dos "puentes H", por lo que es capaz de manejar dos motores DC de forma independiente, soportando un consumo constante por motor de 1,2 A (con picos puntuales de 3,2 A) y de hasta 13 V de trabajo. Las conexiones a realizar son las siguientes:

Placa breakout	Exterior
VM	Borne positivo de la fuente de alimentación externa
VCC	Pin "5V" de Arduino.

Placa breakout	Exterior
GND	Borne negativo de la fuente de alimentación externa y Pin GND de Arduino
A01	Terminal del motor A
A02	Terminal del motor A
B02	Terminal del motor B
B01	Terminal del motor B
GND	-
PWMA1	Pin de salida PWM de Arduino
AIN2	Pin de salida digital de Arduino
AIN1	Pin de salida digital de Arduino
STBY	Pin de salida digital de Arduino
BIN1	Pin de salida digital de Arduino
BIN2	Pin de salida digital de Arduino
PWMB	Pin de salida PWM de Arduino
GND	-

Los pines "IN1" y "IN2" sirven para controlar el sentido de giro de los motores A y B según el caso: cuando "IN1" esté a HIGH e "IN2" a LOW, el motor girará en un sentido e, intercambiando sus valores, girará en el otro. El pin "PWM" sirve para controlar la velocidad de los motores A y B, según el caso. El pin "STBY" permite desconectar ambos motores de la fuente de alimentación si se le envía una señal de valor LOW.

Ejemplo 6.29: A continuación, se muestra un código que controla solo un motor:

```
int STBY = 10; //Salida digital donde se conecta el pin "STBT"
//Motor A: un pin controla la velocidad y otros dos el sentido
int PWMA = 3; //Salida PWM donde se conecta el pin "PWMA"
int AIN1 = 9; //Salida digital donde se conecta el pin "AIN1" int
AIN2 = 8; //Salida digital donde se conecta el pin "AIN1"
void setup(){
  pinMode(STBY, OUTPUT);
  pinMode(PWMA, OUTPUT);
  pinMode(AIN1, OUTPUT);
  pinMode(AIN2, OUTPUT);
}
void loop(){
  //Muevo el motor 1 a máxima velocidad a la izquierda
  mover(0, 255, 1);
  delay(1000);
```

```
  parar();
  delay(250);
  //Muevo el motor 1 a media velocidad a la derecha
  mover(0, 128, 0);
  delay(1000);
  parar();
  delay(250);
}
void mover(int motor, int velocidad, int direccion){
//motor: vale 0 para el motor A y 1 para el motor B
//velocidad: 0 equivale a ninguna y 255 a la velocidad máxima
//dirección: 0 es sentido de las agujas del reloj y 1 al revés
  boolean inPin1 = LOW; //Asumo un sentido de giro inicial
  boolean inPin2 = HIGH;
  digitalWrite(STBY, HIGH); //Desactivo el standby
  if(direccion == 0){
    inPin1 = LOW;
    inPin2 = HIGH;
  }
  if(direccion == 1){
    inPin1 = HIGH;
    inPin2 = LOW;
  }
  if(motor == 0){
    digitalWrite(AIN1, inPin1);
    digitalWrite(AIN2, inPin2);
    analogWrite(PWMA, velocidad);
  }
}
void parar(){
  digitalWrite(STBY, LOW); //Activo el standby
}
```

Otros módulos

Otro módulo diferente es el "Motor Driver 2A Dual L298 H-Bridge" de Sparkfun (producto nº 9670), que contiene el chip L298, permitiendo conectar dos motores DC independientes a 2A, o bien un motor DC a 4A. Otras placas breakout similares son el "L298 Compact Motor Driver" de Solarbotics, o el "DC Motor Driver Breakout" de CuteDigi o el "Two-Channel DC Motor Driver Breakout Board" de SCMDigi o el "3-Wire Robot Motor Driver Board" de Cal-Eng. Todos estos módulos disponen del chip L298 y de dos entradas digitales para controlar el sentido de giro y el freno de cada motor más otra entrada PWM más para controlar la velocidad.

Dependiendo de la ubicación de un jumper específico, pueden usar la misma alimentación para los motores y el chip (convenientemente regulada a 5 V), o bien recibir la alimentación de parte de dos fuentes externas separadas.

Cal-Eng por su parte, también ha diseñado las placas NanoDuino y Microduino, que no es más que una placa Arduino con el chip L298 integrado, a un reducido tamaño, y programable vía FTDI. Esta placa está especialmente pensada para robótica.

Shields de control para motores DC (y paso a paso)

En vez de los módulos externos vistos en el apartado anterior podemos utilizar shields específicas para el control de motores DC (los cuales suelen servir también para el control de steppers y servomotores). De esta forma, podemos ahorrar cableado y ganar espacio en nuestros proyectos: tan solo deberemos alimentar el shield con una fuente externa, conectar los terminales del motor a los bornes adecuados y nada más.

El "Adafruit Motor Shield"

Además del shield oficial de Arduino (que, recordemos, permite manejar dos motores DC o bien un motor paso a paso), un shield interesante a considerar es el "Motor/Stepper/Servo Shield", producto nº 81 de Adafruit. Este shield tiene dos conectores para sendos servomotores (a 5 V) e incorpora además 2 chips L293D. Esto quiere decir que tiene 4 "puentes H" (cada chip L293D tiene dos), por lo que puede controlar hasta 4 motores DC bidireccionales o bien 2 motores paso a paso unipolares o bipolares (o bien una combinación de 2 motores DC y 1 motor paso a paso). Para conectar un motor DC, simplemente se deberían conectar sus dos cables a algunos de los terminales M1, M2, M3 y M4; para conectar un motor stepper bipolar, los cables de una bobina se deberían conectar al terminal M1 y los de la otra a M2 (un segundo stepper bipolar se podría conectar a los terminales M3 y M4); si el stepper fuera de tipo unipolar, se conectaría igual y el resto de cables sobrantes tendrían que ir a tierra.

Todos los pines digitales de entrada/salida (excepto el nº 2) de este shield son utilizados para la comunicación entre la placa Arduino y shield, por lo que no se podrán utilizar para otra cosa. Las 6 entradas analógicas sí que están disponibles (y se pueden usar como pines digitales también).

El chip L293D de este shield proporciona 0,6 A por puente, con un pico máximo de 1,2 A para momentos puntuales, y puede manejar motores funcionando entre 4,5 V y 25 V. Para alimentar los motores DC y paso a paso, se necesita una fuente externa conectada al bloque de dos bornes etiquetado como "EXT_PWR", y dependiendo de si está colocado o no un jumper concreto en el shield, esta alimentación servirá también para la placa Arduino o esta deberá alimentarse separadamente vía USB u otra fuente externa independiente (que es lo recomendable).

Para manejar los servomotores conectados a este shield se puede utilizar la librería oficial Servo de Arduino, pero para controlar los motores DC y paso a paso, es necesario utilizar una librería propia de Adafruit, la "Adafruit Motor Shield Library" (https://github.com/adafruit/Adafruit-Motor-Shield-library . Desgraciadamente, no disponemos de espacio suficiente para detallar el funcionamiento de esta librería, por lo que remito a los códigos de ejemplo y a su documentación oficial (http://www.ladyada.net/make/mshield/use.html).

Existe otra librería suplementaria a la "Adafruit Motor Shield Library" que aporta un control extra avanzado en el uso de motores paso a paso, con posibilidad de aceleración y desaceleración, o con acceso concurrente a varios steppers. Esta librería se puede descargar de https://github.com/adafruit/AccelStepper, donde también se pueden consultar varios códigos de ejemplo.

En realidad, si se desea utilizar este shield tan solo para manejar motores DC, es posible no tener que utilizar la librería de Adafruit y simplemente escribir código Arduino tal cual, si se siguen las instrucciones especificadas en la siguiente página de la web oficial: http://arduino.cc/playground/Main/AdafruitMotorShield.

Otros shields

Existen más shields que incorporan la circuitería necesaria para manejar distintos tipos de motores (DC, Servo o Steppers). Por ejemplo, un shield prácticamente idéntico al de Adafruit es el "Rotoshield" de Snootlab: utiliza el mismo chip L293D, permite controlar el mismo número y tipo de motores y trabaja en los mismos rangos de consumo. Entre las diferencias podemos destacar que utiliza comunicación I^2C con la placa Arduino (por lo que libera muchos más pines de entrada/salida para poderlos utilizar en otros menesteres), que ofrece hasta ocho salidas PWM extras, y que acepta una alimentación externa de hasta 18 V. Para programarla se necesita utilizar la librería llamada "Snootor", disponible en https://github.com/Snootlab/Snootor.

Un shield que utiliza el chip L298N (como el del shield oficial de Arduino) es el "Motomama" de IteadStudio. Con él se puede manejar hasta 2 motores DC (con un consumo de hasta 2 A cada uno) o un motor paso a paso. Como los anteriores shields, es recomendable que se alimente mediante una fuente externa conectada a los bornes adecuados del mismo, la cual puede alimentar a su vez a la placa Arduino o no, según la colocación de un jumper específico. También puede ser alimentada si hay una fuente externa conectada directamente al zócalo "jack" de la placa Arduino. Como mayor novedad, este shield aporta un zócalo XBee para poder insertar un módulo de este tipo y así poder controlar el shield inalámbricamente. Esto está especialmente pensado para la construcción de vehículos teledirigidos. No utiliza ninguna librería propia para el manejo de los motores.

Otro shield que no necesita ninguna librería de terceros para ser utilizado es el shield "Ardumoto" de Sparkfun, el cual también está basado en el chip L298 (así que también es capaz de controlar 2 motores DC o un motor paso a paso). La alimentación de los motores se obtiene a través del pin "Vin" de la placa Arduino, por lo que es allí donde deberíamos conectar la fuente de alimentación externa. Fuentes adecuadas para este shield son por ejemplo el producto nº 298 de Sparkfun (un adaptador AC/DC de 9 V) , o bien los productos nº 9703 y 9704 (baterías LiPo). Este shield también incorpora un regulador interno que, a partir del voltaje de "Vin", ofrece una tensión de 5 V para proteger su circuitería más delicada.

El shield "Ardumoto" dispone de los bornes "OUT1" y "OUT2" para conectar los terminales de un motor DC, y los bornes "OUT3" y "OUT4" para conectar los del otro. A partir de aquí, para especificar el sentido de giro del primer motor deberemos utilizar en nuestros sketches el pin digital nº 12, ya que este es el pin conectado internamente a la patilla correspondiente del L298; según se envíe por ese pin un valor HIGH o LOW el motor girará en un sentido o en otro. Observar que tan solo se requiere una única conexión para especificar el sentido de giro (en vez de dos como hemos visto en hardware anterior). Igualmente, para especificar la velocidad de giro de ese primer motor deberemos utilizar en nuestros sketches el pin PWM nº 3. Si trabajamos con un segundo motor el sentido de giro se manipula mediante el pin digital nº 13 y la velocidad de giro mediante el pin PWM nº 11.

<u>Ejemplo 6.30</u>: Como muestra, he aquí este código, el cual maneja un solo motor.

```
/*En esta placa, el motor "A" es el conectado a los terminales 1 y 2,
y el motor "B" es el conectado a los terminales 3 y 4*/
int pwm_a = 3;   //Pin de control de velocidad del motor A
```

```
int dir_a = 12; //Pin de control de sentido de giro del motor
int i = 0;
void setup(){
  pinMode(pwm_a, OUTPUT);
  pinMode(dir_a, OUTPUT);
  analogWrite(pwm_a, 100);
}
void loop(){
/*La siguiente orden equivale a establecer la patilla n° 1 del chip
para el control de sentido de giro a HIGH y la patilla n° 2 a LOW,
pero no gira el motor hasta que no se le aplique una señal PWM */
  digitalWrite(dir_a, HIGH);
  fadein();    delay(1000);
  fadeout();   delay(1000);
//Paro el motor
  analogWrite(pwm_a, 0);    delay(2000);
/*La siguiente orden equivale a establecer la patilla n° 1 del chip
para el control de sentido de giro a LOW y la patilla n° 2 a HIGH,
pero no gira el motor hasta que no se le aplique una señal PWM */
  digitalWrite(dir_a, LOW);
  fadein();    delay(1000);
  fadeout();   delay(1000);
//Paro el motor
  analogWrite(pwm_a, 0);    delay(2000);
}
void fadein(){
  for(i = 0 ; i <= 255; i+=5) {
    analogWrite(pwm_a, i);
    delay(30);   //Me espero para ver el resultado
  }
}
void fadeout(){
  for(i = 255 ; i >= 0; i -=5) {
    analogWrite(pwm_a, i); delay(30);
  }
}
```

Sparkfun distribuye otro shield llamado "Monster Motor Shield", que es una versión modificada del "Ardumoto" donde se ha sustituido el chip L298 por un par de chips VNH2SP30 y se ha reforzado la circuitería interna para soportar voltajes más elevados.

Otro shield que incorpora el chip L298P es el "2A Motor shield" de DFRobot. Como su nombre indica, puede ofrecer hasta un máximo de 2 A de corriente a los dos motores DC que se le conecten. Puede ser alimentado a través de la fuente conectada al conector "jack" de la placa Arduino (funcionando entonces a un voltaje entre 7 y 12 V), o bien de forma independiente de una fuente externa (funcionando entonces a un voltaje entre 5 y 35 V); para cambiar de un tipo a otro de alimentación se ha de modificar la ubicación de un jumper determinado del shield. El control del motor DC conectado a los terminales "M1+" y "M1-" se efectúa mediante el pin digital nº 4 (para especificar el sentido de giro) y el pin PWM nº 5 (para especificar la velocidad de giro). El control del motor DC conectado a los terminales "M2+" y "M2-" se efectúa mediante el pin digital nº 7 y el pin PWM nº 6. DFRobot también distribuye otro shield llamado "1A Motor Shield" que viene con el chip L293, por lo que solo permite un máximo de 1 A de corriente para ser consumida por los motores conectados.

Otro shield muy similar a los anteriores es el "Motor shield" de Open-Electronics, el cual incorpora el chip L298P, por lo que también puede manejar tanto motores DC como paso a paso con una corriente máxima de salida de 2 A por cada canal de salida. La alimentación puede ser externa o proveerla la propia placa Arduino.

En otra escala trabajan los shields Megamoto y Megamoto Plus de Robot Power, los cuales permiten controlar un motor DC en ambos sentidos o bien dos motores DC en el mismo sentido de giro con un consumo máximo de hasta 40 A y 25 V (es decir, hasta ¡1100W!).

Un shield específico para la conexión y uso de hasta 16 servomotores con solo la utilización de 4 pines digitales (del nº 6 al 9) es el "Renbotics ServoShield" de Seeedstudio. Además, dispone de una amplia zona para realizar prototipados. Se ha de programar con una librería propia, disponible en la página web del producto.

Un shield específico para la conexión y uso de hasta 2 motores paso a paso es el "Arduino dual step motor driver shield" de IteadStudio. Funciona con una alimentación de entre 5 V y 30 V y no requiere ninguna librería específica para ser programada. Se basa en el chip controlador de steppers A3967.

Un módulo –que no shield– especializado en el control de motores steppers muy parecido al shield anterior de IteadStudio (ya que está basado en el mismo chip A3967) es el llamado "Easy Driver" (comercializado entre otros por Sparkfun con código de producto 10267). Recomiendo la lectura del sencillo tutorial disponible en su web (http://www.schmalzhaus.com) para comprender de una manera rápida su funcionamiento y sus capacidades.

EMISIÓN DE SONIDO

Uso de zumbadores

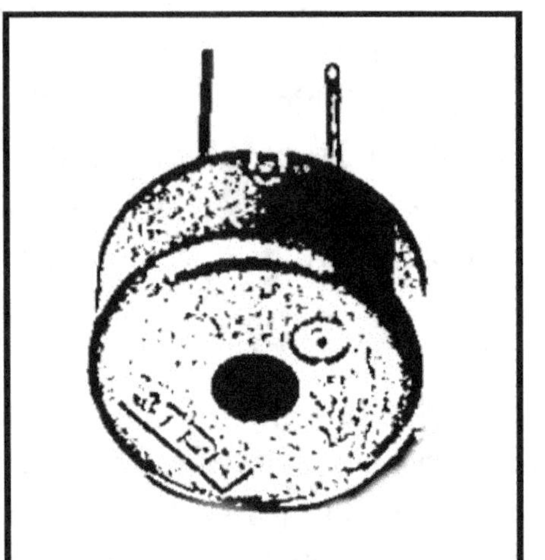

Un zumbador piezoeléctrico (en inglés, "buzzer" o "piezobuzzer") es un dispositivo que consta internamente de un disco de metal, que se deforma (debido a un fenómeno llamado piezoelectricidad) cuando se le aplica corriente eléctrica. Lo interesante es que si a este disco se le aplica una secuencia de pulsos eléctricos de una frecuencia suficientemente alta, el zumbador se deformará y volverá a recuperar su forma tan rápido que vibrará, y esa vibración generará una onda de sonido audible.

Recordemos que un sonido aparece cuando vibra alguna fuente y estas vibraciones son transmitidas en forma de onda a través de algún medio elástico (como el aire o el agua). Si la frecuencia de esa onda está dentro de un rango determinado (el llamado "espectro audible", el cual va de 20 Hz a 20 KHz), cuando llega al oído humano esas oscilaciones en la presión del aire son convertidas en el sonido que nuestro cerebro percibe.

Cuanto mayor sea la frecuencia de la onda sonora, más agudo será el sonido resultante (y al revés: cuanto menor es esa frecuencia, más grave es el sonido). Por tanto, para generar diferentes tonos con nuestro zumbador deberemos hacer vibrar la membrana a distintas frecuencias. Para ello, deberemos emitir desde nuestro Arduino pulsos digitales con la frecuencia deseada. Los zumbadores admiten voltajes desde 3 a 30 voltios, así que los 5 V de una salida digital de Arduino los soporta perfectamente.

Así pues, para hacer sonar un zumbador típico (como por ejemplo, el producto nº 160 de Adafruit o similar), simplemente deberemos conectar uno de sus terminales a tierra y el otro a un pin-hembra digital del Arduino configurado como salida digital. Atención, dependiendo del modelo de zumbador, este puede ser un componente polarizado o no, por lo que hay que fijarse si tiene alguna marca indicando la polaridad de sus terminales. Si se desea, al zumbador se le puede conectar en serie un divisor de tensión (de 100 Ω está bien): pero hay que tener en cuenta que cuanta mayor resistencia tenga este divisor, menor será el volumen del sonido generado.

<u>Ejemplo 6.31</u>: Una vez realizadas las conexiones, podemos ejecutar este sketch:

```
void setup (){
    pinMode (8, OUTPUT); //Pin al que está conectado el zumbador
}
void loop (){
    digitalWrite (8, HIGH);
    delayMicroseconds (1000);
    digitalWrite (8, LOW);
    delayMicroseconds (1000);
}
```

Lo que estamos haciendo es enviar consecutivamente pulsos digitales HIGH y LOW a una velocidad tan elevada que hace vibrar el zumbador a una frecuencia audible por el ser humano. Concretamente, el pulso HIGH lo hacemos durar 1 ms y el pulso LOW otro 1 ms, por lo que el período de esta onda cuadrada es de 2 ms (0,002s). Por tanto, como f = 1/T, la frecuencia de la señal audible generada será de 1/0,002 = 500 Hz.

<u>Ejemplo 6.32</u>: Podemos hacer que la frecuencia del sonido vaya cambiando. Por ejemplo, el siguiente sketch reproduce (una sola vez) un sonido que pasa de ser grave a ser agudo de forma continua. Esto es porque al principio su periodo es de 10000 ms (es decir, 1/0,01 = 100 Hz) y al final su periodo es de 100 ms (es decir, 1/0,0001 = 10 KHz). Fijarse que podemos variar la duración del sonido si modificamos el incremento (es decir, el tercer parámetro del for, que en este caso es un decremento). Para probar este código, se ha de usar el mismo circuito que el ejemplo anterior.

```
int tono = 10000; //Nota inicial. Es el período de la onda
void setup (){
    pinMode (8, OUTPUT);
    for (tono=10000; tono>=100; tono=tono-10){
        digitalWrite (8, HIGH);
        delayMicroseconds (tono/2);
        digitalWrite (8, LOW);
        delayMicroseconds (tono/2);
    }
}
void loop (){}
```

Al ejecutar el código anterior notarás que el zumbador permanece mucho rato emitiendo sonidos graves (parece que le cuesta "avanzar") para finalmente "acelerar" y emitir los sonidos más agudos en muy poco tiempo. Podemos mitigar este efecto, y hacer que el sonido transcurra desde los sonidos graves hasta los sonidos agudos de una forma más equilibrada realizando dos cambios en el código anterior. El primer cambio es convertir la variable "tono" en una variable de tipo "float". El segundo cambio es sustituir el decremento actual del bucle "for" (es decir, `tono=tono-10`) por otro tipo de decremento; concretamente, cambiar la resta por una división. Si hacemos esto (es decir, si escribimos por ejemplo `tono=tono*0.97`) controlaremos mejor la "velocidad" de la sirena. Podemos cambiar este factor 0,97 por otro, como 0,99 o 0,93 para observar qué ocurre.

<u>Ejemplo 6.33</u>: Añadamos ahora al circuito anterior un potenciómetro. La patilla de un extremo (cualquiera) la conectaremos a la misma tierra que el zumbador, la patilla del otro extremo a la alimentación (que puede ser proporcionada por la propia placa Arduino a través del pin "5V") y la patilla central a un pin de entrada analógica de Arduino (por ejemplo, el nº 0). Gracias al sketch siguiente, seremos capaces de cambiar el tono del sonido generado por el zumbador simplemente girando la rueda del potenciómetro.

```
int tono = 1000; //Nota inicial. Es el período de la onda
void setup (){
    pinMode (8, OUTPUT);
}
void loop (){
    digitalWrite (8, HIGH);
    delayMicroseconds (tono/2);
    digitalWrite (8, LOW);
    delayMicroseconds (tono/2);
    tono=analogRead(0);
    tono=map(tono,0,1023,1000,5000);
}
```

Lo que hacemos en el código anterior es obtener la lectura analógica del potenciómetro (que va de 0 a 1023) y utilizarla para definir el tiempo que duran los pulsos HIGH y LOW enviados al zumbador. Cuanto menos duren, más agudo será el sonido. Fijémonos que el valor leído primero se mapea para que esté dentro de un rango entre 1000 y 5000 (aunque perfectamente se puede elegir otro rango) y que la duración de los pulsos es "tono/2" porque el valor de "tono" representa el período total de la onda cuadrada (es decir, un pulso HIGH más un pulso LOW). Si hacemos los cálculos de párrafos anteriores, veremos que con el período de la onda cuadrada establecido entre 1000 y 5000, este sketch puede emitir sonidos entre 1 KHz y 200 Hz.

Si queremos variar el volumen del sonido emitido además de su frecuencia, deberemos de sustituir el divisor de tensión conectado en serie al zumbador por un segundo potenciómetro. Concretamente, deberíamos conectar un extremo de ese nuevo potenciómetro al pin-hembra digital del Arduino configurado como salida por donde se emite el sonido, el otro extremo del potenciómetro a tierra y su patilla central a un terminal del zumbador. De esta manera, podremos regular la intensidad de corriente recibida por el zumbador y, por tanto, el volumen del sonido emitido.

Otra manera de regular el volumen podría ser conectando el zumbador a una salida analógica de la placa en vez de a una digital. No obstante, de esta manera no podemos alterar la frecuencia de la onda emitida (ya que en un pin PWM esta es constante a 490 Hz), por lo que el sonido que surge no es especialmente agradable.

Las funciones tone() y noTone()

Afortunadamente, normalmente no tendremos que utilizar *digitalWrite()* ni *analogWrite()* para emitir pitidos porque el lenguaje Arduino ofrece dos funciones especialmente pensadas para ello que nos facilitan mucho la escritura de nuestros sketches.

tone(): genera una onda cuadrada de una frecuencia determinada (especificada en Hz como segundo parámetro —de tipo "word"—) y la envía por el pin digital de salida especificado como primer parámetro, el cual deberá estar conectado algún tipo de zumbador o altavoz. Esta función no es bloqueante; esto quiere decir que una vez comienza a emitirse el sonido, el sketch sigue su ejecución en la siguiente línea de código. La duración de la onda (en milisegundos) se puede especificar opcionalmente como tercer parámetro —su tipo es "unsigned long"— ; si no se indica, la onda se emitirá hasta que se llame a la función *noTone()*. La forma de la onda cuadrada no se puede alterar: siempre tiene un valor alto la mitad de su período y un valor bajo la otra mitad (lo que se llama tener un ciclo de trabajo del 50%). Tampoco puede alterar el volumen del sonido emitido. En la documentación oficial se advierte que el uso de esta función puede desestabilizar la salida PWM de los pines 3 y 11 en la placa Arduino UNO. Esta función no retorna nada.

Solo una señal de audio puede generarse en un momento determinado: si ya hubiera una señal emitiéndose por otro pin diferente del especificado en *tone()* (porque tenemos más de un zumbador en nuestro circuito), la señal anterior continuaría emitiéndose como si nada y la nueva no se llegaría a emitir. Si esa señal previa estuviera emitiéndose en el mismo pin, entonces el efecto sí que sería la sustitución de la señal anterior por la nueva. Por lo tanto, si se desea emitir diferentes señales en múltiples pines, se deberá parar la emisión en uno (con *noTone()*) para empezar la emisión en otro.

noTone(): deja de generar la onda cuadrada que en principio estaba emitiéndose (por una ejecución previa de *tone()*) a través del pin especificado como (único) parámetro. Si no hay ninguna señal emitiéndose en ese pin, esta función no hace nada. No tiene valor de retorno.

<u>Ejemplo 6.34</u>: Un sketch muy sencillo que muestra cómo trabajan estas funciones es el siguiente, y que se puede probar utilizando un circuito con solo un zumbador conectado a tierra y al pin digital de salida nº 8 de la placa Arduino (opcionalmente a través de un divisor de tensión). Al ejecutarlo se podrá escuchar un sonido ininterrumpido de sirena.

```
int duracion = 250;   //Duración del sonido
int freqmin = 2000;   //La frecuencia más baja a emitir
int freqmax = 4000;   //La frecuencia más alta a emitir
void setup(){
      pinMode(8, OUTPUT);
}
void loop(){
      int i;
      //Se incrementa el tono (se hace más agudo)
      for (i = freqmin; i<=freqmax; i++){
            tone (8, i, duracion);
      }
      //Se disminuye el tono (se hace más grave)
      for (i = freqmax; i>=freqmin; i--){
            tone (8, i, duracion);
      }
}
```

<u>Ejemplo 6.35</u>: Otro código más sofisticado es el siguiente (con el mismo circuito), en el cual se reproduce una melodía. Para lograrlo, el sketch emite, una tras otra y durante el tiempo preciso, las frecuencias exactas correspondientes a las notas musicales de esa melodía.

```
//Frecuencias de las notas de la melodía
int melodia[] = {262, 196, 196, 220, 196, 247, 262};
/*Duración de las notas
(4 = dura un cuarto de tiempo, 8=dura una octava parte, etc.)*/
int duracionNota[] = {4,8,8,4,4,4,4,4 };
void setup() {
      int i;
      //Recorro las 7 notas de la melodía una tras otra
      for (i = 0; i < 8; i++){
/*Para calcular la duración de la nota, se divide un segundo por la
cantidad marcada en duracionNota[]. Por ejemplo, un cuarto de tiempo
son 1000/4 segundos, una octava parte son 1000/8 segundos, etc. */
            tone(8, melodia[i], 1000/duracionNota[i]);
/*Como la función tone() no es bloqueante, el sketch sigue
ejecutándose sin parar después de ella. Para evitar volver arriba del
loop enseguida y distinguir las notas, establezco un tiempo mínimo
entre ellas (la duración de la nota + 30% parece ir bien) parando el
sketch */
            delay(1300/duracionNota[i]);
            // Se deja de emitir la nota
            noTone(8);
      }
}
void loop(){}
```

En el sketch anterior hemos usado una serie de frecuencias concretas. ¿A qué notas musicales corresponden? ¿Cómo hemos sabido su valor? Bueno, lo primero que hemos de saber es que todo el conjunto de notas se dividen en "paquetes" que se llaman "octavas", y cada octava tiene doce notas: do, do# (el símbolo "#" se lee "sostenido"), re, re#, mi, fa, fa#, sol, sol#, la, la# y si. Pero dentro del espectro audible hay una decena de octavas, por lo que en realidad hay varios dos, varios res, etc. Para distinguir las notas con el mismo nombre de diferentes octavas, tras su nombre se les añade un número indicando a qué octava pertenece; así podemos tener la nota mi4, la nota sol3, etc. Lo importante de todo esto es saber que una nota de una octava concreta (pongamos que el fa2) se corresponde con una onda de exactamente la mitad de frecuencia que la nota con el mismo nombre de la octava superior (en este caso, fa3).

Existe una fórmula matemática que permite obtener las frecuencias de todas las notas de todas las octavas. Dada la nota que queremos (la letra "n" de la fórmula, que ha de ser un entero entre 1 y 12: d o= 1, do# = 2,re=3....hasta si = 12) y dada la octava donde está (la letra "o" de la fórmula, que ha de ser un entero entre 1 y 10), se puede saber su frecuencia si calculamos la fórmula $440 \cdot e^{((o-3)+\frac{n-10}{12})\cdot \ln(2)}$.

Ejemplo 6.36: El siguiente sketch muestra las frecuencias correspondientes a 10 octavas; cada octava se mostrará por el "Serial monitor" separada por una línea de guiones. Las octavas que solemos escuchar en la mayoría de canciones son la 2ª, 3ª y 4ª.

```
void setup(){
   int i,j;
   Serial.begin(9600);
   for(i=1; i<=10; i++){   //Recorro las escalas
       Serial.print("-------------Escala ");
       Serial.println(i);
       for(j=1; j<=12; j++){ //Recorro las notas de esa escala
        //j=1 es un do, j=2 es un do#, j=3 es un re...
           Serial.print(j);
           Serial.print("    ");
           Serial.println(frecuencia(i,j));
       }
   }
}
void loop(){}
float frecuencia(float octava, float nota) {
   return (440.0*exp(((octava-3)+(nota-10)/12)*log(2)));
}
```

Ejemplo 6.37: Otro código algo más sofisticado que también reproduce una melodía, es el siguiente. Para ejecutarlo necesitamos el mismo circuito del ejemplo anterior:

```
int longitud = 15; // Número de notas de la canción
/*El array notas[] tiene las notas de la canción
Se emplea la notación americana:
do=c, re=d, mi=e, fa=f, sol=g, la=a, si=b
Un espacio representa un silencio */
char notas[] = "ccggaagffeeddc ";
/*Duración de cada nota de la canción.
"2" dura el doble que "1", "4" dura el doble que "2", etc*/
int pulsacion[] = {1,1,1,1,1,1,2,1,1,1,1,1,1,2,4};
//Nombres de las notas de una escala
char nombres[] = { 'c', 'd', 'e', 'f', 'g', 'a', 'b', 'C' };
//Sus correspondientes frecuencias
int tonos[] = { 523, 587, 659, 698, 783, 880,98, 1047 };
```

```
int tempo = 350;
void setup() {
  pinMode(8, OUTPUT);
}
void loop() {
  int i;
  for (i = 0; i < longitud; i++) {
      if (notas[i] == ' ') {
          //Si hay silencio, se espera
          delay(pulsacion[i] * tempo);
      } else {
          //Si no, emite la nota
          playNota(notas[i]);
          //con la duración especificadas
          delay(pulsacion[i]*tempo);
          noTone(8);
      }
  }
}
void playNota(char nota) {
  int i;
  /*Emite la frecuencia correspondiente al nombre de la nota. Para
  ello, busco en el array nombres[] si la nota especificada como
  parámetro está allí.  */
  for (i = 0; i < 8; i++) {
      if (nombres[i] == nota) {
          tone(8,tonos[i]);
      }
  }
}
```

Ejemplo 6.38: Y otro código de ejemplo más, muy parecido al anterior. En este caso, el mismo circuito reproducirá la nota musical especificada a través del canal serie.

```
char nombres[] ={'c', 'd', 'e', 'f', 'g', 'a', 'b', 'C'};
int tonos[] = { 523, 587, 659, 698, 783, 880, 983, 1047 };
char caracter;
void setup() {
  pinMode(8, OUTPUT);
  Serial.begin(9600);
}
void loop() {
  caracter = Serial.read();
  if (caracter != -1) {     //Si se ha escrito algo en el canal serie…
```

```
        playNota(caracter); //...intento emitir la nota correspondiente
    }
}
void playNota(char nota) {
    int i;
    for (i = 0; i < 8; i++) {
    /*Si el carácter escrito en el "Serial monitor" coincide con alguno
    correspondiente a alguna nota dentro del array, se reproduce. Si
    no, hay silencio */
        if (nombres[i] == nota) {
            tone(8,tonos[i]);
            delay(500);   //La emisión de la nota dura medio segundo
            noTone(8);
        }
    }
}
```

Las funciones *tone()* y *noTone()* incluidas por defecto dentro del lenguaje Arduino en realidad son versiones simplificadas de funciones similares pertenecientes a una librería llamada "Tone", descargable desde http://code.google.com/p/rogue-code. Entre las ventajas que ofrece la librería "Tone", está la de poder reproducir varios tonos simultáneamente (lo que se llama "polifonía") o la de tener ya predefinidas un conjunto de constantes correspondientes a las diferentes notas musicales.

Uso de altavoces

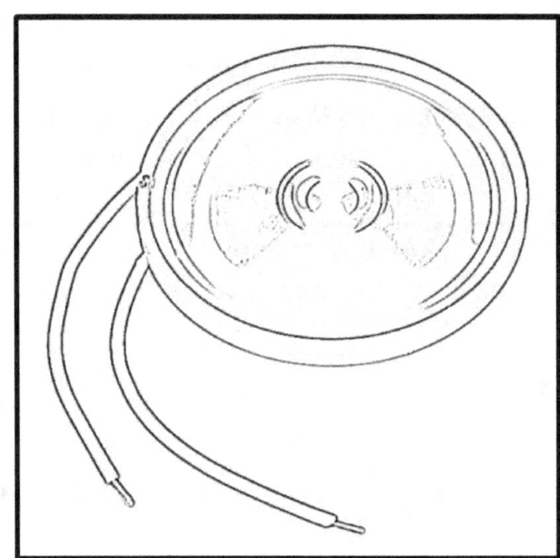

En vez de zumbadores, podemos utilizar altavoces sencillos de poca potencia (0,5 W, por ejemplo), como los productos 9151 o 10722 de Sparkfun. Al igual que los zumbadores, los altavoces generan ondas acústicas a partir de las señales eléctricas que reciben, pero el mecanismo físico para lograrlo es mucho más sofisticado, por lo que podremos lograr una calidad y un volumen de sonido bastante mayor.

Para conectar los altavoces a nuestro circuito, debemos enchufar uno de sus dos terminales a tierra y el otro a un pin-hembra digital del Arduino configurado como salida, que será por donde enviaremos los pulsos de señal generados por la función *tone()*. Los altavoces suelen ser componentes polarizados, por lo que hay que fijarse si tiene alguna marca para indicar la polaridad de cada terminal (normalmente, el terminal positivo tiene un cable rojo y el negativo uno negro).

Es muy importante conectar un divisor de tensión en serie al altavoz para no dañar la placa. El valor mínimo de este divisor ha de ser de 100 Ω, aunque si se utiliza un valor mayor, también estará bien. Hay que tener en cuenta, no obstante, que cuanta mayor resistencia tenga el divisor, menor será el volumen de sonido que puede generar el altavoz. En este sentido, es recomendable utilizar un potenciómetro (preferiblemente logarítmico) como divisor de tensión variable para así poder controlar el volumen del sonido convenientemente.

En configuraciones más sofisticadas a veces también se conecta un condensador "by-pass" (de 0,1 µF está bien) entre los dos terminales del altavoz para protegerlo de posibles picos de señal provenientes del pin de salida digital de la placa cuando esta cambia su estado de HIGH a LOW, o viceversa.

Además, muchas veces el altavoz suele venir también acompañado de un condensador conectado en serie a él. La función de este condensador es actuar como filtro "pasa-altos". Un filtro "pasa-altos" conduce muy bien las señales eléctricas correspondientes a las frecuencias de sonido altas (concretamente, a las que son mayores que una determinada frecuencia llamada "frecuencia de corte", diferente según las características concretas de cada condensador) pero ofrece mucha resistencia a (y por tanto, elimina) las frecuencias de la señal que están por debajo de esa frecuencia de corte. Entre otras aplicaciones, los filtros pasa-altos se suelen utilizar mucho para hacer desaparecer la señal de frecuencia 0 (correspondiente a una señal eléctrica estable y continua que siempre aparece como "colchón" permanente bajo el resto de señales que forman realmente el sonido), ya que tan solo sirve para calentar los altavoces y malgastar energía inútilmente consumiendo más rápido la carga de las pilas/baterías (si es el caso).

En otro orden de cosas, es importante conocer las dos características técnicas más relevantes de un altavoz: su resistencia y su potencia de trabajo. La resistencia del altavoz se suele llamar "impedancia" (para señalar que, en realidad, esta característica no tiene un valor constante sino que depende de la frecuencia de la señal, pero en esto no profundizaremos). En la mayoría de proyectos donde interviene una placa Arduino los altavoces más habitualmente utilizados son los de 4 Ω o 8 Ω nominales.

La potencia de trabajo de un altavoz es la cantidad de energía que puede consumir en un segundo sin problemas (recordemos que está definida como $P = V{\cdot}I = I^2{\cdot}R = V^2/R$), más allá de la cual podría dañarse. Este dato nos sirve para conocer la "cantidad de volumen" máximo de sonido que puede proporcionar ese altavoz, ya que cuanto mayor sea su potencia de trabajo, mayor volumen será capaz de emitir.

Si conectáramos directamente (sin divisor de tensión) un altavoz de 8 Ω a un pin de salida de nuestra placa Arduino (el cual ya sabemos que aporta 5 V en estado HIGH), la potencia consumida (y por tanto, el volumen emitido) sería la máxima posible: $P = (5V)^2/8\Omega = 3{,}125$ W. No obstante, suponiendo que el altavoz soporte esta potencia, tendríamos un problema: la intensidad que fluiría por el pin de salida sería $I = V/R = 5V/8\Omega = 625$ mA (también podríamos haber llegado al mismo resultado mediante: $I = (P/R)^{1/2} = (3{,}125W/8\Omega)^{1/2} = 625$ mA) , cantidad que es muy superior al límite máximo de intensidad soportado por estos pines, el cual ronda los 40/50 mA. Por tanto, para no freír estos pines es necesario incluir un divisor de tensión que reduzca la intensidad y potencia generadas a los niveles aceptados por la placa. De ahí lo comentado en párrafos anteriores sobre la necesidad de conectar una resistencia en serie al altavoz.

Sin embargo, tampoco es bueno pasarse en el valor del divisor de tensión: si conectáramos por ejemplo un resistor de 4,7 KΩ entre un pin de salida de la placa Arduino y ese mismo altavoz, la tensión a la que estaría sometido dicho altavoz sería $V = 8\Omega{\cdot}5V/(8\Omega+4{,}7K\Omega) = 8{,}5$ mV, y por tanto tan solo recibiría una intensidad de $I = V/R = 8{,}5mV/8\Omega{\approx}1$ mA. Esto implicaría que la potencia recibida sería de 0,008 milivatios ($P = V{\cdot}I = 0{,}0085$ V$\cdot$0,001ª $= 0{,}0000085$ W). Es decir, un sonido inaudible. Si probamos en cambio con un valor para el resistor de por ejemplo 120 Ω, la tensión a la que se sometería entonces el altavoz sería de $V = 8\Omega{\cdot}5V/(8\Omega+120\Omega) = 312{,}5$ mV y la intensidad recibida sería de $I = V/R = 312{,}5mV/8\Omega{\approx}39$ mA, con lo que la potencia resultante sería de $P = V{\cdot}I = 0{,}3125$ V$\cdot$0,039ª $= 12.2$ mW. En este caso vemos que aun aportando por el pin de salida el máximo de corriente admitida, la potencia generada (aunque mucho mayor que en el caso del divisor de 4,7 KΩ) sigue siendo no demasiado elevada. Esto nos lleva a una conclusión: si deseamos más volumen, deberemos utilizar un amplificador.

Amplificación simple del sonido

Un amplificador sirve para aportar a un altavoz una determinada potencia, mayor de la que aporta la fuente del sonido (en nuestro caso, la placa Arduino) por sí misma. A más potencia recibida, el altavoz podrá vibrar con más fuerza y emitir el sonido a un volumen mayor. Para conseguir su objetivo, los amplificadores pueden "jugar" con aumentar o bien el voltaje, o bien la intensidad aportados al altavoz, o bien una combinación de ambos (esto es fácil verlo si recordamos que P = V·I).

Lo más sencillo en la práctica es utilizar amplificadores en forma de placas breakout, ya que nos facilitan las conexiones y además incorporan circuitería suplementaria que estabiliza las señales. La idea es, en general, por un lado conectar el pin digital de salida de audio de la placa Arduino a la entrada adecuada de la plaquita-amplificador, por otro lado conectar la salida de la plaquita-amplificador a la entrada de señal del altavoz, y compartir una tierra común con los tres dispositivos implicados: Arduino, plaquita-amplificador y altavoz.

Una placa breakout que incluye un amplificador de audio (concretamente, el TPA2005D1) es el producto nº 11044 de Sparkfun. Esta placa, alimentada con 5 V puede proporcionar a un altavoz de 8 Ω una potencia de hasta 1,4 W con una distorsión máxima (lo que técnicamente se llama "THD + N" (es decir, Total Harmonic Distorsion + Noise) del 0,2%. Tiene un conector etiquetado como "IN+", donde deberemos enchufar la salida digital de la placa Arduino por donde emite *tone()* y un conector "IN-", que ha de ir a tierra; por otro lado tiene dos conectores más ("OUT+" y "OUT-") para el altavoz de 8 Ω. Finalmente, tiene un conector para su alimentación, otro para tierra y otro etiquetado como SDN, el cual, si se conecta a tierra o a una señal LOW apagará el amplificador (para ahorrar consumo). También admite la posibilidad de soldar un potenciómetro de 10 KΩ (aunque no lo incorpora de serie), para ajustar el nivel de amplificación del sonido.

Otra placa muy parecida es la llamada "LM4889 Audio amplifier", distribuida por Modern Devices. Esta placa, alimentada con 5 V puede proporcionar a un altavoz de 8 Ω una potencia de hasta 1 W con una distorsión máxima del 0,2%. Esta placa tiene un solo conector para la entrada de sonido proveniente de la placa Arduino, dos conectores (+ y -) para el altavoz de 8 Ω, un conector para la alimentación, otro para tierra y otro etiquetado como SHD, el cual, si se conecta a tierra o a una señal LOW apaga el amplificador (para ahorrar consumo). También dispone de un potenciómetro ya preensamblado para poder alterar la potencia proporcionada y así regular el volumen de salida.

De todas formas, podemos aumentar el volumen del sonido emitido por nuestra placa Arduino sin necesidad de utilizar ningún amplificador específico como los descritos en párrafos anteriores. Estos dispositivos están especializados en reproducir ondas acústicas complejas sin alterar el sonido original y mantener la proporción de frecuencias intacta, pero en realidad, la placa Arduino no es capaz de "generar" audio real: la función *tone()* tan solo emite una onda cuadrada que oscila entre 5 V y 0 V a una determinada frecuencia única. Esta gran simplicidad de la onda permite que para amplificar esta señal (es decir, para aumentar la potencia enviada al altavoz) nos baste con un simple transistor bipolar y nada más.

La idea es simplemente aumentar la intensidad de corriente que circula por el altavoz sin aumentar la que sale del pin de la placa Arduino por donde se emite la señal a escuchar (la cual está limitada, recordemos, a tan solo 40/50 mA). En el esquema siguiente se muestra un circuito donde se implementa esta idea. Tal como se puede ver, se utiliza un transistor NPN (como por ejemplo el 2N4401 u otro similar) como amplificador. Su funcionamiento es muy parecido al que vimos cuando estudiamos el control de motores DC: la única diferencia destacable es que ahora la base del transistor está conectada a un pin de salida digital (en vez de a una salida PWM), porque allí será por donde se emitirán los tonos musicales mediante el uso de *tone()*, función cuyo comportamiento, recordemos, es totalmente digital. La resistencia conectada a la base del transistor con ser de 100 Ω ya es suficiente.

La fuente de alimentación externa puede ser de 5 V o más, siempre que la potencia aportada al altavoz no exceda la máxima admitida. Es fácil calcular, usando la Ley de Ohm, cuánta potencia aporta si conocemos la tensión generada por la fuente y el valor del divisor de tensión del altavoz (es decir, de la resistencia conectada en serie a él). De todas formas, aunque se elija una fuente de 5 V, es muy recomendable no utilizar la propia placa Arduino como fuente para evitar posibles ruidos e inestabilidades en la señal.

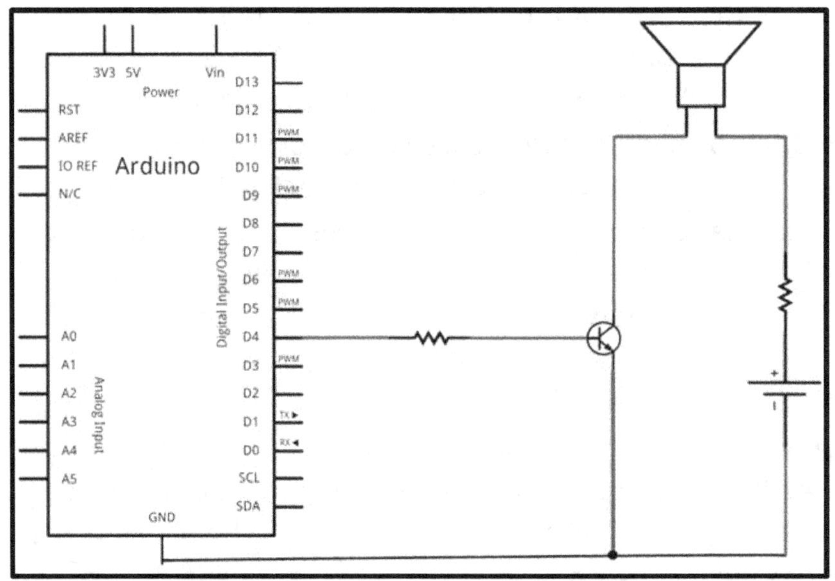

Sonidos pregrabados

Añadir audio de calidad a un proyecto con Arduino es difícil: el microcontrolador que incorpora no es lo suficientemente capaz para manejar la cantidad de datos necesaria para poder reproducir sonidos de calidad. No obstante, existen algunos proyectos que intentan superar estas limitaciones.

La librería "SimpleSDAudio"

Uno de ellos es la librería "SimpleSDAudio", descargable desde http://hackerspace-ffm.de/wiki/index.php?title=SimpleSDAudio, que permite reproducir ficheros de sonidos almacenados en una tarjeta SD con una calidad decente con un mínimo de hardware adicional. Concretamente, esta librería es capaz de reproducir audio con una resolución de 8 bits y una frecuencia de muestreo de 62, 5KHz ("fullrate") o bien de 31,25 KHz ("halfrate"), en modo mono o modo estéreo. Eso sí, requiere 1,3 kilobytes de RAM para poder funcionar.

Breve nota sobre las características de un fichero de audio:

No todos los ficheros de audio son iguales: unos reproducen el sonido con más calidad que otros. Pero ¿qué significa exactamente que un sonido tenga "más calidad"? Cuando se captura un sonido (por medio de un micrófono o similar) se produce un proceso de conversión de la onda sonora (analógica) a pulsos eléctricos digitales (bits). La frecuencia a la que se toman muestras de esa onda sonora para guardarlas en un fichero es la llamada "frecuencia de muestreo". Es decir, este parámetro indica el número de veces por segundo que el micrófono ha tomado información del sonido. Es evidente que cuanta mayor sea la frecuencia de muestreo, la captura de la señal será más fidedigna al sonido real porque dejará menos intervalos sin medir. No confundir frecuencia de muestreo con la frecuencia del sonido. Los valores más usuales empleados en las grabaciones digitales son 11,025Hz para grabaciones de voz, 22,050Hz para grabaciones de música con calidad mediana y 44,100 Hz para grabaciones de música con alta calidad.

Otro dato importante es la resolución. Representa la cantidad de información que se captura en cada muestra del sonido. De nada sirve tener una gran frecuencia de muestreo si luego en cada muestra no se ha capturado cómo era el sonido en ese momento de la forma más precisa posible. Los valores más comunes para la resolución son 8 bits por lectura (por lo que solo se permiten 256 valores posibles diferentes para almacenar el estado del sonido en ese momento) y 16 bits por lectura (por lo que ofrece una escala de 65,536 y por lo tanto, permite capturas mucho más completas y precisas).

Además, tenemos otro dato a considerar, que es el número de canales: si se realiza un solo registro sonoro estamos hablando de una señal monofónica y se realizan dos registros simultáneos es una señal estereofónica.

Por otro lado, una vez grabado el audio en un fichero, podemos tener un problema: que ese fichero ocupe mucho espacio en disco. Es fácil comprobar que si multiplicamos el número de muestras por segundo (la "frecuencia de muestreo") por el número de segundos que dura la grabación por los bits almacenados en cada muestra por el número de canales usados, obtenemos una cantidad de bits muy elevada. Por tanto, en la mayoría de ocasiones, estos ficheros se guardan de forma comprimida.

Los códecs de audio son algoritmos matemáticos que permiten comprimir los datos, haciendo que ocupen mucho menos espacio. Hay códecs que compriman más o menos que otros, a cambio de perder más o menos calidad de sonido. El problema es que el aparato reproductor de ese audio ha de poder entender el códec particular con el que se comprimió un determinado fichero, y si no es así, no lo podrá reproducir. Los códecs de audio más usuales son el conocido popularmente como "MP3" (blindado por un complejo sistema de patentes) o el "Vorbis" (basado en estándares abiertos y libres), entre muchísimos más. Si el fichero no está comprimido por ningún códec, se suele decir que está en formato PCM ("Pulse Code Modulation").

Normalmente, la extensión de un fichero de audio indica el códec que se ha utilizado en él (.mp3 para un fichero codificado en MP3, etc.), pero hay casos en que no es tan fácil. Por ejemplo, la extensión ".wav" es la que se acostumbra a emplear en Windows para identificar los ficheros de audio digital, pero los datos de los ficheros ".wav" pueden estar en formato PCM (sin comprimir) o pueden haber sido comprimidos con cualquiera de los códecs disponibles para Windows.

Los ficheros deben estar grabados en una tarjeta SD o SDHC porque la memoria EEPROM de la placa Arduino es muy limitada y es muy difícil poder guardar allí música de cierta duración. Deberemos, por tanto, utilizar un shield o módulo que incorpore un zócalo SD/microSD (o conectar directamente la tarjeta SD a nuestro circuito mediante una ristra de pines soldados a sus terminales).

La librería "SimpleSDAudio" asume que la tarjeta SD se comunica vía SPI con la placa Arduino, por lo que por defecto utiliza para ello los pines estándares 11, 12 y 13, y el nº 4 como canal CS. Si la tarjeta que tengamos conectada utilizara otro pin como canal CS, este se debería especificar entonces en el código fuente de nuestro sketch. Además, requiere obligatoriamente el uso de los pines PWM 9 y 10 de la placa Arduino UNO para la salida del audio (si la salida es mono tan solo se requiere el pin 9). Por tanto, suponiendo que queremos conectar un altavoz mono a nuestra placa Arduino, la manera más sencilla sería enchufarlo por un lado al pin 9 a través de una resistencia en serie de 100 Ω y por otro a tierra. Otros ejemplos de conexión se muestran dentro del fichero "SimpleSDAudio.h", incluido dentro de la librería.

El "Wave Shield" de Adafruit

La gente de Adafruit ha diseñado un shield (el "Wave Shield") que permite reproducir ficheros de audio (de cualquier duración) que tengan las siguientes características: que sean "mono", que tengan una frecuencia de muestreo de 22 KHz, una resolución de 12 bits y que no tengan compresión.

Los ficheros deberán estar grabados en una tarjeta SD (o SDHC) formateada en FAT16 o FAT32, la cual debemos tener introducida en el zócalo correspondiente del shield. Estos ficheros solo pueden estar almacenados en la carpeta "raíz", y solo puede ser reproducido uno en cada momento.

El shield dispone de un zócalo "jack" de 3,5 mm estándar para poderle conectar unos auriculares, y también de dos conectores para enchufar los cables de un altavoz (los cuales se activan cuando detectan que no hay auriculares). Estos altavoces pueden ser de 8 ohmios o de 4 ohmios; en el primer caso recibirán una potencia de 1/8 W y en el segundo una de ¼ W gracias a un amplificador integrado en el shield, el TS922IN. En cualquier caso, el volumen de salida se puede controlar con un potenciómetro logarítmico también incorporado en el shield.

Los pines 10, 11, 12 y 13 del shield son usados por la tarjeta SD para comunicarla vía SPI con la placa Arduino. Los pines 2, 3, 4 y 5 del shield son usados por defecto por el conversor digital-analógico para comunicarse con la placa Arduino. Así pues, solo quedan disponibles los pines digitales 6, 7, 8 y 9, además de los pines de entrada analógicos (que pueden actuar también como pines de entrada/salida digitales extra).

Los ficheros han de estar en el formato mencionado anteriormente (22 KHz, 12 bits mono y sin comprimir) para ser reproducidos por el "Wave Shield" ya que el tratamiento de ficheros comprimidos requiere un chip especializado de potencia y precio elevado, y por eso no está incluido en este shield. Para saber si un fichero de audio tiene el formato requerido, podemos consultar la información mostrada en el cuadro que aparece en cualquier sistema operativo cuando hacemos clic con el botón derecho sobre el icono de ese fichero y seleccionamos la opción "Propiedades". En caso de que el formato actual no sea el adecuado, una manera de convertirlo al que nos interesa es utilizando un editor de audio cualquiera, como por ejemplo Audacity (http://audacity.sourceforge.net), el cual es libre y multiplataforma.

Si usamos Audacity, el proceso es el siguiente: tras abrir el fichero, para convertir el fichero en mono (si no lo es ya) debemos seleccionar las dos pistas estéreo e ir al menú "Tracks > Stereo Track to Mono". Para pasarlo a una resolución de 12 bits (en realidad 16, pero también funciona) debemos clicar en el título de la pista y seleccionar del cuadro desplegable la opción llamada "Set Sample Format -> 16-bit". Para pasarlo a una frecuencia de 22 KHz (o menos) , debemos seleccionar del mismo cuadro desplegable anterior la opción "Set rate -> 20.050Hz". Para guardar el fichero en formato no comprimido, debemos usar la opción "Export as WAV" del menú "File" y elegir el formato "Other uncompressed files"; seguidamente hay que clicar en el botón "Options" y seleccionar el header "WAV (Microsoft)" y el enconding "Signed 16 bit PCM". Una vez hecho todo esto, podremos clicar finalmente en el botón "Save".

El "Wave Shield" controla mediante una librería específica desarrollada por la gente de Adafruit y descargable de http://code.google.com/p/wavehc. Esta librería nos permite reproducir sonidos cuando se pulsa un botón, cuando un sensor se activa, cuando un dato se recibe a través del canal serie, etc. El sonido se reproduce de forma asíncrona, por lo que la placa Arduino puede seguir trabajando mientras el sonido se está reproduciendo. Por razones de espacio no podemos profundizar en su estudio, pero afortunadamente está ampliamente documentada y proporciona muchos ejemplos. Concretamente, el sketch de ejemplo "dap_hc.pde" es el que permite reproducir todos los ficheros grabados en la tarjeta SD uno tras otro sin fin; recomiendo su estudio pormenorizado para comprender las interioridades de esta librería. Otros códigos de ejemplo interesantes y muy bien comentados se pueden encontrar en http://www.ladyada.net/make/waveshield/examples.html.

Shields que reproducen MP3

Si lo que deseamos es reproducir ficheros MP3 (a 192 Kbps) tal como lo solemos hacer en nuestro reproductor de música portátil o desde nuestro computador, existen shields adecuados para eso. Por ejemplo, el "MP3 Player Shield" de Sparkfun. Al igual que el "Wave Shield" de Adafruit, incluye un zócalo para insertar una tarjeta SD con los ficheros de audio, y ofrece una salida jack de 3,5 mm estéreo para los auriculares además de dos conexiones ("R/L" y "-") para enchufar un altavoz pequeño (o un amplificador externo). Este shield utiliza el chip decodificador de MP3 llamado VS1053B, el cual también es capaz de reproducir audio codificado en los códecs Vorbis, AAC y WMA, además de poder interpretar ficheros MIDI. Para trabajar con él en la página de Sparkfun proponen varios sketches de ejemplo, pero son de un nivel relativamente complicado; afortunadamente, existe una librería llamada "SFEMP3Shield" que facilita mucho su programación, descargable desde https://github.com/madsci1016/Sparkfun-MP3-Player-Shield-Arduino-Library .

Otro shield que es capaz de reproducir ficheros MP3 de algo más de calidad (con frecuencia de muestreo de 48 KHz y bitrate de 320 Kbps), así como también ficheros, PCM WAV es el "rMP3 Playback Module" de Rogue Robotics. Como salida de audio incorpora un conector jack estéreo de 3,5 mm (ideal para conectar unos auriculares, por ejemplo). Utiliza una librería propia llamada "Arduino-Library-RogueMP3" tanto para el acceso y manipulación de los ficheros ubicados en la tarjeta SD/SDHC como para el control de la reproducción. Esta librería se puede descargar de http://code.google.com/p/rogue-code.

Otro shield que puede reproducir ficheros MP3 (y Vorbis) es el "Music Shield" de Seeedstudio, también basado en el chip VS1053B. Se programa mediante una librería propia llamada "Music", descargable de la página del producto. Esta librería se basa en una librería independiente –pero incluida en la descarga– para acceder a los ficheros de la tarjeta SD, llamada "fat16lib" (http://code.google.com/p/fat16lib). La librería "fat16lib" es más rápida y ligera que la librería oficial de Arduino, pero solo puede trabajar con el formato FAT16, por lo que la tarjeta SD que se use con este shield solo puede estar formateada en FAT16. Como novedad, este shield incorpora un conector jack "LINE IN" que permite la grabación de sonido, aunque esta funcionalidad solamente vale cuando es acoplada a una placa Arduino Mega. Recomiendo consultar su documentación online, que es muy completa y clara.

Un shield algo diferente de los anteriores es el "Music Instrument Shield" de Sparkfun (producto nº 10587). Aunque incorpora el mismo chip VS1053B que el que viene en el "MP3 Player Shield", está preconfigurado para solo actuar como reproductor MIDI. Esto significa que mediante el envío de determinados comandos a través del canal serie, este chip es capaz de reproducir una gran cantidad de sonidos (pianos, vientos, percusiones, efectos especiales, etc.) que tiene pregrabados de fábrica. Incluso pueden sonar hasta 31 instrumentos diferentes a la vez. El shield ofrece un conector jack de 1/8'' para conectar un altavoz o unos auriculares. Recomiendo consultar la página http://www.sparkfun.com/tutorials/302 para comprender en profundidad el uso de este shield, además de leer y probar los muy ilustrativos códigos Arduino de ejemplo disponibles en la página del producto.

Módulos de audio

Si, en vez de shields, lo que queremos es utilizar módulos independientes capaces de almacenar ficheros de audio y de reproducirlos, tenemos unas cuantas alternativas. Por ejemplo, Sparkfun ofrece una placa breakout para el mismo chip VS1053B que viene en su "MP3 Player Shield", a la cual se pueden conectar directamente las salidas de audio. En la página del producto (con código 9943) se ofrecen códigos Arduino de ejemplo de manejo de esta placa, pero son de un nivel más avanzado que el de este libro, así que recomendamos otras alternativas.

DFRobot fabrica la plaquita "DFRduino Player". Tiene un zócalo para alojar una tarjeta SD formateada en FAT16 donde se han de almacenar los ficheros de audio y se basa en el chip decodificador de MP3 VS1003 (pudiendo reproducir ficheros en formato WAV, MP3 y MIDI). Se puede comunicar con nuestra placa Arduino por el canal serie o bien vía I^2C (seleccionable mediante un jumper). En el caso de utilizar la comunicación I^2C, además del cable de alimentación (5V) y tierra, se ha de usar un cable conectando el pin "DO" del módulo y el pin SDA de la placa Arduino, y otro conectando el pin "DI" del módulo y el pin SCL de la placa Arduino. En el caso de utilizar la comunicación serie, además del cable de alimentación (5V) y tierra, se ha de usar un cable conectando el pin "DO" del módulo y el pin RX de la placa Arduino, y otro conectando el pin "DI" del módulo y el pin TX de la placa Arduino. Para conectar los altavoces (se pueden acoplar hasta dos a la vez), este módulo ofrece dos parejas de terminales + y – que aportan una potencia de hasta 3 W por altavoz.

Esta placa reconoce diferentes comandos, tales como reproducir la siguiente o anterior canción, pausar o continuar la reproducción o cambiar el volumen. Dependiendo del tipo de conexión (serie o I^2C), estos comandos son diferentes y su envío se debe escribir en nuestro sketch de diferente manera. Recomiendo en este sentido consultar su documentación online para conocer los detalles. Lo que sí que hay que tener presente es que esta placa solo funcionará si existe una carpeta llamada "sound" en la raíz de la tarjeta SD, y si dentro de ella los ficheros existentes tienen las extensiones "wma", "wav", "mid" o "mp3".

Otro módulo con zócalo microSD (el cual solo admite tarjetas formateadas en FAT16) y conectores para altavoces es el "SOMO-14D" de 4DSystems. Esta placa tiene la particularidad de que solo es capaz de reproducir ficheros en formato ADPCM (.ad4) a 32 KHz y 4 bits (los cuales, además, han de estar obligatoriamente grabados directamente en la raíz de la tarjeta). Para convertir nuestros ficheros WAV o MP3 en este formato, desde la página web del producto podemos descargarnos gratuitamente un programa conversor (para Windows tan solo, no obstante).

Lo interesante de este módulo es que puede funcionar en dos modos. En el "serial mode", operaciones como "reproducir", "pausar", "parar" o "cambiar volumen" pueden ser ordenadas por la placa Arduino a través de comandos hexadecimales de 16 bits enviados por el canal serie. En el "key mode", la placa puede funcionar de forma autónoma sin necesidad de ninguna placa Arduino que la controle: tan solo se requiere un circuito formado por tres pulsadores, una batería de 3 V y un altavoz convenientemente conectados (el circuito concreto se muestra en el datasheet del producto). Si usamos el "serial mode", las conexiones son:

Placa breakout	Exterior
Nº 1	-
Nº 2	-
Nº 3 (CLK)	Una salida digital de Arduino
Nº 4 (DATA)	Una salida digital de Arduino
Nº 5	*
Nº 6	-
Nº 7	-
Nº 8	Pin 3V3 de Arduino
Nº 9	Pin GND de Arduino
Nº 10 (RESET)	Una salida digital de Arduino
Nº 11	Terminal de altavoz (8 Ω,1 W)
Nº 12	Terminal de altavoz (8 Ω,1 W)
Nº 13	-
Nº 14	-

Todos los pines del módulo trabajan a 3 V por lo que para no dañarlo necesitamos colocar resistencias de 470 Ω en serie en los conectores nº 3, 4, 5 y 10 de manera que el nivel de 5 V de las salidas de la placa Arduino se adapte convenientemente.

El pin nº 5 de la placa breakout se puede conectar opcionalmente a un pin digital de la placa Arduino configurado como entrada, y a la vez, al ánodo de un LED (cuyo cátodo se conectará a tierra a través de un divisor de tensión). Este pin emitirá una señal HIGH mientras se esté reproduciendo algún fichero de audio, por lo que si eso ocurre, el LED se encenderá y la placa Arduino detectará ese valor para poderlo tener en cuenta.

Para controlar este módulo no disponemos de ninguna librería específica, pero podemos utilizar como referencia los códigos de ejemplo disponibles en http://bit.ly/bricotuto-somo14d, los cuales aportan diferentes funciones Arduino para las acciones más habituales, como reproducir una canción concreta (*playSong(nº cancion);*), pausarla (*pausePlay();*), reproducir la siguiente canción (*nextPlay();*), incrementar o disminuir el volumen (*incVol();* y *decVol();*), etc. En cualquier caso (también en el "key mode"), se recomienda la ayuda de un amplificador externo.

Existe un módulo muy parecido al "SOMO-14D" comercializado por Sparkfun con el código de producto nº 11125. Como novedad incluye un conector JST para enchufar una batería LiPo, pero por lo demás es funcionalmente idéntico.

Otro módulo más es el llamado "SmartWAV" de Vizictechnologies. Este es el módulo que ofrece más calidad de sonido de los hasta ahora nombrados. Concretamente, es capaz de emitir en estéreo, a 16 bits de resolución y a 48 KHz de frecuencia de muestreo (es decir, calidad CD). Además, incorpora un potenciómetro digital (el chip AD5206) que permite el control del volumen en 255 pasos y la reproducción a distintas velocidades. Por otro lado, es capaz de reconocer tarjetas tanto microSD como microSDHC, formateadas tanto en FAT16 como en FAT32, por lo que los nombres de los ficheros pueden ser más largos de ocho caracteres; y también tiene capacidad para gestionar varios niveles de carpetas. Respecto a las conexiones de audio, dispone de un conector jack de 3,5 mm para enchufar unos auriculares o un altavoz o un amplificador externo.

Igual que el "SOMO-14D", el "SmartWAV" tiene dos modos de funcionamiento: "modo serie" y "modo autónomo". En el modo serie operaciones como "reproducir", "pausar", "parar" o "cambiar volumen" pueden ser ejecutadas por la placa Arduino mediante funciones muy sencillas (del tipo *objetoSwav.playTrack()* u *objetoSwav.stopTrack()*) pertenecientes a una librería propia llamada "SmartWAV". En realidad, esta librería (descargable de la web del producto) lo que hace es ocultar los detalles internos de la comunicación entre placa Arduino y módulo, la cual se establece a través del canal serie.

En el modo autónomo, el módulo puede funcionar sin necesidad de ninguna placa Arduino que la controle: tan solo se requiere un circuito formado por cinco pulsadores (para las señales de Reproducir/Pausa, Siguiente, Rebobinado, Volumen+ y Volumen-) y una batería de 3 V convenientemente conectados (el circuito concreto se muestra en la web del producto). Para que la placa funcione en modo autónomo, es necesario que su pin "MODE" esté conectado a tierra: si no lo está estaremos usando el "modo serie", en cuyo caso las conexiones necesarias son las siguientes:

Placa breakout	Exterior
GND (superior izquierda)	Pin GND de Arduino
3V3 (superior izquierda)	Pin 3V3 de Arduino
TX	Pin RX de Arduino
RX	Pin TX de Arduino
RST	Pin RESET de Arduino
A	*

El pin A del módulo tiene idéntica función y conexiones que el pin nº 5 del módulo "SOMO-14D", explicado en párrafos anteriores. Los pines GND y 3V3 a la derecha de la placa están reservados para la comunicación FTDI.

Otro módulo digno de mención es el "Embedded MP3 Module" de OpenElectronics, que puede ser controlado mediante el envío de determinados comandos propios a través del canal serie (aunque también puede funcionar en modo autónomo sin necesidad de microcontrolador si diseñamos el circuito adecuado). Los esquemas de conexiones y la lista concreta de comandos se pueden encontrar en http://www.open-electronics.org/embedded-mp3-module.

Finalmente, otro módulo a destacar es el "MP3 Trigger", distribuido por Sparkfun con el código de producto 11029. Esta plaquita almacena en una tarjeta SD (formateada en FAT16 o FAT32) una serie de ficheros MP3 (a 192 Kbps) que se han de llamar obligatoriamente de la forma TRACK001.mp3, TRACK002.mp3 hasta TRACK256.mp3 como máximo. Dispone de una salida de audio en forma de jack de 3,5 mm para poder conectar altavoces o auriculares o un amplificador externo. Para controlarla desde Arduino, su pin "USBVCC" se ha de conectar al pin de 5 V de Arduino (para recibir la alimentación), su pin "GND" se ha de conectar al pin GND de Arduino (para conectar a tierra), su pin "RX" se ha de conectar al pin TX de Arduino y su pin "TX" al pin RX de Arduino. Puede ser controlado mediante el envío de determinados comandos propios a través del canal serie consultables en el datasheet del producto, pero afortunadamente existe una librería (descargable en https://github.com/sansumbrella/MP3Trigger-for-Arduino) , que nos facilita mucho las cosas, ya que se encarga de gestionar tanto la comunicación serie entre plaquita y Arduino como de las funciones de reproducción de los ficheros MP3 (las cuales son muy sencillas, de tipo *objetoTrigger.setVolume()* o *objetoTrigger.stop()* por ejemplo).

Lo interesante del "MP3 Trigger" es que puede ser utilizado sin intermediación de ninguna placa Arduino gracias a que dispone de hasta 18 parejas de conectores (uno para la señal de entrada y otro para tierra) que permiten poderle acoplar cualquier tipo de sensor o pulsador, de tal forma que al recibir una determinada señal de ellos se reproduzca automáticamente un determinado fichero MP3. Para aprender a utilizar este modo de funcionamiento, remito a la documentación disponible en la página web del producto en Sparkfun.

Reproductores de voz

Sparkfun distribuye como producto nº 10661 el llamado "VoiceBox Shield", el cual incorpora el chip SpeakJet de Magnevation. Este chip es un sintetizador de sonidos y de voz, y el "VoiceBox Shield" lo utiliza para enviarle a través del canal serie una serie de comandos propios que acaban transformándose en una nítida voz robótica mediante la conexión de un altavoz a alguno de sus pines de salida. El vocabulario es infinito porque funciona a partir de fonemas y sonidos sintetizados, y la combinación concreta de comandos hace que se varíe el tono, la velocidad, el volumen del audio generado, etc. Además del chip SpeakJet, este shield también incorpora un chip amplificador de audio interno junto con un potenciómetro (manipulable mediante un pequeño destornillador) para regular el volumen, un conector jack de audio estándar de 3,5 mm para conectar un altavoz y también un par de conectores etiquetados como SPK+ y SPK- para enchufar asimismo un altavoz o un amplificador externo.

El envío por parte de la placa Arduino de los sonidos que ha de sintetizar el shield se realiza por el canal serie, pero debido al diseño del shield, este envío no se puede realizar por el pin TX hardware de la placa Arduino, sino que ha de transmitirse por su pin digital nº 2. Por tanto, se debe utilizar la librería SoftwareSerial para comunicarse con el shield. Una ventaja de esto es que los pines serie por hardware (nº 0 y nº 1) quedan libres para otro uso.

Ejemplo 6.39: Probemos su funcionamiento con un ejemplo simple, donde se reproduce la palabra "hello":

```
#include <SoftwareSerial.h>
/* El pin 2 envía los datos al módulo. El pin 3
no se usa (no se reciben datos) pero hay que ponerlo. */
SoftwareSerial miserie(2,3);
void setup(){
     miserie.begin(9600);
/*El array "frase" contiene un conjunto de códigos numéricos
correspondientes a fonemas (ingleses) que tiene pregrabados el chip.
Colocándolos unos tras otros podemos formar las palabras y frases que
deseemos. Concretamente, el valor del array en este ejemplo hace que
el shield reproduzca (a través de un altavoz) la palabra "hello".
```

```
También se han introducido códigos para definir la velocidad o el
tono. Para conocer los distintos fonemas asociados a los códigos
numéricos, se recomienda consultar el datasheet. */
    char frase[] = {20,96,21,114,22,88,23,5,183,7,159,146,164,0};
/*El valor final del array siempre ha de ser 0 para indicar que se ha
llegado al final de la palabra o frase a pronunciar. */
    miserie.print(frase);
}
void loop(){}
```

Concretamente, para decir la palabra "hello" aproximadamente, los fonemas necesarios son el código 183 (sonido "h"), el 159 (sonido "eh"), el 146 (sonido "lu") y el 164 (sonido "oh"). Otros códigos son el 20,96 (para establecer el volumen hasta nueva orden; el volumen mínimo es 20,0 y el máximo es 20,127); el 21,114 (para establecer la velocidad); el 22,88 (para establecer el tono de voz a 88Hz); el 23,5 (para establecer el timbre de la voz; para un sonido profundo sería 23,0 y para un sonido agudo y metálico sería 23,15); el 7 (para reproducir el siguiente fonema el doble de rápido que usualmente), el 4 (para añadir una breve pausa entre fonemas), etc. Conjugando correctamente los valores de tono y velocidad, incluso podríamos hacer que el chip cantara.

A partir de aquí, no debería ser difícil escribir un sketch Arduino que, dependiendo de la activación de pulsadores u otro tipo de entradas provenientes de diferentes sensores, emitiera una frase u otra. Existe un software (solo para sistemas Windows) desarrollado por la misma empresa fabricante del chip Speakjet llamado Phrase-A-Lator que contiene un extenso diccionario de transcripciones fonéticas de palabras del idioma inglés, listas para ser usadas en nuestro código Arduino. Pero lo más interesante es que permite obtener los códigos equivalentes a las palabras deseadas de una forma muy intuitiva.

Otra alternativa por si no queremos aprender los códigos numéricos del chip Speakjet es utilizar en conjunción con este el chip TTS256. Este chip actúa como un intermediario entre el usuario y el chip Speakjet, ya que permite recibir a través del canal serie una cadena de texto literal (en inglés, eso sí) para convertirla en los códigos adecuados y entonces pasárselos al chip Speakjet. De hecho, el "SpeakJet Shield TTS" de http://www.droidbuilder.com es un shield bastante similar al VoiceBox de Sparkfun pero con la ventaja de que incorpora ambos chips, por lo que su programación es realmente sencilla ya que tan solo es necesario el uso de un objeto SoftwareSerial y su función *print()*. Desgraciadamente, solo se distribuye en forma de kit, por lo que es necesario soldar siguiendo las instrucciones indicadas en su página.

Una competencia directa al "VoiceBox Shield" de Sparkfun es el "GinSing Shield" de GinSingSound. Este shield (que se puede adquirir completamente ensamblado o en forma de kit) viene con el chip sintetizador Babblebot, el chip amplificador NJM386 y (al igual que el producto de Sparkfun) dispone de un conector de salida de audio de tipo jack de 3,5 mm para poder enchufar unos auriculares.

Ambos shields son bastante parecidos, aunque el chip SpeakJet está más enfocado a facilitar la síntesis del habla y el chip BabbleBot es más bien un generador de sonidos complejos, que permite la creación de efectos, la reproducción de hasta seis canales de audio a la vez, la síntesis de música y voz, etc. De hecho, el chip BabbleBot que viene de fábrica en el shield GinSing está preconfigurado para trabajar en cada momento en un modo de funcionamiento de entre cuatro modos posibles: activación de efectos sonoros predefinidos o creados por uno mismo ("preset mode"), creación de un instrumento musical polifónico ("poly mode"), generación del habla ("voice mode") y ejecución de síntesis de una onda de audio ("synth mode").

Sea cual sea el modo de funcionamiento que queramos utilizar (los cuales podemos ir cambiando a lo largo de nuestro sketch sin problemas), primero es necesario descargar e instalar una librería propia (la "GinSing Lib") para poder interactuar convenientemente con el shield GinSing. Está disponible en el apartado de descargas de la página http://www.ginsingsound.com .

Centrándonos en el uso de la generación del habla ("voice mode"), podemos consultar la lista de fonemas admitidos dentro de la sección titulada "GSAllophone" del fichero GinSingDefs.h, incluido dentro de la librería anterior. A partir de aquí, podemos estudiar los diferentes códigos de ejemplo incluidos también dentro de la librería anterior, que sirven para mostrar las funcionalidades de cada uno de los modos de funcionamiento del chip. Concretamente, el completo (y largo) código de ejemplo llamado "4_voicemode.ino" nos permite reproducir diferentes frases, incluso cantadas, y aprender el uso del "voice mode" del shield.

Otro shield "parlante" diferente es el llamado "Voice shield" de Spikenzielabs, el cual se basa en el chip ISD4003 de Winbond. En este caso, el sonido no se sintetiza sino que se ha de grabar previamente. Lo interesante de este shield es que permite grabar diferentes unidades de audio identificándolas con un número entero, de forma que podamos combinarlas de la manera que queramos para formar cadenas de unidades más complejas. Es decir, podemos grabar por ejemplo de forma separada la palabra "Yo" (con identificador nº 1), la palabra "Hablo" (con identificador nº 2) y la palabra "Miro" (con identificador nº 3), y entonces hacer que el shield reproduzca la frase "Yo hablo" indicando las unidades 1 y 2 o la frase "Yo miro" indicando las unidades 1 y 3. El sonido emitido, no obstante, tan solo tiene una frecuencia de muestreo de 8 KHz y el total de unidades no puede exceder de 4 minutos (240 segundos). Para reproducir el sonido guardado, se puede enchufar un altavoz o amplificador externo a un conector jack de 3,5 mm etiquetado como "Audio OUT", pero también se puede utilizar un amplificador interno ya integrado en el shield junto con un altavoz de 15 mm a soldar en un espacio reservado.

La manera más sencilla de introducir las unidades de audio en este shield es la siguiente: primero debemos tener guardados en una determinada carpeta de nuestro computador un conjunto de ficheros (en formato WAV o MP3) que representan cada una de las unidades que queremos, y además tener un fichero de texto donde cada una de sus líneas ha de seguir el siguiente formato: *identificador de unidad|tabulador|nombre con extensión del fichero de sonido* (¡este nombre no ha de tener espacios!). A partir de aquí, deberemos descargarnos e instalar una librería propia llamada "VS Arduino Library", disponible en la página web del producto. Seguidamente, con el shield acoplado a nuestra placa Arduino, deberemos abrir y grabar en ella un sketch (descargado junto con la librería) llamado "VSLoader.ino". Esto hará que nuestra placa Arduino sea capaz de recibir correctamente la lista de unidades de audio para grabarlas en el chip ISD4003 del shield.

Para realizar esa grabación, nuestra placa Arduino ha de mantenerse conectada vía USB a nuestro computador para controlar el proceso pero además, la entrada de audio del shield (concretamente, un conector jack de 3,5 mm etiquetado como "Audio IN") ha de conectarse mediante el cable adecuado a una salida de audio de nuestro computador para recibir los ficheros de sonido propiamente dichos. Una vez realizadas estas conexiones, debemos cerrar el entorno de desarrollo Arduino y ejecutar un programa multiplataforma (descargable de la página web del producto) llamado "VSProgrammer". En él deberemos indicar la carpeta donde se ubican los ficheros de audio que representan las unidades, y el fichero de texto con la lista de todos ellos. Clicando en el botón "Program" se realizará la grabación. Una vez ya grabados, para manejar estos sonidos en nuestros sketches deberemos usar las funciones que proporciona para ello la librería "VS Arduino Library".

SENSORES

Más divertido que hacer parpadear LEDs es utilizar sensores de todo tipo para detectar qué está pasando "ahí fuera" y reaccionar en consecuencia. Desgraciadamente, cada sensor tiene sus propios métodos de conexión: algunos necesitan resistencias "pull-up" y otros no, algunos necesitan fuentes de alimentación propias y otros no, algunos trabajan a mucha tensión y otros no, etc. En este capítulo se presentarán los sensores más comunes, con ejemplos de circuitos donde se usan y código Arduino que los hacen funcionar.

También se indicará para cada tipo de sensor específico qué productos concretos podemos encontrar en diferentes distribuidores. De todas formas, si se desea, se puede adquirir cómodamente de una sola vez un conjunto de diversos sensores gracias al "Sensor pack 900" de Adafruit (código de producto nº 176) o el "Sensor Kit" de Sparkfun (código de producto 11016). El primero incluye un LED infrarrojo y un sensor infrarrojo específicos para control remoto, un sensor de luz, un sensor de temperatura, un sensor de inclinación, un sensor de golpes (usable como zumbador), un sensor de campo magnético (junto con un imán), un sensor de fuerza y un acelerómetro. El segundo incluye un sensor infrarrojo específico para control remoto, un sensor de luz, un sensor de flexión, un sensor de golpes y vibraciones, un sensor de campo magnético (junto con un interruptor sensible a él —lo que se llama un "reed switch"—), un sensor de fuerza, un sensor de humedad, un sensor de distancia, un sensor de movimiento, un acelerómetro, un giroscopio, una brújula (un magnetómetro) y un sensor de presión atmosférica (un barómetro). Además, incluye un potenciómetro de membrana fina con recorrido lineal (producto nº 8680).

Otro kit de sensores interesante es el ofrecido por Cutedigi con código de producto H21, el cual contiene un sensor de temperatura, de humedad, de sonido, de efecto Hall, de inclinación, de obstáculos, de fuego, de metal, un acelerómetro, una brújula, un LDR, un "reed switch"… además de un emisor y receptor de infrarrojos, un pulsador, un zumbador, un LED RGB, un optointerruptor, y más.

SENSORES DE LUZ VISIBLE

Fotorresistores

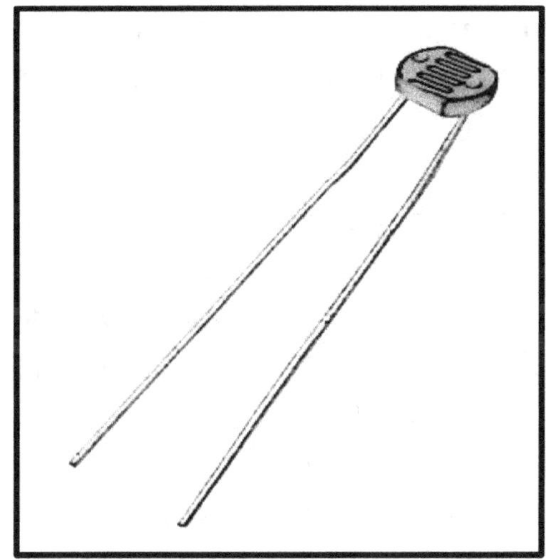

Los sensores de luz, tal como su nombre indica, son sensores que permiten detectar la presencia de luz en el entorno. A veces se les llama "celdas CdS" (por el material con el que suelen estar fabricados, sulfuro de cadmio) o también "fotorresistores" y LDRs (del inglés "Light Dependent Resistor"), ya que básicamente se componen de una resistencia que cambia su valor dependiendo de la cantidad de luz que esté incidiendo sobre su superficie. Concretamente, reducen su resistencia a medida que reciben más intensidad de luz.

Suelen ser pequeños, baratos y fáciles de usar; por esto aparecen mucho en juguetes y dispositivos domésticos en general. Pero son imprecisos: cada fotorresistor reacciona de forma diferente a otro, aunque hayan sido fabricados en la misma tongada. Es por eso que no deberían ser usados para determinar niveles exactos de intensidad de luz, sino más bien para determinar variaciones en ella, las cuales pueden provenir de la propia luz ambiente ("amanece o anochece") o bien de la presencia de algún obstáculo que bloquee la recepción de alguna luz incidente. También se podría tener un sistema de fotorresistores y comparar así cuál de ellos recibe más luz en un determinado momento (para construir por ejemplo un robot seguidor de caminos pintados de blanco en el suelo o de focos de luz, entre otras muchas aplicaciones).

Otro dato que hay que saber es que su tiempo de respuesta típico está en el orden de una décima de segundo. Esto quiere decir que la variación de su valor resistivo tiene ese retardo respecto los cambios de luz. Por tanto, en circunstancias donde la señal luminosa varía con rapidez su uso no es muy indicado (aunque también es verdad que esta lentitud en algunos casos es una ventaja, porque así se filtran variaciones rápidas de iluminación).

A la hora de adquirir un fotorresistor hay que tener en cuenta además otra serie de factores: aparte del tamaño y precio, sobre todo hay que mirar también la resistencia máxima y mínima que pueden llegar a ofrecer. Estos datos lo podremos obtener del datasheet que ofrece el fabricante. De hecho, en el datasheet no solo podemos consultar estos dos datos extremos sino también todos los valores intermedios de resistencia, gracias a un conjunto de gráficas que nos indican cómo varía de forma continua (y generalmente logarítmica) el valor resistivo del fotorresistor en función de la cantidad de luz recibida, medida en unidades lux. Con esta información podemos conocer, sabiendo la luz que incide sobre el LDR, qué valor de resistencia ofrece este (y viceversa: sabiendo la resistencia que ofrece, podemos deducir la cantidad de luz que recibe el sensor).

En el párrafo anterior se menciona un "conjunto de gráficas" y no una sola porque el comportamiento del fotorresistor depende de la temperatura ambiente: según sea ésta, la variación de la resistencia respecto la luz incidente será una u otra. También se menciona que esta variación es "generalmente logarítmica"; es posible que haya casos donde no lo sea, pero lo que es seguro es que, por la propia naturaleza intrínseca de los fotorresistores, la relación entre cantidad de luz recibida y resistencia resultante nunca será lineal. Esto significa, por ejemplo, que si la intensidad lumínica es de 10 lux y se mide una resistencia de 100 Ω, cuando esta sea 20 lux la resistencia no tendrá por qué ser de 50 Ω.

Otro dato a consultar en el datasheet para tenerlo en cuenta es la sensibilidad. Los fotorresistores no detectan del mismo modo los diferentes tipos de luz; concretamente, suelen ser más sensibles a cambios en luces de color verde que en los de otros colores. Además, existen una longitudes de onda mínimas (400 nm, normalmente) y máximas (600 nm, normalmente) más allá de las cuales no detectan nada. Esta información la podemos encontrar en forma de gráfica que muestra la respuesta del fotorresistor en función de la longitud de onda recibida.

Breve nota sobre el espectro electromagnético:

Llamamos "luz" a las ondas que son de tipo electromagnético. Por tanto, como ondas que son, una de sus características que podemos estudiar es su frecuencia —medida en Hz— o, alternativamente, su longitud de onda —medida en nanómetros (10^{-9} metros)—. Ambas magnitudes están relacionadas por la expresión $\lambda = c/v$

(donde λ representa la longitud de onda en el vacío, v la frecuencia y c la velocidad de la luz en el vacío, que es una constante igual a 299.792.458 m/s).

Podemos clasificar diferentes tipos de luz según su longitud de onda: así tenemos los rayos gamma y los rayos X (con menor longitud de onda), pasando de forma continua (¡la luz es una magnitud analógica!) por la luz ultravioleta, la luz visible y los rayos infrarrojos, hasta llegar a las ondas electromagnéticas de mayor longitud de onda como son las ondas de radio. El conjunto de todas estas ondas es lo que se llama el espectro electromagnético

El ojo humano no es capaz de percibir todo el espectro electromagnético: solo una pequeña parte identificada como "luz visible". Esto significa que en nuestro día a día, realmente estamos rodeados de radiación electromagnética que no vemos. Aunque no hay límites exactos para la zona visible del espectro (depende de cada persona), se suelen tomar como valores aceptados las ondas que tengan una longitud de onda entre los 400 nm y 700 nm.

Dentro del espectro visible, dependiendo de la longitud de onda concreta que tenga una determinada onda, esta se verá de un color u otro. Así, podemos decir aproximadamente que la luz visible de longitud de onda entre 400 y 450 nanómetros es de color violeta, entre 450 y 495 de color azul, entre 495 y 570 de color verde, entre 570 y 590 de color amarillo, entre 590 y 620 de color anaranjado y entre 620 y 700 de color rojo.

Por otro lado, la tensión aceptada por estos dispositivos puede ser prácticamente cualquiera (hasta los 100 V). Debido a que los fotorresistores no son más que resistencias, no están polarizados, así que sus terminales se pueden conectar en nuestros circuitos en ambos sentidos.

La manera más fácil de comprobar que un sensor de luz funcione es conectar sus terminales a un multímetro en modo medida de resistencia y hacerle incidir más o menos luz. Si vemos que responde (hay que vigilar con el cambio de escala), ya podremos empezar a diseñar nuestros proyectos con él.

Lo primero que hemos de saber es cómo se conecta un sensor de luz a nuestro circuito. Lo que haremos será conectar uno de los terminales del sensor a la alimentación y el otro, a través de una resistencia "pull-down" (sobre cuyo valor resistivo adecuado discutiremos unos párrafos más abajo), a tierra. Además, desde un punto entre el fotorresistor y la resistencia "pull-down" conectaremos un "tercer cable" hacia una entrada analógica de nuestra placa Arduino para que esta pueda leer el voltaje analógico a medir. Este voltaje recibido podrá oscilar entre 0 V y el voltaje que alimente al fotorresistor: en las figuras siguientes mostraremos el fotorresistor alimentado con los 5 V del pin "5V" de la placa Arduino, pero también podría alimentarse perfectamente con los 3,3 V del pin "3V3", por ejemplo.

Si usamos una resistencia "pull-down", cuanto mayor voltaje recibamos por la entrada analógica de la placa Arduino significará que más luz incide en el sensor. Si hubiéramos utilizado una resistencia "pull-up", sería al revés: a mayor voltaje recibido significaría que hay más oscuridad. Nosotros, tal como hemos comentado, utilizaremos una resistencia "pull-down", por lo que, en definitiva, el montaje sería similar a este:

Y el esquema eléctrico a este (aquí se puede apreciar un símbolo para identificar el fotorresistor, no visto hasta ahora):

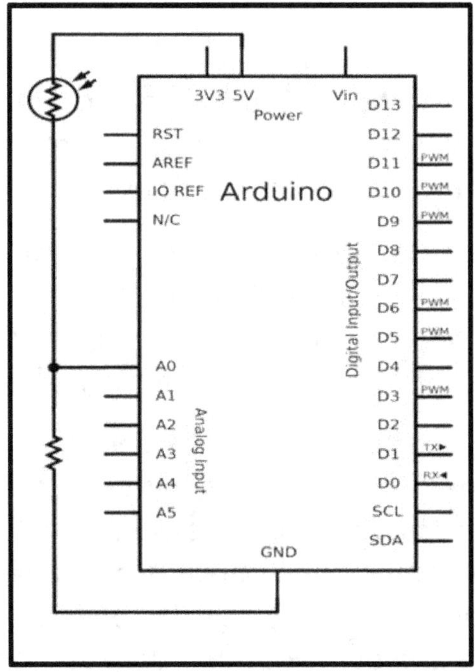

El truco para entender en profundidad este montaje es ver que a medida que la resistencia del fotorresistor va decreciendo (porque le incide más luz), la resistencia total del conjunto de resistencias en serie fotorresistor + pull-down también decrece. Por la Ley de Ohm, esto hará que (al mantenerse un voltaje de alimentación fijo en todo el circuito —de 5 V—) la intensidad de corriente aumente a través de todo ese circuito. Pero como la resistencia "pull-down" es fija, por la misma Ley de Ohm, si la intensidad que la atraviesa ha aumentado, también lo habrá hecho el voltaje entre sus terminales. Que es de hecho lo que medimos con el "tercer cable": el voltaje existente entre los terminales de la resistencia "pull-down". Si la resistencia del fotorresistor fuera despreciable —al haber mucha luz—, ese voltaje medido sería 5 V; si la resistencia del fotorresistor fuera tan grande que abriera el circuito interrumpiendo el paso de electrones —al haber mucha oscuridad—, el voltaje medido sería 0 V. Entre ambos casos extremos tendremos medidas intermedias.

Lo explicado en el párrafo anterior se puede resumir en la siguiente fórmula, obtenida a partir de la Ley de Ohm y del hecho que la intensidad que atraviesa ambas resistencias es la misma: $\mathbf{V_{med} = (R_{pull} / (R_{pull} + R_{foto}))\cdot V_{fuente}}$, donde V_{fuente} es el voltaje aportado por la fuente de alimentación, V_{med} es el voltaje recibido por el pin de entrada analógico (es decir, el existente entre los terminales de la resistencia "pull-down", el cual puede valer entre 0 V y V_{fuente}), R_{pull} es el valor de la resistencia "pull-down" (fijo) y R_{foto} es el valor de la resistencia del fotorresistor. De aquí se puede comprobar lo que ya hemos dicho: que cuando aumenta la intensidad de luz (como la resistencia del fotorresistor disminuye), también aumenta el voltaje medido, y viceversa.

No obstante, en realidad V_{med} no es el valor con el que trabajamos en nuestra placa Arduino, porque esta utiliza siempre un conversor analógico-digital para realizar un mapeo de todos valores analógicos recibidos (los cuales pueden oscilar entre 0 V y 5 V —suponiendo que el voltaje proporcionado por la fuente son 5 V—) a valores digitales (que van entre 0 y 1023). Estos valores digitales son los que la placa Arduino entiende en realidad y con los que trabajaremos en nuestros sketches. La buena noticia es que la conversión de valores analógicos a digitales se puede expresar por una simple regla de proporcionalidad así: $\mathbf{V_{convertido} = V_{med}\cdot 1023/5}$. A partir de aquí, si sustituimos esta expresión en la fórmula del párrafo anterior, y despejamos de allí R_{foto}, llegamos a la expresión siguiente: $R_{foto}=(R_{pull}\cdot 1023/V_{convertido}) - R_{pull}$, la cual nos permite conocer por fin cuál es el valor actual de la resistencia del fotorresistor a partir del voltaje digitalizado obtenido por la placa Arduino.

El paso natural siguiente, una vez conocido el valor de la resistencia del fotorresistor, sería averiguar a qué cantidad de iluminación se corresponde. Esto se puede consultar en las gráficas del datasheet, tal como se ha comentado previamente. No obstante, este paso no suele hacerse ya que normalmente los fotorresistores se utilizan para comparar iluminaciones (entre diferentes sitios o entre distintos intervalos de tiempo) más que para obtener valores concretos de iluminación.

Para saber el valor adecuado de la resistencia "pull-down" que tenemos que colocar en nuestro circuito, tendríamos que conocer (a partir del datasheet) los distintos valores numéricos concretos que puede adquirir nuestro fotorresistor a lo largo de distintas iluminaciones (R_{foto}) y utilizarlos, junto con el valor del R_{pull} obtenido, en la fórmula ya vista en la página anterior $V_{med} = (R_{pull} / (R_{pull} + R_{foto})) \cdot V_{fuente}$ para observar qué V_{med} hipotético obtendríamos. Haciendo esto, veremos que en la gran mayoría de los casos, el comportamiento de R_{foto} respecto a la iluminación recibida hace que valores elevados de R_{pull} (por ejemplo, 10 KΩ) saturen rápidamente las lecturas en entornos brillantes. Es decir, hace que el sensor llegue a medir el tope de los 5 V con una iluminación relativamente baja y no sea por tanto capaz de distinguir entre un ambiente bien iluminado de otro muy bien iluminado. En cambio, valores menores de R_{pull} (como por ejemplo, 1 KΩ), sí permitirán detectar cambios en la luz más brillante pero harán que no sea posible distinguir diferencias en niveles oscuros. Por lo tanto, dependiendo del entorno donde situemos nuestro proyecto, deberemos elegir una R_{pull} de 10 KΩ (para entornos oscuros) o de 1 KΩ (para entornos iluminados), o bien utilizar algún tipo de potenciómetro ajustable.

<u>Ejemplo 7.1</u>: Comprobemos ya cómo se comporta un fotorresistor cuando lo conectamos a una placa Arduino. Para ello podemos montar el siguiente circuito; fijarse que el LED se ha de conectar a un pin PWM.

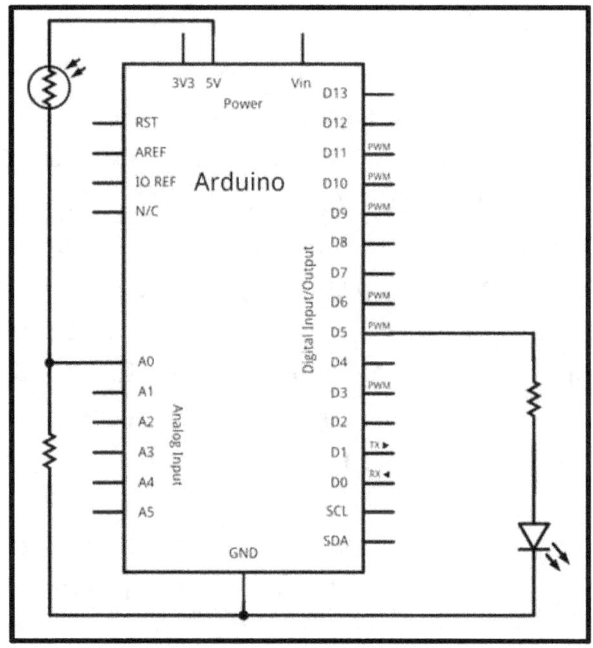

Lo que queremos es utilizar el valor del voltaje leído en el pin de entrada analógico (el nº 0 en este caso) para iluminar consecuentemente el LED: cuanto menos luz detecte el fotorresistor, más brillante iluminará el LED (por eso es necesario que el LED reciba una señal analógica también, a través de un pin PWM, el nº 5 en este caso). Además, se muestra por el canal serie los valores obtenidos por el fotorresistor.

```
int valorcds;    //Valor obtenido
int brilloLED;   //Valor enviado al LED
void setup(void) {
      Serial.begin(9600);
}
void loop(void) {
      valorcds = analogRead(0);
/*Además de imprimir "valorcds" tal cual, también se podría haber
comprobado si este es menor o mayor que una cantidad dada, y haber
imprimido un mensaje tal como "Oscuro", "Normal", "Brillante", etc*/
      Serial.println(valorcds);
/*El valor obtenido "valorcds" será mayor cuanto más brillante sea el
entorno. En cambio, el LED ha de iluminar más cuanto más oscuro sea
el entorno. Es decir, "brilloLED" ha de ser mayor cuanto menor sea el
valor de "valorcds". Por eso, hemos de invertir "valorcds" para que
su valor pase de una escala de 0 a 1023 a otra de 1023 a 0.*/
      valorcds=1023-valorcds;
/*Y ahora, tal como ya hemos visto en ejemplos anteriores, hemos de
mapear "valorcds" para que caiga dentro del rango admitido para la
salida PWM. Es decir, pasar un valor que está entre 0 y 1023 ha otro
que está entre 0 y 255.*/
      brilloLED = map(valorcds, 0, 1023, 0, 255);
      analogWrite(5, brilloLED);
      delay(100); //Para que se pueda ver el nuevo brillo
}
```

Con lo ya sabido, podríamos realizar un simple detector de presencia. Si mantuviéramos iluminado el fotorresistor de forma constante, al interponerse algún obstáculo entre la fuente de luz y el fotorresistor, este detectaría una bajada brusca de intensidad lumínica. Usando el mismo circuito del ejemplo anterior, podríamos modificar levemente el sketch para enviar una señal digital de salida al LED, de forma que esta valiera HIGH (encendiendo el LED) si el fotorresistor detectara un valor por debajo de un cierto valor umbral elegido por nosotros (y por tanto, detectara que alguien se interpone entre la luz y el sensor) o que valiera LOW (apagando el LED) si el valor "valorcds" fuera mayor que dicho umbral (y por tanto, se detectara una incidencia "normal" de la luz en el sensor). Se deja como ejercicio.

Por otro lado, ya hemos comentado antes que las lecturas obtenidas por un fotorresistor como los que usamos en nuestros proyectos (por ejemplo, el producto nº 9088 de Sparkfun o el nº 161 de Adafruit) no suelen ser muy precisas. Es muy recomendable, por tanto, calibrar estos componentes antes de empezar a trabajar con ellos (por ejemplo, dentro de la función "setup()". Calibrar significa fijar el valor mínimo y máximo del rango de posibles valores a leer si ya sabemos que estos no llegan nunca a 0 o a 1023, respectivamente. De esta manera, se pueden interpretar mejor las lecturas realizadas porque los valores intermedios son más coherentes.

<u>Ejemplo 7.2</u>: El siguiente sketch pretende calibrar un fotorresistor, aunque el procedimiento es generalizable sin apenas cambios a cualquier otro sensor analógico. El circuito necesario es el mismo que el de los ejemplos anteriores: un fotorresistor conectado a un pin de entrada analógico (supondremos el 0) acompañado de una resistencia "pull-down" de 10 KΩ, y un LED conectado a un pin de salida PWM (supondremos el 5) acompañado de su divisor de tensión de 220 Ω correspondiente. El sketch lo que hace básicamente es leer durante sus primeros cinco segundos de ejecución una serie de valores del sensor analógico para establecer cuál será su lectura con valor mínimo y cuál será la que tenga el valor máximo. Es evidente que durante esos cinco segundos, deberemos someter el sensor a ambas circunstancias extremas para ver cómo reacciona (en caso de un fotorresistor, iluminándolo con la máxima luz prevista en el proyecto y con la mínima). Una vez realizada la calibración, el resto del código es muy parecido al visto anteriormente: la clave está en la función *map()*, primero porque realiza ella misma el mapeo en rangos invertidos (por lo ya explicado de iluminar el LED cuando se detecte poca luz), pero sobre todo porque el mapeo lo establece en el rango de valores calibrados, no los típicos 0 y 1023.

```
int valorcds = 0;
int sensorMin = 1023; //Irá disminuyendo
int sensorMax = 0;    //Irá aumentando
void setup() {
    //Calibramos durante los primeros 5 segundos de programa
    while (millis() < 5000) {
        valorcds = analogRead(0);
    /*Si se lee un valor mayor que el actual máximo,
      lo guardo como el nuevo valor máximo */
        if (valorcds > sensorMax) {
            sensorMax = valorcds;
        }
    /*Si se lee un valor menor que el actual mínimo,
      lo guardo como el nuevo valor mínimo */
        if (valorcds < sensorMin) {
```

```
                    sensorMin = valorcds;
            }
      }
}
void loop() {
            valorcds = analogRead(0);
/*Aplico la calibración a la lectura recién leída a la transformación
que ha de sufrir valorcds para ser usada en analogWrite() */
      valorcds  =  map(valorcds,  sensorMax,  sensorMin,  0,  255);
/*En el caso de que la lectura recién leída caiga fuera del rango
establecido durante la calibración…*/
            valorcds = constrain(valorcds, 0, 255);
            //Ilumino el LED usando el nuevo valor calibrado
            analogWrite(5, valorcds);
}
```

Ejemplo 7.3: Si tenemos el circuito mostrado en la figura siguiente (es decir, un LDR con resistencia "pull-down" de 10 KΩ y un zumbador con divisor de tensión de unos 100 Ω, por ejemplo), podemos hacer que según sea la luz detectada por el LDR, la frecuencia del sonido emitido por el zumbador vaya cambiando.

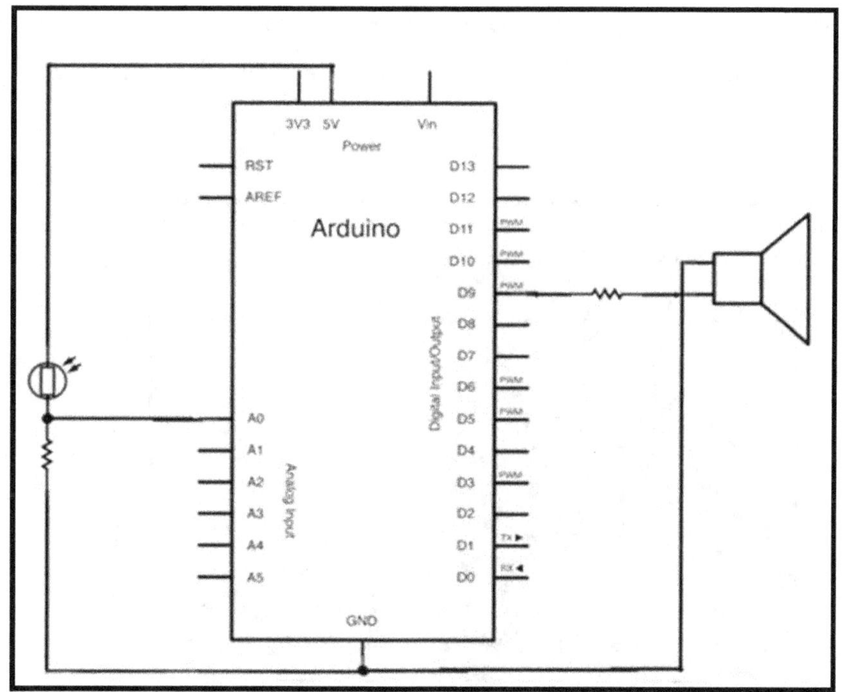

El código es este: simplemente realiza la lectura del LDR, la mapea a un rango de valores audibles y la envía al zumbador. Se debería de calibrar primero el LDR para ajustar el mapeo convenientemente, ya que los valores de *map()* del sketch son solamente orientativos.

```
void setup() {}
void loop() {
    int lectura;
    int sonido;
    lectura = analogRead(0);
/*En este caso, la calibración del LDR da valores entre 400 y 1000,
pero esto puede variar. El rango de salida son, en Hz, las
frecuencias mínimas y máximas del sonido que queremos emitir*/
    sonido = map(lectura, 400, 1000, 120, 1500);
    tone(9, sonido, 10);
    delay(1); //Por estabilidad entre lecturas
}
```

No sería demasiado difícil sustituir en el circuito anterior el LDR por un potenciómetro. De hecho, esta misma variante ya se vio en el apartado relativo al sonido del capítulo 6.

Ejemplo 7.4: Otro ejemplo práctico con LDRs es el diseño de un dispositivo capaz de orientarse hacia el punto más oscuro de su entorno, gracias a los valores obtenidos por dos sensores de luminosidad estratégicamente situados. La idea es comparar la lectura de ambos sensores y orientar un servomotor en un sentido u en otro según si la lectura de un sensor es mayor o menor que la del otro. El montaje sería algo parecido al siguiente:

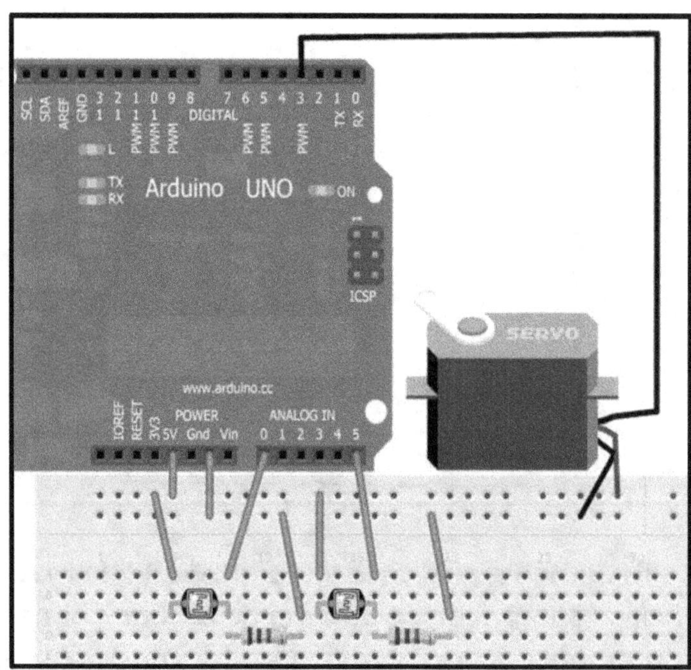

Y el código, este:

```
#include <Servo.h>
int valorLDRderecha = 0;
int valorLDRizquierda = 0;
int angulo = 0;
Servo miservo;
void setup() {
   miservo.attach(3);
}
void loop() {
   valorLDRizquierda = analogRead(0);
   valorLDRderecha = analogRead(5);
   if (valorLDRderecha < valorLDRizquierda) {
        angulo = angulo - 10;
        if (angulo < 0) {angulo = 0;}
   } else {
        angulo = angulo + 10;
        if (angulo > 179) {angulo = 179;}
   }
   miservo.write(angulo);
}
```

Ejemplo 7.5: Como último ejemplo de demostración práctica del uso de LDRs, vamos a diseñar el siguiente circuito:

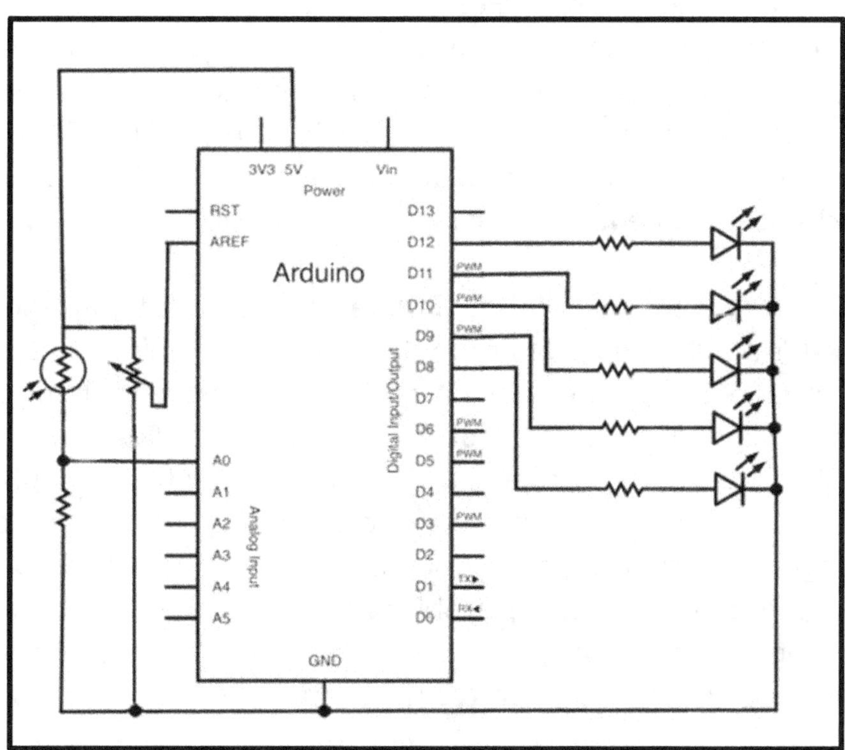

Un valor adecuado para los divisores de tensión de los LEDs puede ser 220 Ω. Un valor adecuado para la resistencia "pull-down" asociada al LDR puede ser de 1 KΩ. Un valor adecuado para la resistencia máxima del potenciómetro puede ser 10KΩ. El LDR, tal como se puede ver, está conectado al pin de entrada analógica nº 0.

La idea es iluminar nuestro entorno con LEDs a medida que este vaya oscureciendo. Pero en vez de utilizar un solo LED regulado analógicamente como vimos en uno de los ejemplos anteriores, ahora utilizaremos varios LEDs controlados por señales digitales, de manera que se iluminen más LEDs a medida que se vaya detectando más oscuridad.

La gran novedad de este circuito es el uso de un voltaje de referencia controlado por un potenciómetro. La razón de haber incluido este elemento es la siguiente: ya sabemos que la lectura obtenida del fotorresistor puede variar desde 0 (correspondiente a 0 V, cuando el ambiente está completamente a oscuras) hasta 1023 (correspondiente a 5 V, cuando el ambiente está completamente iluminado). Pero estos dos casos extremos pueden ser difíciles de conseguir, por lo que quizás solo vayamos a trabajar en un rango de 500 o 600 valores intermedios, despreciando así mucha resolución. Para solucionar esto y para permitir además que nuestro circuito se adapte a entornos con diferentes extremos de iluminación sin tener que cambiar cada vez los valores umbral escritos en nuestro código, se ha optado por utilizar un voltaje de referencia ajustable. Este voltaje marca el punto a partir del cual, si decrece la luz ambiente, empiezan a decrecer los valores obtenidos en el pin analógico de entrada. Si esta referencia es baja, los LEDs empezarán a iluminarse con poca luz ambiente pero serán más sensibles a variaciones leves de iluminación; si esta referencia es alta, los LEDs empezarán a iluminarse con mucha luz ambiente pero esta deberá variar mucho para modificar el número de LEDs iluminados. En otras palabras: el potenciómetro sirve para fijar el umbral de luz mínima, a partir del cual, comenzará a funcionar nuestro circuito de luz artificial.

Esto es así porque variando la señal de referencia, le estamos diciendo que el rango de 1024 valores estén ubicados entre 0 V y una determinada tensión máxima que será una u otra según las circunstancias. En nuestro sketch hemos dividido el rango 0-1024 en cinco secciones para que se activen progresivamente cada uno de los cinco LEDs. Si nuestro entorno ofrece una variación muy baja de iluminación con el que jugar, podemos ajustar la tensión de referencia a un valor bajo (por ejemplo, 1 V) y así nos seguirá distribuyendo proporcionalmente la activación de las salidas, con lo que conseguiremos una mayor sensibilidad. El "precio a pagar" es el no activar el circuito hasta que la entrada analógica no reciba esos 1 V, ya que mientras reciba un voltaje mayor, el conversor analógico-digital estará saturado.

Con este truco, pues, no nos será necesario realizar ningún cambio en el código si cambiamos a un entorno con cambios en la iluminación más o menos extremos: tan solo variando la posición del potenciómetro, el rango 0-1024 automáticamente se adaptará a las nuevas circunstancias lumínicas externas. El código es el siguiente:

```
int valorLDR = 0;
byte i;
void setup() {
  //Utilizaremos 5 LEDs, conectados a los pines 8,9,10,11 y 12
  for (i=8;i<=12;i++) { pinMode(i,OUTPUT); }
  analogReference(EXTERNAL);
}
void loop() {
  valorLDR = analogRead(0);
  /*Si el entorno está muy iluminado (según la referencia marcada
   por el potenciómetro), no se enciende ningún LED */
  if(valorLDR >= 1023){
        for (i=8;i<=12;i++){ digitalWrite(i,LOW); }
  //Si está algo menos, se enciende un LED
  } else if(valorLDR >= 823){
        digitalWrite(8, HIGH);
        for (i=9;i<=12;i++){ digitalWrite(i,LOW); }
  //Si está algo menos, se encienden dos LEDs
  } else if(valorLDR >= 623){
        for (i=8;i<=9;i++) { digitalWrite(i,HIGH); }
        for (i=10;i<=12;i++) { digitalWrite(i,LOW); }
  //Si está algo menos, se encienden tres LEDs
  } else if(valorLDR >= 423){
        for (i=8;i<=10;i++){ digitalWrite(i,HIGH); }
        for (i=11;i<=12;i++) { digitalWrite(i,LOW); }
  //Si está algo menos, se encienden cuatro LEDs
  } else if(valorLDR >= 223){
        for (i=8;i<=11;i++){ digitalWrite(i,HIGH); }
        digitalWrite(12,LOW);
  //Si el entorno está muy oscuro, se encienden los cinco LEDs
  } else {
        for (i=8;i<=12;i++){ digitalWrite(i,HIGH); }
  }
}
```

El sensor digital TSL2561

Además de los fotorresistores (que son sensores analógicos), también existen sensores de luz que son digitales, como por ejemplo el chip TSL2561 que Adafruit distribuye sobre una cómoda plaquita breakout. Los sensores digitales son más precisos que los fotorresistores (ya que permiten lecturas exactas, medidas en unidades lux) y su sensibilidad puede ser configurada dependiendo de la intensidad de luz con la que se trabaje en ese momento (intensidad cuyo rango admitido es además mucho más amplio que el de los fotorresistores). Además, el TSL2561 concretamente detecta, además de todo el espectro visible, también la luz infrarroja; pudiéndose configurar para medir separadamente la luz visible, la luz infrarroja o ambos.

Este chip se alimenta con un voltaje de entre 2,7 V y 3,6 V y funciona como mucho a 0,5 mA, por lo que es ideal para sistemas de bajo consumo. Su sistema de comunicación con el exterior es el protocolo I^2C, por lo que en la plaquita breakout en la que se comercializa, además de los contactos de alimentación y tierra, aparecen los contactos "SDA" (a conectar al pin analógico nº 4 de Arduino) y "SCL" (a conectar al pin analógico nº 5 de Arduino).

La exactitud de este sensor tiene un "precio", y es la dificultad de su uso: además de la propia complejidad interna que aporta del protocolo I^2C, para deducir la cantidad de luminosidad exacta leída por el chip se han de utilizar muchos cálculos matemáticos poco intuitivos. Afortunadamente, Adafruit ofrece una librería Arduino propia que facilita mucho la obtención e interpretación de datos, descargable desde https://github.com/adafruit/TSL2561-Arduino-Library. Por falta de espacio no podemos profundizar en el uso de esta librería, pero si se quiere empezar a aprender a usarla, después de instalarla como cualquier librería Arduino, recomiendo observar el código comentado de los sketches de ejemplo que vienen junto con la librería.

El sensor analógico TEMT6000

También existen chips sensores de luz con comportamiento analógico. Un ejemplo es el TEMT6000, distribuido en forma de plaquita breakout por Sparkfun (producto nº 8688). Este sensor tiene la ventaja de ser mucho más preciso que un fotorresistor (reacciona mejor a cambios de iluminación en un rango mayor) sin añadir más complejidad a nuestros circuitos. Está adaptado a la sensibilidad del ojo humano, por lo que no reacciona ante la luz infrarroja o ultravioleta.

Las conexiones de la plaquita breakout distribuida por Sparkfun son muy simples: el conector "VCC" puede ir conectado directamente al pin "5V" de la placa Arduino, el conector "GND" a tierra" y el conector "SIG" a cualquier entrada analógica de Arduino. Cuanto más voltaje leamos del sensor, más iluminado estará el entorno.

<u>Ejemplo 7.6</u>: Su programación también es muy simple. He aquí un ejemplo:

```
int pinsensor = 0; //Entrada analógica donde está conectado el sensor
void setup() {
  Serial.begin(9600);
}
void loop() {
  int lectura;
  lectura = analogRead(pinsensor);
  Serial.println(lectura); //0=muy oscuro; 1023=muy iluminado
  delay(100);
}
```

Otra plaquita breakout que incluye el mismo chip TEMT6000 es la distribuida por Freetronics bajo el nombre de "Light sensor module". Igualmente, dispone de tres conectores (VCC, GND y OUT) para comunicarse con nuestra placa Arduino y se programa exactamente igual.

Otra plaquita breakout muy parecida (con también los tres conectores y programable de la misma forma) es la llamada "AMBI Light sensor" de Modern Device, pero esta incluye otro chip, el GA1A1S201WP.

SENSORES DE LUZ INFRARROJA

Fotodiodos y fototransistores

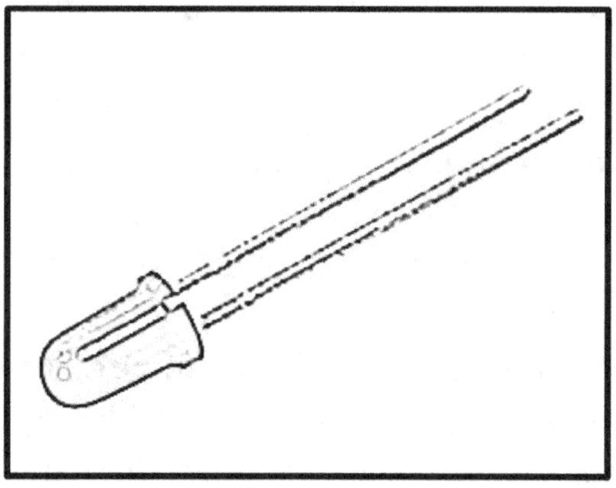

Un fotodiodo es un dispositivo que, cuando es excitado por la luz, produce en el circuito una circulación de corriente proporcional (y medible). De esta manera, pueden hacerse servir como sensores de luz, aunque, si bien es cierto que existen fotodiodos especialmente sensibles a la luz visible, la gran mayoría lo son sobre todo a la luz infrarroja. Se pueden adquirir en cualquier distribuidor de componentes básicos, tales como Mouser o Jameco, por poner un par de ellos. Ejemplos de dispositivos concretos que nos pueden venir bien son (el código es del fabricante) el TEFD4300F, el BPV22F, el BPV10NF o el SFH235FA.

Hay que tener en cuenta que, a pesar de tener un comportamiento en apariencia similar a los LDRs, una diferencia muy importante respecto estos (además de la sensibilidad a otras longitudes de onda) es el tiempo de respuesta a los cambios de oscuridad a iluminación, y viceversa, que en los fotodiodos es mucho menor.

Igual que los diodos estándar, los fotodiodos poseen un ánodo y un cátodo, pero atención, para que funcione como deseamos, un fotodiodo siempre se ha de conectar al circuito en polaridad inversa. Eso sí, igual que ocurre con los diodos comunes, normalmente el ánodo es más largo que el cátodo (en caso de ser de igual longitud, el cátodo deberá estar marcado de alguna forma).

Su funcionamiento interno es el siguiente: cuando el fotodiodo está polarizado en directa, la luz que incide sobre él no tiene un efecto apreciable y por tanto el dispositivo se comporta como un diodo común. Cuando está polarizado en inversa y no le llega ninguna radiación luminosa, también se comporta como un diodo normal ya que los electrones que fluyen por el circuito no tienen energía suficiente para atravesarlo, con lo que el circuito permanece abierto. Pero en el momento en el que el fotodiodo recibe una radiación luminosa dentro de un rango de longitud de onda adecuado, los electrones reciben suficiente energía para poder "saltar" la barrera del fotodiodo en inversa y continuar su camino.

<u>Ejemplo 7.7</u>: Para probar su comportamiento, podemos utilizar un circuito como el de la página siguiente. Este circuito es idéntico al que ya vimos con los LDRs, sustituyendo estos por un fotodiodo (el cual se identifica por un nuevo símbolo que no habíamos visto hasta ahora). El valor de su divisor de tensión dependerá de la cantidad de luz (infrarroja) presente en el ambiente: resistencias mayores mejoran la sensibilidad cuando solo hay una fuente de luz y resistencias menores la mejoran cuando hay muchas (el propio sol o las lámparas son fuentes de infrarrojos); un valor de 100 KΩ puede ir bien para empezar. Fijémonos además que es el cátodo del fotodiodo (el terminal más corto, recordemos) el que se conecta a la alimentación.

El funcionamiento de este circuito es el siguiente: mientras el fotodiodo no detecte luz infrarroja, por la entrada analógica de la placa Arduino (en este caso la número 0) se medirá un voltaje de 0 V porque el circuito actuará como un circuito abierto. A medida que vaya aumentando la intensidad lumínica sobre el fotodiodo, aumentará la cantidad de electrones que lo traspasa (es decir, la intensidad de corriente). Esto implica que, al ser la resistencia "pull-down" fija, por la Ley de Ohm el voltaje medido en el pin de entrada analógico también aumentará, hasta llegar un momento en el cual al recibir mucha luz el fotodiodo no cause apenas resistencia al paso de los electrones y por tanto la placa Arduino lea un voltaje máximo de 5 V.

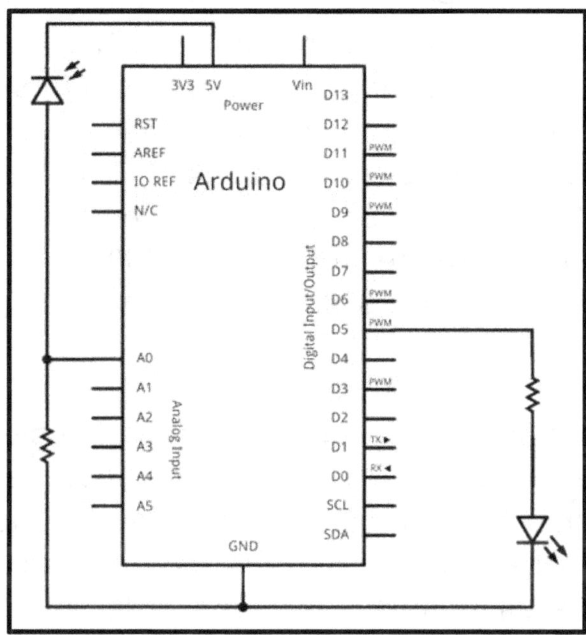

Hemos añadido un LED conectado al pin de salida PWM nº 5 tal como hicimos cuando vimos los LDRs para tener una manera visible (nunca mejor dicho) de detectar la incidencia de luz infrarroja sobre el fotodiodo. Tal como se puede observar en el código utilizado (mostrado a continuación), hemos hecho depender la intensidad del brillo del LED de la cantidad de luz infrarroja detectada por el fotodiodo: cuanta más radiación infrarroja se reciba, más iluminado estará el LED.

```
int valorfotodio;    //Valor obtenido del fotodiodo
int brilloLED;       //Valor enviado al LED
void setup(void) {
    Serial.begin(9600);
}
void loop(void) {
    valorfotodio = analogRead(0);
    Serial.println(valorfotodio);
    /*El brillo del LED es proporcional a la
     cantidad de luz infrarroja recibida */
    brilloLED = map(valorfotodio, 0, 1023, 0, 255);
    analogWrite(5, brilloLED);
    delay(100); //Para que se pueda ver el nuevo brillo
}
```

Podemos jugar a aproximar el fotodiodo del ejemplo anterior a diferentes fuentes de luz infrarroja (prácticamente cualquier objeto relativamente caliente funciona como tal), pero lo más conveniente es añadir al circuito anterior una fuente de infrarrojos algo más manejable. Lo más habitual para ello es utilizar un LED emisor de infrarrojos. Simplemente conectando su ánodo al pin 5 V de la placa Arduino y su cátodo a tierra (a través de un divisor de tensión, de 220 Ω está bien) ya tendríamos una fuente constante y estable de radiación infrarroja. Si quisiéramos una fuente de emisión controlable, no tendríamos más que conectarlo como cualquier otro LED: su ánodo a un pin de salida de la placa Arduino (digital o PWM según lo que queramos) y su cátodo a tierra (a través de un divisor de tensión también, lógicamente). Sparkfun distribuye un LED emisor de infrarrojos de 850 nm con nº de producto 9469 y otro de 950 nm con nº de producto 9349. Adafruit distribuye un LED de 940 nm con nº de producto 387.

Otro tipo de sensores de luz además de los fotodiodos son los llamados fototransistores, es decir, transistores sensibles a la luz (también normalmente infrarroja). Su funcionamiento es el siguiente: al incidir luz sobre su base, en ella se genera una corriente que lleva al transistor a un estado de conducción. Por tanto, un fototransistor es igual a un transistor común con la única diferencia de que la corriente de base I_b es dependiente de la luz recibida. De hecho, existen fototransistores que pueden trabajar de las dos formas: o bien como fototransistores o bien como transistores comunes con una corriente de base I_b concreta dada.

El fototransistor es mucho más sensible que el fotodiodo (por el efecto de ganancia del propio transistor), ya que las corrientes que se pueden obtener con un fotodiodo son realmente limitadas. De hecho, se puede entender un fototransistor como una combinación de fotodiodo y amplificador, por lo que, en realidad, si quisiéramos construir un fototransistor casero, bastaría con agregar a un transistor común un fotodiodo, conectando el cátodo del fotodiodo al colector del transistor y el ánodo a la base. En esta configuración, la corriente que entrega el fotodiodo (que circularía hacia la base del transistor) se amplificaría β veces.

En muchos circuitos podemos encontrar un fototransistor a poca distancia de un LED emisor de infrarrojos de una longitud de onda compatible. Esta pareja de componentes es útil para detectar la interposición entre ellos de un obstáculo (debido a la interrupción del haz de luz) y actuar por tanto como interruptores ópticos. Se pueden utilizar en multitud de aplicaciones, como por ejemplo en detectores del paso de una tarjeta de crédito (en un cajero) o de la introducción del papel (en una impresora) o como tacómetros, entre muchas otras. Un tacómetro es un dispositivo que cuenta las vueltas por minuto que realiza un obstáculo sujeto a una rueda o aspa que gira (normalmente debido al funcionamiento de un motor); es decir, sirve para medir la velocidad de giro de un objeto.

Podemos adquirir ya de fábrica bajo un encapsulado común la pareja de componentes LED más fototransistor con el nombre genérico de "fotointerruptor". En Sparkfun por ejemplo distribuyen uno con el código nº 9299, el cual consta de dos terminales correspondientes al ánodo y cátodo del LED, y dos terminales correspondientes al colector y emisor de un fototransistor NPN. Por lo general, querremos conectar los terminales del LED a un circuito cerrado continuamente alimentado (ánodo a fuente, cátodo a tierra), el terminal del colector del fotointerruptor a una fuente de alimentación y el terminal del emisor del fotointerruptor a una entrada digital de nuestra placa Arduino, para poder detectar así la aparición de corriente cuando se reciba iluminación. Por otro lado, tanto esta entrada de la placa Arduino como el emisor deberían estar conectados a tierra a través de la misma resistencia "pull-down", para obtener unas lecturas más estables (un valor típico de 10 KΩ puede funcionar, pero dependiendo del circuito tal vez se necesiten valores mayores).

También podemos encontrar la pareja LED infrarrojo más fototransistor en unos componentes llamados "optoacopladores" o "optoaislador". Su representación esquemática suele ser así:

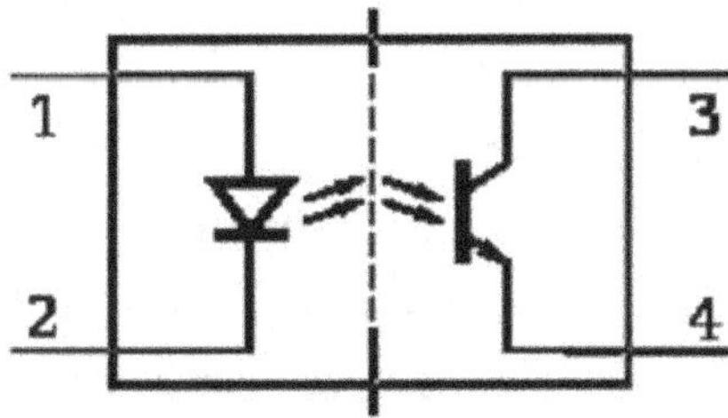

A grandes rasgos un optoacoplador actúa como un circuito cerrado cuando llega luz desde el LED a la base del transistor y abierto cuando el LED está apagado. Su principal función es controlar y a la vez aislar dos partes de un circuito que normalmente trabajan a tensiones diferentes (tal como lo haría un transistor común, pero de una forma algo más segura). Físicamente suelen ser chips que ofrecen como mínimo cuatro patillas (igual que los fotointerruptores): dos correspondientes a los terminales del LED y dos correspondientes al colector y emisor del fototransistor (aunque pueden tener una patilla más correspondiente a la base si se permite controlar la intensidad que fluye por esta también de forma estándar). Ejemplos de optoacopladores son el 4N35 o el CNY75, fabricados por varias empresas y disponibles en Mouser, Jameco y similares.

La pareja LED-fototransistor también es útil para detectar objetos situados a pequeñas distancias de ella. Esto lo estudiaremos en el apartado correspondiente a los sensores de distancia.

Control remoto

Una utilidad práctica inmediata de una pareja emisor-receptor de infrarrojos (como un LED y un fotodiodo/fototransistor) ubicados a una cierta distancia es el envío de "mensajes" entre ellos. Es decir, ya que la luz infrarroja no es visible (y por tanto, no "molesta"), se pueden emitir pulsos de determinada duración y/o frecuencia que pueden ser recibidos y procesados a varios metros de distancia sin que "se note". El dispositivo que los reciba deberá entonces estar programado para realizar diferentes acciones según el tipo de pulso leído. Sparkfun por ejemplo vende un "pack" con ambos componentes, con número de producto 241.

De hecho, cualquier dispositivo que funcione con un "mando a distancia" funciona de forma parecida porque en su parte frontal he de tener un sensor de infrarrojos (también llamados sensores "IR", del inglés "infra-red") que reciba las señales infrarrojas emitidas por el mando. Y lo que hay dentro de este es básicamente un LED que emite pulsos de luz infrarroja siguiendo un determinado patrón que señala al dispositivo la orden a realizar: existe un código de parpadeos para encender el televisor, otro para cambiar de canal, etc.

En el párrafo anterior hablamos de "sensores IR" y no de fotodiodos/fototransistores porque los primeros son algo más sofisticados. Concretamente, los sensores IR no detectan cualquier luz infrarroja, sino solo aquella que (gracias a que incorporan un filtro pasa-banda interno y un circuito demodulador) está modulada mediante una onda portadora de una frecuencia de 38 KHz $\pm$ 3 KHz. Esto básicamente quiere decir solo las señales cuya información es transportada mediante una onda de 38 KHz serán leídas. Esto es así para evitar que los sensores IR se "vuelvan locos" al recibir la luz infrarroja que existen proveniente de todos lados (sol, luz eléctrica...): de esta forma solo responden a emisiones muy concretas ya estandarizadas.

Otra diferencia con los fotodiodos/fototransistores es que los sensores IR ofrecen una respuesta binaria: si detectan una señal IR de 38 KHz el valor que se puede leer de ellos en la mayoría de los casos es LOW (0 V), y si no detectan nada, su lectura ofrece un valor HIGH (5 V). Este comportamiento es lo que se suele llamar "activo a bajo, o "low-active".

Ejemplos de sensores IR pueden ser el TSOP32838 de Vishay (producto nº 157 de Adafruit o nº 10266 de Sparkfun) o el GP1UX311QS. Como características más destacadas tienen que su rango de sensibilidad está entre longitudes de onda de 800 nm a 1100 nm con un máximo de respuesta en 940 nm y que necesitan alrededor de 5 V y 3 mA para funcionar. Sparkfun también comercializa (con código de producto 8554) una plaquita breakout muy simple con otro sensor IR, el chip TSOP85.

El chip TSOP32838 ofrece tres patillas: teniendo de cara su dorso semiesférico, la patilla de más a la izquierda es la salida digital que ofrece el sensor, la patilla central ha de estar conectado a tierra y la patilla de más a la derecha ha de conectarse a la alimentación (de entre 2,5 V y 5,5 V).

<u>Ejemplo 7.8</u>: Para probar su funcionamiento, podríamos diseñar un circuito como el siguiente. El divisor de tensión para el LED puede ser de entre 200 y 1000 ohmios También se podría haber añadido un divisor de tensión de entre 100 y 900 Ω en serie a la patilla de alimentación del sensor y además, un condensador by-pass de 1 µF conectado entre esta y tierra para estabilizar el comportamiento del sensor, pero no es imprescindible.

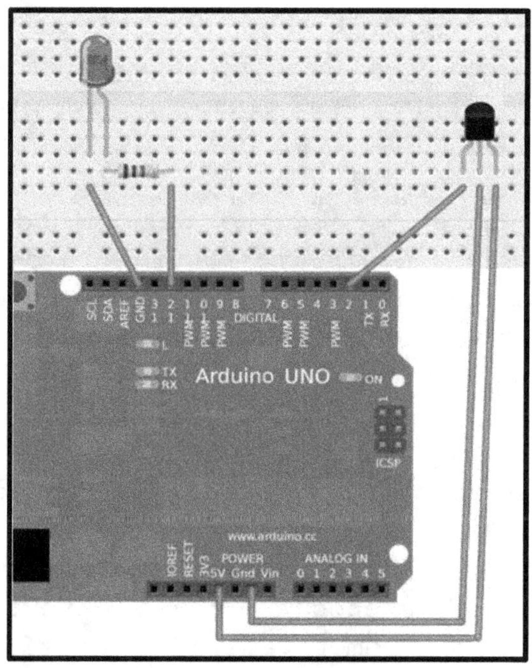

La idea es encender durante unos instantes el LED cuando el sensor IR detecte una señal infrarroja. Pero atención, no vale cualquier señal infrarroja, sino solamente aquella modulada a 38 KHz. Por tanto, para probar este circuito, no podemos usar un LED infrarrojo cualquiera: deberemos usar algún mando de control remoto que tengamos a mano (de un televisor, un reproductor de DVD, un computador, etc.). Una vez cargado en la placa Arduino el sketch presentado a continuación, si apuntamos con ese mando al sensor IR y pulsamos algunos de sus botones, deberíamos ver que el LED se ilumina. De esta manera, estaremos utilizando el sensor IR como si fuera un interruptor, el cual ilumina el LED mientras detecta esa señal y lo apaga cuando ya no la detecta.

El sketch necesario para que el circuito anterior funcione como deseemos es el siguiente (la salida del sensor está conectada a la entrada digital nº 2 de la placa Arduino y el LED está conectado a su salida digital nº 12):

```
int irPin=2;
int ledPin=12;
void setup() {
    pinMode(irPin,INPUT);
    pinMode(ledPin,OUTPUT);
}
void loop() {
/*Ya que la señal emitida por el sensor es normalmente HIGH, cuando
se pulsa el botón de un mando, esta cambia a LOW. Lo que hace la
función pulseIn()es pausar el sketch hasta que se detecte una señal
LOW, cuya duración en realidad no nos interesa pero lógicamente
siempre será mayor de cero. Por tanto, si se cumple la condición del
if significa que se ha pulsado un botón de un mando */
        if(pulseIn(irPin,LOW) > 0) {
/*Es necesario esperarse un tiempo determinado (que dependerá del
modelo concreto de mando a distancia) tras la detección de la primera
señal LOW debido a que cada pulsación de botón produce múltiples
oscilaciones entre valores HIGH y LOW. Aunque físicamente no tiene
nada que ver, podemos entender esta espera como si fuera una manera
de evitar un "bounce" (fenómeno estudiado cuando tratamos los
pulsadores). Una vez transcurrido ese tiempo de espera, la señal del
sensor debería haber vuelto a su estado de reposo (valor HIGH).*/
            delay(100);
/*Mantenemos encendido el LED durante unos cuantos milisegundos.
Durante este tiempo el sketch no podrá detectar otras pulsaciones
provenientes del control remoto. También podríamos haber enviado un
mensaje al "Serial monitor" notificando la pulsación. */
            digitalWrite(ledPin,HIGH);
            delay(200);
            digitalWrite(ledPin,LOW);
        }
}
```

Sin embargo, más allá de aquí no podremos hacer gran cosa con nuestro Arduino si no conocemos los patrones concretos de pulsos IR emitidos por el mando a distancia utilizado. Es decir, para evitar que un mando a distancia Sony pueda cambiar los canales de un televisor Philips (por ejemplo), cada marca utiliza una codificación distinta para sus señales, aunque todas estén moduladas a 38 KHz. Es decir, cada marca emite diferentes duraciones, secuencias y combinaciones de señales HIGH y LOW, para evitar así posibles interferencias. Por lo tanto, si queremos controlar una placa Arduino mediante un mando a distancia de algún aparato que tengamos a mano de una determinada marca, deberíamos conocer primero el protocolo utilizado por este para que nuestra placa lo procese adecuadamente. Y también a la inversa: si queremos controlar remotamente un electrodoméstico de una determinada marca mediante una placa Arduino (que haría en este caso de mando a distancia) deberíamos conocer el protocolo de comunicación reconocido por ese electrodoméstico. Desgraciadamente, hay casi tantos patrones de pulsos IR como aparatos, pero tenemos varias soluciones para ello.

La primera sería adquirir una pareja de mando a distancia más sensor IR que fueran compatibles de fábrica, sin tenernos que preocupar de su protocolo interno de comunicación. En este sentido, podemos adquirir el "IR Kit" de DFRobot (producto nº DFR0107), que incluye un mando a distancia y un sensor IR compatible (con nº de producto DFR0094 si se adquiere por separado). Este sensor viene dentro de una plaquita breakout con tres pines (5V, GND y señal digital) que podemos conectar muy fácilmente a nuestra placa Arduino o a una breadboard. Lo interesante es que este kit viene acompañado de una librería descargable de la web del producto, que permite a nuestra placa Arduino interpretar de una forma adecuada los datos recibidos por el pin de señal digital del sensor IR.

Otra alternativa similar es la adquisición, en Adafruit, de la pareja formada por el mando a distancia con nº de producto 389 (que sí se sabe que utiliza el patrón de señales NEC) y el sensor IR TSOP38238, utilizado en el circuito de ejemplo anterior. Si se utiliza con el mando a distancia indicado, este sensor puede ser controlado mediante una librería propia de Adafruit, la "Adafruit NEC Remote Control Library", descargable de https://github.com/adafruit/Adafruit-NEC-remote-control-library

Sparkfun por su parte distribuye un kit completo con nº de producto 10783, el cual incluye un mando a distancia (con nº de producto 10280 si se adquiere por separado), un par de sensores IR también de modelo TSOP38238 y además un par de LEDs IR también. Para poder procesar correctamente las señales emitidas por el mando a distancia distribuido en este kit (y solo ese mando en particular), no existe una librería oficial, pero en la página del producto se nos ofrece un código Arduino de ejemplo donde se hace uso de una función propia muy sencilla de utilizar llamada *getIRkey()*, la cual devuelve el código numérico correspondiente al botón pulsado en ese momento (o 0 si no hay pulsado ninguno). Por otro lado, junto con el mismo mando a distancia, también se puede utilizar la plaquita breakout con nº de producto 8554 mencionada unos párrafos más arriba; en este caso, sí se puede utilizar una librería, disponible en https://github.com/konstantint/ArduinoSparkfunIRReceiver.

Otro enfoque diferente a las soluciones anteriores para conseguir el control remoto de nuestro proyecto es no utilizar ningún mando a distancia, sino construírselo uno mismo. Es más fácil de lo que puede parecer a priori, ya que para emitir una señal infrarroja modulada a 38 KHz lo único que se necesita es un simple LEDs infrarrojo. Eso sí, es necesario controlarlo de tal forma que pueda encenderse y apagarse a 38 KHz el número de veces que sea necesario. Es decir, si queremos emitir con un LED infrarrojo una señal HIGH que dure (por ejemplo) un segundo y el LED simplemente permanece encendido durante ese tiempo y ya está, el sensor IR no detectará nada porque la señal no está modulada. Para poder modular esa señal HIGH el LED deberá encenderse y apagarse 38000 veces durante ese segundo. De esta manera, el sensor IR reconocerá ese patrón de frecuencia e interpretará que le ha llegado un pulso. Si quisiéramos emitir una señal LOW, con mantener el LED apagado ya valdría.

Pensando en esta aplicación, Sparkfun incluso comercializa una plaquita breakout (con código 10732) que incluye un LED infrarrojo y un transistor, de forma que la luz emitida tenga una mayor intensidad y sea más fácilmente captarla a mayores distancias. Tan solo es necesario enviar la señal modulada a la base del transistor (correspondiente al conector de la plaquita etiquetado como "CTL"), además de alimentar dicha plaquita y conectarla a tierra.

Ejemplo 7.9: A continuación, se muestra un código de ejemplo de la emisión de un patrón ficticio de pulsos modulados a 38 KHz, repetido infinitamente cada segundo. Este patrón está formado por pulsos de diferente duración, separados por intervalos de tiempo también de distinta duración. Así se pretende simular el patrón de un producto comercial cualquiera, en el cual los pulsos suelen ser de distinta longitud y aparecer en intervalos diferentes. Supondremos que el LED está conectado directamente al pin de salida digital nº 8 de la placa Arduino (y a tierra, a través de un divisor de tensión, como siempre).

```
void setup(){
    pinMode(8, OUTPUT);
}
void loop(){
    pulseIR(2080);//Emito un pulso modulado durante 2080 µs
    delay(27);     //No emito nada durante 27 milisegundos
    pulseIR(440); //Emito un segundo pulso modulado durante 440 µs
    delayMicroseconds(1500);//No emito nada durante 1500 µs
    pulseIR(460);
    delayMicroseconds(3440);
    pulseIR(480);
    delay(1000);
}
/*Esta función envía un pulso modulado a 38KHz
de una duración determinada por su parámetro.*/
void pulseIR(long microsecs) {
    cli();
    /*Voy pasando los periodos que "caben"
    en el intervalo de tiempo especificado */
    while (microsecs > 0) {
/*Una frecuencia de 38KHz equivale a un periodo de 26 microsegundos:
durante 13 microseconds (semiperiodo) la señal ha de ser HIGH y
durante 13 microseconds será LOW */
        digitalWrite(8,HIGH);
/*Es conocido que la ejecución de la función digitalWrite tarda sobre
3 microsegundos, por lo que tras ella espero 10 microsegundos más */
        delayMicroseconds(10);
        digitalWrite(8, LOW);        //Se tarda también 3 µs
        delayMicroseconds(10);       //Me espero 10 µs más
        microsecs = microsecs - 26;  //Ya se ha cumplido un periodo
    }
    sei();
}
```

En el código anterior aparecen dos funciones del lenguaje Arduino que no habíamos visto hasta ahora: **cli()** y **sei()**. La función *cli()* sirve para desactivar ciertas tareas que la placa Arduino siempre está realizando constantemente en segundo plano (tales como escuchar posibles datos recibidos por el puerto serie, llevar la cuenta del tiempo, etc.). Cuando se están tratando señales de alta velocidad, es muy recomendable mantener la placa Arduino lo más inactiva posible para poder realizar un seguimiento preciso y limpio. La segunda sirve para volver activar estas tareas.

<u>Ejemplo 7.10</u>: No serviría de nada tener un emisor de pulsos modulados si no tenemos un sensor que los reconozca. Para ello, utilizaremos el sensor IR TSOP38238 (con su salida conectada al pin nº 2 de la placa Arduino) y el siguiente código, el cual mostrará por el Serial monitor la duración de los pulsos modulados recibidos (valores HIGH), y el tiempo existentes entre ellos (en realidad, la duración de los pulsos LOW). Con este código, de hecho, podremos conocer los patrones de cualquier mando a distancia comercial y por tanto, podremos construirnos un clon:

```
//Pin de la placa Arduino donde está conectada la salida del sensor
const byte irPin=2;
//Duración máxima que reconoceremos para un pulso (¡65 ms es mucho!)
const int MAXPULSO = 65000;
/*Resolución temporal que utilizaremos. Cuanto menor sea su valor,
más precisa será la lectura de la señal, pero si es demasiado pequeño
puede haber problemas de sincronización. El valor de 20 suele ser el
adecuado en la mayoría de los casos*/
const byte RESOLUCION = 20;
/*Guardaremos 100 parejas formadas por un pulso (valor HIGH) y su
valor LOW siguiente. Para ello hacemos uso de un array bidimensional:
el valor HIGH de la primera pareja se guardará en el elemento
pulsos[0][0], el valor LOW de la primera pareja se guardará en el
elemento pulsos[0][1], el valor HIGH de la segunda pareja se guardará
en el elemento pulsos[1][0], el valor LOW de la segunda pareja se
guardará en el elemento pulsos[1][1], el valor HIGH de la tercera
pareja se guardará en el elemento pulsos[2][0], y así. */
word pulsos[100][2];
//Índice del pulso que estamos guardando en ese momento en el array
byte pulsoactual = 0;
setup(){
     Serial.begin(9600);
}
loop(){
     word contadortiempohigh =0;
     word contadortiempolow  =0;
/*La siguiente línea es igual a "while(digitalRead(irPin)){", pero no
la escribimos así porque la función digitalRead() es demasiado lenta
para poder leer las rápidas variaciones de la señal modulada. Por
tanto, hemos recurrido a código C optimizado para la plataforma AVR,
el cual nos da un acceso más directo al hardware de la placa. No
profundizaremos más en ello. */
     //Mientras se recibe una señal HIGH
     while ((PIND & _BV(irPin))) {
          contadortiempohigh++;
```

```
                    //Cuento unos cuantos microsegundos más
                    delayMicroseconds(RESOLUCION);
/*Si el pulso es demasiado largo significa que ya se acabó el patrón,
por lo que lo imprimimos, nos preparamos para rellenar otra vez el
array y, mediante la función return, volvemos al inicio de la función
loop()*/
        if ((contadortiempohigh >= MAXPULSO) && (pulsoactual != 0)) {
                    printpulsos();
                    pulsoactual=0;
                    return;

            }

        }
        /*Ya se ha dejado de recibir un pulso HIGH,
         por lo que guardamos el tiempo que ha durado.*/
        pulsos[pulsoactual][0] = contadortiempohigh;
        //Seguimos leyendo el siguiente pulso de la señal por el pin 2
        //Mientras se recibe una señal LOW
        while (!(PIND & _BV(irPin))) {
            contadortiempolow++;
            delayMicroseconds(RESOLUCION);
        if ((contadortiempolow >= MAXPULSO) && (pulsoactual != 0)) {
                    printpulsos();
                    pulsoactual=0;
                    return;

            }
        }
        pulsos[pulsoactual][1] = contadortiempolow;
//Hemos leído una pareja de valores HIGH-LOW con éxito. Continuamos
        pulsoactual++;
}
void printpulsos() {
        byte i;
        Serial.println("OFF \tON");
        for (i = 0; i < pulsoactual; i++) {
            Serial.print(pulsos[i][0]  * RESOLUCION);
            Serial.print(" usec, ");
            Serial.print(pulsos[i][1]  * RESOLUCION);
            Serial.println(" usec");

        }
}
```

De todas formas, existe una forma mucho más sencilla de poder utilizar señales moduladas: descargar e instalar la librería "Arduino IR", disponible en la página https://github.com/shirriff/Arduino-IRremote . Con ella no tendremos ni que adquirir ningún nuevo mando específico (por lo que podremos reciclar alguno que tengamos a mano de un aparato ya inútil) ni tampoco tendremos que investigar su patrón particular para poderlo controlar. Esta librería permite que nuestra placa Arduino pueda tanto enviar como recibir códigos de control remoto en múltiples patrones ya incluidos "de fábrica" (soporta los protocolos NEC, Sony SIRC, Philips RC5 y RC6, y muchos más) e incluso tiene un mecanismo para añadirle más protocolos si es necesario. Con ella, nuestra placa Arduino incluso podría funcionar como un reenviador de códigos, recibiéndolos de un mando a distancia comercial y retransmitiéndolos a otro lugar. Veamos algún ejemplo.

<u>Ejemplo 7.11</u>: Suponiendo que tenemos conectado el sensor IR TSOP38238 (u otro similar) a un pin de entrada digital cualquiera de Arduino, el siguiente código muestra por el "Serial monitor" los comandos recibidos de un mando a distancia cualquiera.

```
#include <IRremote.h>
/*Pin de entrada digital de la placa Arduino donde
 hemos colocado la patilla de señal del receptor */
int pinreceptor = 11;
//Creo un objeto llamado "irrecv" de tipo IRrecv
IRrecv irrecv(pinreceptor);
//Declaro una variable de un tipo especial, "decode_results".
decode_results resultados;
void setup(){
  Serial.begin(9600);
  irrecv.enableIRIn(); //Inicio el receptor
}
void loop() {
/*Miro si se ha detectado algún patrón IR modulado. Si es así, lo leo
y lo guardo enteramente en la variable especial "resultados", en
forma de número hexadecimal*/
  if (irrecv.decode(&resultados) !=0) {
        /*Primero miro qué tipo de patrón comercial es,
        si es que es de alguno reconocido por la librería */
        if (results.decode_type == NEC) {
                Serial.print("NEC: ");
        } else if (results.decode_type == SONY) {
                Serial.print("SONY: ");
        } else if (results.decode_type == RC5) {
                Serial.print("RC5: ");
        } else if (results.decode_type == RC6) {
                Serial.print("RC6: ");
          } else if (results.decode_type == UNKNOWN) {
                  Serial.print("Desconocido: ");
```

```
      }
    /*Y seguidamente muestro el patrón recibido
    (en formato hexadecimal) por el canal serie */
    Serial.println(resultados.value, HEX);
    /*Una vez el patrón ha sido decodificado, reactivo otra vez la
    escucha para poder detectar el siguiente posible patrón */
    irrecv.resume();
  }
/*Aquí se pueden hacer otras cosas mientras
 se espera a recibir un comando IR*/
}
```

Tal como se expresa en los comentarios del código anterior, la función *decode()* no es bloqueante; esto quiere decir que el sketch puede realizar otras operaciones mientras se está esperando la detección de un patrón nuevo.

Cada botón de un mando a distancia está asociado a un patrón particular (generalmente de 12 a 32 pulsos) identificable mediante un número hexadecimal. Si el botón se mantiene pulsado, este código usualmente es repetido constantemente, aunque existen mandos que solo envían el código una sola vez y utilizan otros métodos para detectar el fin de una pulsación (como marcas de final de pulsación o códigos especiales que funcionan como contadores, etc.).

Ejemplo 7.12A: Una vez conocido el patrón de un mando a distancia, podemos desarrollar sketches que hagan reaccionar a nuestra placa Arduino según el botón que haya sido pulsado. Por ejemplo, en el siguiente sketch podemos observar por el "Serial monitor" el botón pulsado de un mando a distancia de un televisor, concretamente de la marca Sony.

```
#include <IRremote.h>
int pinreceptor = 11;
IRrecv irrecv(pinreceptor);
decode_results resultados;
void setup(){
  Serial.begin(9600);
  irrecv.enableIRIn();
}
void loop(){
    int i;
    if (irrecv.decode(&resultados)!=0) {
```

```
            accion();
            /*Los mandos Sony envían 3 veces el mismo patrón repetido.
            Este "for" sirve para ignorar el 2° y 3° patrón.*/
            for (i=0; i<2; i++) {
                //Recibo el siguiente patrón y no hago nada
                irrecv.resume();
            }
        }
    }
}
void accion() {
  switch(results.value)  {
    case 0x37EE: Serial.println("Favoritos"); break;
    case 0xA90: Serial.println("Encendido/Apagado"); break;
    case 0x290: Serial.println("Mute"); break;
    case 0x10:  Serial.println("1"); break;
    case 0x810: Serial.println("2"); break;
    case 0x410: Serial.println("3"); break;
    case 0xC10: Serial.println("4"); break;
    case 0x210: Serial.println("5"); break;
    case 0xA10: Serial.println("6"); break;
    case 0x610: Serial.println("7"); break;
    case 0xE10: Serial.println("8"); break;
    case 0x110: Serial.println("9"); break;
    case 0x910: Serial.println("0"); break;
    case 0x490: Serial.println("Aumentar volumen"); break;
    case 0xC90: Serial.println("Disminuir volumen"); break;
    case 0x90:  Serial.println("Aumentar canal"); break;
    case 0x890: Serial.println("Disminuir canal"); break;
    default: Serial.println("Otro botón");
  }
  delay(500);
}
```

<u>Ejemplo 7.12B</u>: Para hacer lo contrario, es decir, para enviar un patrón comercial determinado mediante un LED infrarrojo conectado a nuestra placa Arduino, sería tan sencillo como ejecutar un sketch similar al siguiente. Mediante este código de ejemplo, nuestra placa Arduino encenderá (o apagará) un televisor que utilice el protocolo de Sony cada vez que reciba cualquier dato a través de su canal serie. Un detalle muy importante a tener en cuenta es que para que el código siguiente funcione, el LED infrarrojo ha de estar conectado obligatoriamente al pin digital de salida nº 3 de nuestra placa Arduino.

```
#include <IRremote.h>
IRsend irsend;
void setup(){
  Serial.begin(9600);
}
void loop() {
  if (Serial.read() != -1) {
  /*El patrón se ha de enviar tres veces porque
  el protocolo Sony lo establece así */
      for (int i = 0; i < 3; i++) {
/*La función sendSony() envía un patrón especificado como primer
parámetro perteneciente a ese protocolo (en este caso, el de
encendido/apagado). El segundo parámetro indica el número de bits que
componen ese patrón. Este número es simplemente el número de dígitos
hexadecimales de los que se compone el patrón multiplicado por 4.*/
              irsend.sendSony(0xA90, 12);
              delay(100);
          }
      }
}
```

Existen otras funciones predefinidas diferentes de *sendSony()* para poder enviar otro tipo de protocolos comerciales comunes, como por ejemplo *sendNEC()*, *sendRC5()*, *sendRC6(), sendSharp()* o *sendPanasonic()*. Todas ellas funcionan con los dos mismos parámetros. Además, se puede usar la función *sendRaw()* para enviar un patrón que no venga por defecto codificada dentro de la librería. Esta función tiene tres parámetros: el primero es un array de valores word que forman en conjunto el patrón completo, el segundo es el tamaño de ese array y el tercero es la frecuencia de modulación en KHz de la señal a enviar (que para nuestros proyectos siempre será 38). Lo más interesante de esta función es que podemos utilizarla para simular cualquier protocolo comercial a pesar de que este no venga por defecto codificado dentro de la librería. Esto lo podemos hacer eligiendo previamente de entre los sketches de ejemplo que vienen con la librería uno llamado "IRrecvDump.ino" y ejecutándolo con nuestro Arduino conectado a un sensor IR. Haciendo esto podremos observar en el "Serial monitor" precisamente los valores word a incluir en el array (el primer parámetro de *sendRaw()*), y también, entre paréntesis, el tamaño de dicho array (el segundo parámetro de *sendRaw()*).

SENSORES DE TEMPERATURA

Termistores

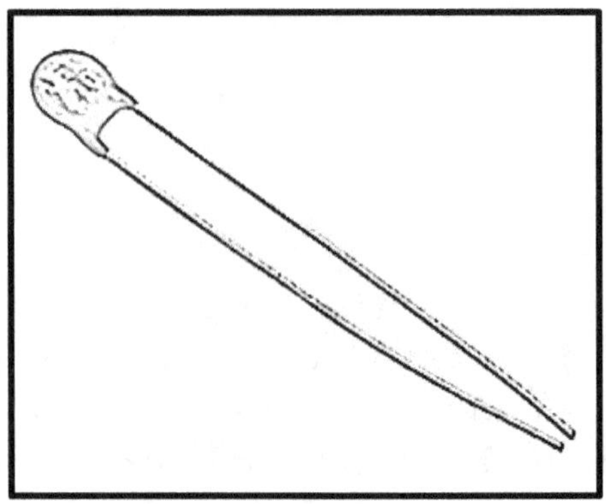

Un termistor es un resistor que cambia su resistencia con la temperatura. Técnicamente, todos los resistores son termistores ya que su resistencia siempre cambia ligeramente con la temperatura, pero este cambio es usualmente muy pequeño y difícil de medir. Los termistores están fabricados de manera que su resistencia cambia drásticamente, de tal manera que pueden cambiar 100 ohmios o más por grado centígrado.

Hay dos tipos de termistores, los llamados NTC (del inglés "negative temperature coefficient") y los PTC (de "positive temperature coefficient"). En los primeros, a medida que aumenta la temperatura, decrece su resistencia; en los segundos, a medida que aumenta la temperatura, aumenta su resistencia. En nuestros proyectos normalmente usaremos NTCs para medir temperatura; los PTCs se suelen usar más dentro de fusibles reseteables (donde si la temperatura crece, incrementan su resistencia para "ahogar" la corriente y proteger así de un posible sobrecalentamiento a los circuitos).

Los termistores son mucho más baratos que otros tipos de sensores de temperatura; además, son resistentes al agua (son solo resistores al fin y al cabo) y trabajan a cualquier voltaje. Son difíciles de estropear debido a su sencillez y son increíblemente precisos en las medidas. Por ejemplo, un termistor de 10 KΩ (valor nominal, tomado a 25 °C como referencia estándar) puede medir temperatura con un margen de error de ±0,25 °C (suponiendo que el conversor analógico-digital sea lo suficientemente preciso también). No obstante, no suelen soportar temperaturas más allá de los 100 y poco grados, y su constante de tiempo (es decir, los segundos que necesita el termistor para reducir un 63% la diferencia entre su temperatura inicial y la final) es normalmente de más de diez segundos.

Para medir la resistencia de un termistor se puede usar un multímetro, como cualquier otra resistencia. El valor que obtengamos dependerá de la temperatura del lugar donde estemos.

Si lo que queremos es medir la temperatura propiamente dicha con una placa Arduino, primero debemos medir con ella la resistencia del termistor, y a partir de ella deducir la temperatura correspondiente. Pero nuestra placa Arduino no tiene un medidor de resistencias incorporado, por lo que, al igual ya hicimos con los fotorresistores, tendremos que utilizar las entradas analógicas de la placa para detectar variaciones de voltaje y deducir a partir de estas el valor buscado de la resistencia actual. Así pues, el esquema de conexiones es idéntico al que ya usamos con los fotorresistores (y fotodiodos): debemos conectar un terminal del termistor a la alimentación (por ejemplo, el pin 5V de la placa Arduino) y el otro conectarlo en serie a un terminal de una resistencia de valor fijo (que hará de resistencia "pull-down"); el otro terminal de esta resistencia "pull-down" ha de conectarse a tierra. Además, deberemos conectar una entrada analógica de nuestra placa Arduino a un punto intermedio entre ambas resistencias para obtener una lectura de la caída de potencial entre ese punto y tierra.

Mediante el circuito acabado de describir, cuando detectemos que ese voltaje medido está aumentando, podremos deducir, por pura Ley de Ohm, que la resistencia del termistor NTC está disminuyendo y, por tanto, que la temperatura está aumentando (y viceversa: si el voltaje disminuye, la resistencia aumenta y la temperatura disminuye también). La relación exacta entre el voltaje medido y la resistencia del termistor se puede calcular de la misma manera que ya vimos cuando estudiamos los fotorresistores, mediante la fórmula $V_{med}=(R_{pull}/(R_{pull}+R_{termistor}))\cdot V_{fuente}$.

Ya sabemos también que, en realidad, V_{med} no es el voltaje con el que trabajamos en nuestra placa Arduino, porque esta utiliza siempre un conversor analógico-digital con el que realiza un "mapeo". Este mapeo convierte los valores analógicos leídos (los cuales pueden ir oscilando entre 0 V y 5 V si suponemos que el voltaje proporcionado por la fuente son 5 V) a valores digitales (que van entre 0 y 1023). Estos valores digitales son los que la placa Arduino entiende en realidad y con los que trabajaremos en nuestros sketches. La conversión de valores analógicos a digitales se puede expresar por la misma regla de proporcionalidad que vimos con los fotorresistores: $V_{convertido} = V_{med} \cdot 1023/5$. A partir de aquí, tal como hicimos con ellos, si sustituimos esta expresión en la fórmula del párrafo anterior, y despejamos de allí $R_{termistor}$ llegamos a la expresión siguiente: $R_{termistor}=(R_{pull}\cdot 1023/V_{convertido}) - R_{pull}$, la cual nos permite conocer por fin cuál es el valor actual de la resistencia del termistor a partir del voltaje digitalizado obtenido por la placa Arduino. La expresión anterior demuestra, tal como ya sabíamos, que $R_{termistor}$ es inversamente proporcional a $V_{convertido}$.

Pero ¿qué valor ha de tener R_{pull}? El valor más habitualmente empleado para la resistencia "pull-down" que acompaña a nuestro termistor es de 10 KΩ, aunque a veces también se usa 1 KΩ. Ambos son valores ampliamente utilizados, pero si queremos tener un control mayor de la sensibilidad del termistor, tendríamos que elegir su valor con algo más de criterio. Para ello, el procedimiento sería sustituir en la misma fórmula ya conocida V_{med}=(R_{pull}/(R_{pull}+$R_{termistor}$))·V_{fuente} diferentes valores numéricos concretos de $R_{termistor}$ correspondientes a temperaturas conocidas (esto se puede consultar en la tabla de equivalencia del datasheet) y elegir un valor determinado de R_{pull} : observando qué valores de V_{med} vamos obteniendo podremos elegir el valor R_{pull} que nos permita tener un rango más amplio de V_{med} sin saturarlo.

El paso natural siguiente, una vez conocido el valor de la resistencia del termistor, sería averiguar a qué temperatura se corresponde. La manera más sencilla de conseguir esto es consultar la tabla de equivalencia que siempre viene en el datasheet, donde para unos determinados valores de $R_{termistor}$ se especifica ya directamente la temperatura correspondiente.

Este sistema nos irá bien si lo único que queremos es diseñar un circuito que realice comparaciones rápidas del tipo "si la temperatura es inferior a tal haz esto y si es superior a tal haz lo otro". Si lo que queremos es, sin embargo, obtener los valores de temperatura reales y precisos, tenemos la suerte de disponer de una ecuación matemática que hace esto con muy buena aproximación (de hecho, logra errores de tan solo ±0,02 °C en un rango de 100 °C). Se trata de la ecuación de Steinhart-Hart: $\frac{1}{T} = A + B \cdot \ln(R) + C \cdot (\ln(R))^3$, donde R es el valor en ohmios del termistor en un momento dado, T es la temperatura medida en grados Kelvin (un grado Kelvin es igual a uno centígrado + 273,15) y A, B y C son coeficientes que son diferentes según el tipo y modelo del termistor (y que son válidos solamente para un determinado rango de temperaturas, especificado en el datasheet).

No obstante, como esta fórmula es algo compleja y requiere el conocimiento del valor de varios coeficientes que puede que no conozcamos, en general podemos usar una ecuación simplificada: $\frac{1}{T} = \frac{1}{T_0} + \frac{1}{B} \cdot \ln\left(\frac{R}{R_0}\right)$, donde T_0 es la llamada temperatura nominal (casi siempre 25 °C = 298,15 K), R_0 es la resistencia del termistor a esa temperatura (la llamada "resistencia nominal", dato disponible en el datasheet) y B es el único coeficiente que necesitamos saber, el cual se puede consultar en el datasheet siempre.

<u>Ejemplo 7.13</u>: Una vez sabida toda la teoría previa, ya podemos implementar el circuito de prueba y empezar a escribir código. Tal como hemos dicho, conectaremos un terminal del termistor a 5 V y el otro lo conectaremos a un terminal de la resistencia "pull-down". El otro terminal de esta última lo conectaremos a tierra y finalmente usaremos un "tercer cable" para conectar un punto central entre ambos dispositivos a un pin analógico de la placa Arduino (por ejemplo, el número 0).

El código mostrado a continuación muestra por el canal serie los valores de $R_{termistor}$, ya calculados a partir de la lectura obtenida de la entrada analógica. No se realiza ningún cálculo de temperatura.

```
const int Rpull=10000;
void setup(void) {
      Serial.begin(9600);
}
void loop(void) {
//El tipo de datos es importante para los cálculos posteriores
      float lectura;
      lectura = analogRead(0);
      Serial.print("Lectura analógica directa ");
      Serial.println(lectura);
      /*Convierto "lectura", que es un valor de voltaje,
        en resistencia, según la fórmula ya vista.*/
      lectura = (Rpull * 1023/lectura)  - Rpull);
      Serial.print("Resistencia del termistor ");
      Serial.println(lectura);
      delay(1000); //Para la estabilidad en las lecturas
}
```

El siguiente trozo de código realiza todos los cálculos necesarios para obtener la lectura en grados centígrados a partir de la ecuación de Steinhart-Hart simplificada. Estas líneas se tendrían que añadir al código anterior, justo antes de su última línea *delay(1000);*. Para que funcione además hay que declarar e inicializar una serie de variables extra: "termistorNominal" con valor 10000, "temperaturaNominal" con valor 25 y "coeficienteB" con el valor concreto de nuestro termistor (en nuestro caso, 3950).

```
float steinhart;
steinhart = media / termistorNominal;                 // (R/Ro)
steinhart = log(steinhart);                            // ln(R/Ro)
steinhart /= coeficienteB;                             // 1/B * ln(R/Ro)
steinhart += 1.0/(temperaturaNominal + 273.15); // + (1/To)
steinhart = 1.0 / steinhart;                           // Se invierte
steinhart -= 273.15;                                   // Se convierte a °C
Serial.print("Temperatura: ");
Serial.print(steinhart);
Serial.println(" *C");
```

El valor devuelto tras ejecutar las líneas anteriores es una cifra con dos dígitos decimales. ¿Esto quiere decir que se tiene una precisión de 0,01 °C? ¡No! El termistor tiene errores y el conversor analógico-digital también. Afortunadamente, podemos estimar el error de nuestra medida a partir del error nominal del termistor (dato consultable en el datasheet con el nombre de "tolerancia"). Supongamos que a la temperatura nominal (25 °C) tenemos un termistor de 10000 Ω con un error (una tolerancia) del 1%, es decir, 100 Ω. Esto implica que para esa temperatura se podrían leer valores desde 9900 Ω hasta 10100 Ω. De la ecuación de Steinhart-Hart simplificada se puede deducir que, si ese termistor tiene un coeficiente B de por ejemplo 3950, una diferencia de 450 Ω arriba y abajo representaría 1 °C de diferencia, así que un error de 100 Ω arriba y abajo (su tolerancia) significa un error de alrededor ±0,25 °C.

Desgraciadamente, aunque existen termistores con tolerancias incluso del 0,1% (los cuales permiten reducir el error hasta ±0,03 °C), la inexactitud en las medidas en realidad siempre es mayor, porque siempre existe como mínimo otra fuente de error que no podemos olvidar: el producido por el conversor analógico-digital. En el caso del conversor presente en la placa Arduino (que tiene una resolución de 10 bits), por cada bit erróneo la resistencia medida puede variar hasta 50 ohmios de la real. Esto representa un error de ±0,1 °C más a sumar a los errores anteriores. En general, por tanto, es recomendable asumir una precisión no mejor que ±0,5 °C.

También hay que tener en cuenta que el termistor sufre un autocalentamiento consecuencia de la potencia disipada, por lo que alcanza una temperatura por encima de la del ambiente, que es a su vez la temperatura que detecta. Esto obliga a limitar el valor de la tensión (o de la corriente, recordemos que P = V·I) con la que se alimenta. En este sentido, la resistencia "pull-down" es de mucha ayuda, porque funciona como un divisor de tensión.

<u>Ejemplo 7.14</u>: En general, cuando se hacen lecturas de valores analógicos, hay dos trucos y que sirven para mejorar la precisión de los resultados. Uno es utilizar el pin 3,3 V como voltaje de referencia analógico (para aumentar la precisión de la conversión analógico-digital) y el otro es tomar un conjunto de lecturas y obtener su media como el resultado a usar (para evitar fluctuaciones o ruido en las medidas).

Para conseguir el primer truco, simplemente conectaremos el pin "3V3" de la placa a su pin AREF (además de añadir una línea con *analogRead()* específica a nuestro código). Para conseguir el segundo truco, modificaremos el código para incluir bucles que recojan varias medidas (cinco están bien) y realicen las medias pertinentes. Así:

```
/*Dependiendo del número de muestras, la media
tarda más (por el bucle) pero es más suave*/
const int numMuestras=5;
const int Rpull=10000;
```

```
int muestras[numMuestras];
void setup(void) {
      Serial.begin(9600);
      analogReference(EXTERNAL);
}
void loop(void) {
      byte i;
      float media;
      for (i=0; i< numMuestras; i++) {
         muestras[i] = analogRead(0);
         delay(10);   //Para la estabilidad entre lecturas
      }
      //Calculo la media
      media = 0;
      for (i=0; i< numMuestras; i++) {
         media = media + muestras[i];
      }
      media = media/numMuestras;
      Serial.print("Lectura analógica media: ");
      Serial.println(media);
      //Convierto "media" a resistencia, según la fórmula
      media= (Rpull * 1023/media)  - Rpull);
      Serial.print("Resistencia del termistor ");
      Serial.println(media);
      delay(1000);
}
```

El chip analógico TMP36

Este chip utiliza una tecnología de estado sólido para medir la temperatura: a medida que la temperatura crece, la caída de potencial entre la Base y el Emisor de un transistor incrementa también una cantidad conocida. Amplificando este cambio de voltaje, se genera una señal analógica que es directamente proporcional a la temperatura. Este tipo de sensores son precisos, no se desgastan, no necesitan calibración, pueden trabajar bajo condiciones climáticas diversas, son bastante baratos y fáciles de usar. En Adafruit se distribuye con código de producto 165 y en Sparkfun con código 10988.

Otros detalles técnicos: su rango de temperatura va desde los -4 0°C hasta los 125 °C y su rango de voltaje de salida empieza desde 0,1 V (a los -40 °C) y aumenta 10 mV por cada grado centígrado hasta llegar a los 1,75 V (a los 125 °C). Por otro lado, para que su circuitería interna funcione, necesita estar alimentado por una fuente de entre 2,7 V y 5,5 V y 0,05 mA.

Sus conexiones son sencillas: si se tiene enfrente su parte plana (tal como se muestra en la figura), el pin de más a la izquierda (nº 1) ha de conectarse a la alimentación y el de más a la derecha (nº 3) a tierra. El pin del medio (nº 2) es el que sirve para obtener un voltaje analógico linealmente proporcional a la temperatura (e independiente del voltaje proporcionado por la fuente de alimentación). Por tanto, este pin nº 2 se tendrá que conectar a un pin analógico de entrada de nuestra placa Arduino.

Luego, para convertir el voltaje leído en temperatura, simplemente hay que utilizar la siguiente fórmula extraída del datasheet: T = (V - 0,5)*100 donde T se mediría en grados centígrados y V en voltios. Así, por ejemplo, si se mide un voltaje de 1V, la temperatura sería (1V - 0,5)*100 = 50 °C. De la fórmula anterior podemos deducir un par de cosas: que la resolución es de 10 mV por grado (tal como ya hemos comentado) y que a 0 °C existe un voltaje de 500 mV. Esta característica permite que el sensor pueda devolver lecturas de temperaturas bajo cero sin que tengamos que preocuparnos por manejar valores de voltaje negativos.

Si se desea probar este chip antes de incorporarlo a nuestros proyectos, podemos usar un multímetro en modo medición de voltaje DC. Tendremos que alimentar no obstante al chip mientras dure la medición. Para ello, podemos usar dos pilas AA (3 V entra perfectamente dentro del rango de voltaje admitido por el chip), de tal manera que conectemos su borne positivo y negativo a los pines correspondientes. El multímetro deberemos conectarlo al pin 3 (tierra) y al pin 2 para realizar la medición. En una habitación a 25 °C, el voltaje debería de ser de alrededor de 0,75 V. Se puede jugar a apretar los dedos sobre el encapsulado (para calentarlo) o ponerlo en contacto con hielo (para enfriarlo) y ver los cambios de valores medidos.

<u>Ejemplo 7.15</u>: A continuación mostramos un código Arduino que muestra por el canal serie la temperatura (ya calculada) del ambiente. El circuito tan solo consta de este componente conectado a los pines-hembra adecuados de Arduino (alimentación, tierra y pin de entrada analógico, que supondremos el nº 0), y ya está. El voltaje de alimentación podría ser 5 V como siempre o bien los 3,3 V proporcionados por el pin "3V3": los resultados son independientes de eso. Lo que sí se puede hacer es utilizar el pin "3V3" también como voltaje de referencia conectándolo al pin "AREF" e indicándolo en el código: con esto se mejoraría la precisión de los resultados.

```
void setup(){ Serial.begin(9600); }
void loop() {
     int lectura;
     float voltaje;
     float temperaturaC;
     lectura = analogRead(0);
/*Convierto la lectura (0-1023) en voltaje (0-5). Si el chip se ha
alimentado con el pin "3V3", en la fórmula se ha de usar 3.3 en vez
de 5.0 */
     voltaje = lectura * 5.0 / 1024.0;
     Serial.print(voltaje);
     Serial.println(" voltios");
//Convierto este voltaje en temperatura mediante la fórmula
     temperaturaC = (voltaje - 0.5) * 100 ;
     Serial.print(temperaturaC);
     Serial.println(" grados C");
     delay(1000);   //Para la estabilidad de las lecturas
}
```

A partir de aquí, se pueden realizar multitud de proyectos interesantes. Por ejemplo, podríamos tener un circuito formado por este sensor y tres LEDs, uno de color rojo, otro azul y otro verde. Cuando se detectara una temperatura más alta que la de un umbral superior predefinido, se podría iluminar el LED rojo, cuando la temperatura fuera más baja de un umbral inferior predefinido, se podría iluminar el LED azul y cuando la temperatura estuviera entre esos dos umbrales, se podría iluminar el LED verde. Se deja como ejercicio.

<u>Ejemplo 7.16</u>: Un código algo más elaborado que el del ejemplo anterior es el siguiente, en el que se asume un circuito con la presencia de, además del sensor TMP36, una pantalla LCD alfanumérica compatible con la librería oficial LiquidCrystal de Arduino y dos pulsadores (conectados a las entradas digitales nº 2 y nº 3 de la placa Arduino). La pantalla irá mostrando la temperatura actual continuamente excepto cuando se pulse un botón, momento en el que mostrará durante unos instantes la temperatura mínima y máxima registrada desde el arranque del sketch. Si se desea eliminar esos registros y obtener una nueva temperatura mínima y máxima a partir de la actual, se deberá apretar el otro botón.

```
#include <LiquidCrystal.h>
LiquidCrystal lcd(7, 8, 9, 10, 11, 12);
float Tmin = 0;
float Tmax = 0;
void setup() {
```

```cpp
  //Podríamos haber hecho Tactual global, como Tmin o Tmax
  float Tactual=0;
  lcd.begin(16,2); lcd.clear();
  //Establezco un mínimo y máximo inicial a partir de la T actual
  Tactual=obtenerTemp();
  Tmin=Tactual; Tmax=Tactual;
  pinMode (2,INPUT); //Botón para redefinir la T máxima y mínima
  pinMode (3, INPUT); //Botón para mostrar la T máxima y mínima
}
void loop() {
  float Tactual=0;
  Tactual=obtenerTemp();
  //Si la temperatura actual supera los límites, los redefino
  if (Tactual<Tmin) { Tmin = Tactual; }
  if (Tactual>Tmax) { Tmax = Tactual; }
  mostrarTempActual(Tactual);  delay(100);
  //Si pulso el botón de "reset"
  if (digitalRead(2) == HIGH) { Tmin = Tactual; Tmax = Tactual; }
  //Si pulso el botón de mostrar máximo y mínimo
  if (digitalRead(3) == HIGH) {
    mostrarTempMin(); delay(3000);  mostrarTempMax(); delay(3000);
  }
}
/*Función que obtiene directamente la temperatura a partir
del voltaje leído en la entrada del sensor TMP36 */
float obtenerTemp(){ return (((analogRead(5)*5.0)/1024)-0.5)*100; }
/*Función que muestra la temperatura actual. Como Tactual es una
variable local de loop(), la tengo que pasar como parámetro. En
cambio, con Tmax y Tmin, al ser globales, eso no es necesario */
void mostrarTempActual(float Tactual){
    lcd.clear(); lcd.setCursor(0,0); lcd.print("Temperatura actual:");
    lcd.setCursor(0,1);  lcd.print(Tactual);  lcd.print(" C/");
}
//Función que muestra la temperatura mínima
void mostrarTempMin(){
    lcd.clear(); lcd.setCursor(0,0); lcd.print("Temperatura mínima:");
    lcd.setCursor(0,1);  lcd.print(Tmin);  lcd.print(" C/");
}
//Función que muestra la temperatura máxima
void mostrarTempMax(){
    lcd.clear(); lcd.setCursor(0,0); lcd.print("Temperatura máxima:");
    lcd.setCursor(0,1);  lcd.print(Tmax);  lcd.print(" C/");
}
```

El chip digital DS18B20 y el protocolo 1-Wire

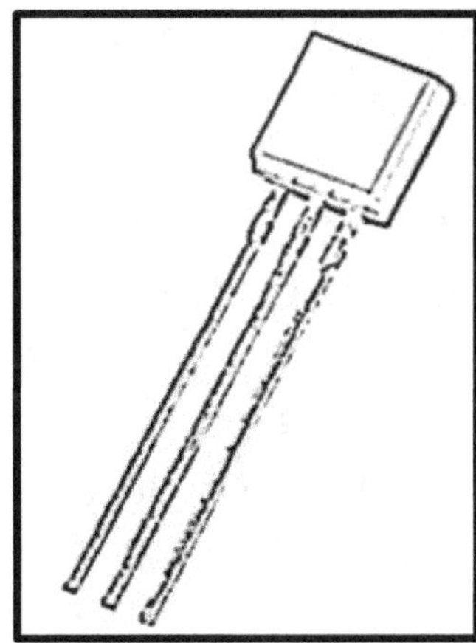

El fabricante Maxim (anteriormente conocido como Dallas Semiconductor) produce una familia de componentes electrónicos que pueden ser controlados mediante un protocolo de comunicación propietario llamado "1-Wire", el cual permite conectar a nuestra placa Arduino multitud de estos componentes mediante un solo cable de datos (de ahí su nombre). Otra característica destacable es que los componentes interconectados mediante este protocolo pueden estar situados a grandes distancias (de hasta incluso 30 metros).

El termómetro digital DS18B20 es un chip que utiliza el protocolo 1-Wire. Es muy popular debido a su bajo precio y facilidad de uso. Es capaz de medir temperaturas en un rango de -10 °C hasta 85 °C con una precisión de ±0,5 °C. En Sparkfun se puede encontrar con el código de producto nº 245, en Adafruit con el código nº 374 y en Freetronics podemos adquirirlo en forma de plaquita breakout, llamada "Temperature sensor module", entre otros.

Si observamos de frente la cara lisa de su encapsulado, podemos observar que tiene tres patillas: la de más a la izquierda se corresponde con la conexión a tierra, la patilla central es la salida digital de la señal de datos (a conectar a una entrada digital de la placa Arduino) y la patilla derecha sirve para recibir la alimentación, la cual puede ser perfectamente los 5 V ofrecidos por la placa Arduino. Por tanto, en principio necesitaríamos tres cables para utilizar este componente. Además, es muy importante, para que el sensor funcione, conectar una resistencia de 4,7 KΩ entre la patilla de señal de datos y la patilla de alimentación.

No obstante, este chip (como el resto de componentes 1-Wire, de hecho) tiene la característica de poder conectarse de otra manera, utilizando tan solo dos cables. Esto es muy conveniente en sensores alejados cierta distancia de nuestra placa Arduino y/o situados en un entorno exterior. Es lo que se llama modo "parásito", porque la alimentación que necesita la "parasita" de la señal de datos. Concretamente, las conexiones son: la patilla de la izquierda a tierra (como antes), la patilla central a una entrada digital de la placa Arduino (como antes) y la patilla derecha hay que unirla directamente a la patilla izquierda (para conectarla a tierra). Además, es muy importante conectar una resistencia de 4,7 KΩ entre el pin de entrada digital de la placa Arduino donde está conectada la patilla central y la alimentación de 5 V.

Otra característica muy interesante que ofrecen los componentes 1-Wire es la posibilidad de conectarse entre sí para formar una red (en nuestro caso, de sensores de temperatura) utilizando tan solo dos cables (es decir, aprovechando el modo "parásito"), independientemente del número de componentes conectados. El cableado en este caso es así: deberíamos conectar un primer sensor en modo parásito tal como lo hemos descrito en el párrafo anterior (incluyendo la resistencia de 4,7 KΩ), y los siguientes sensores han de tener todos su patilla izquierda conectada a la patilla izquierda del primer sensor (para mantener una misma tierra común), su patilla central conectada a la patilla central del primer sensor (para compartir el mismo –y único– cable de datos) y su patilla derecha conectada también a la patilla izquierda del primer sensor.

La conexión de múltiples componentes 1-Wire a un mismo cable es posible gracias a que cada uno de ellos tiene una dirección interna única formada por un código de 64 bits, dividido en un 8 bits para identificar el modelo de componente (el DS18B20 tiene el identificador 0x28), 48 bits para identificar ese componente individualmente en particular y 8 bits más (llamados código CRC) que sirven para comprobar que no haya errores en la identificación de ese componente por parte de los demás componentes del circuito (como por ejemplo, nuestra placa Arduino).

Para programar el DS18B20 mediante el lenguaje Arduino, podemos descargar de http://www.arduino.cc/playground/Learning/OneWire e instalar la librería "One-Wire". Gracias a ella, la placa Arduino puede establecer comunicación con cualquier dispositivo diseñado para trabajar bajo el protocolo 1-Wire. No obstante, precisamente porque esta librería es genérica para cualquier dispositivo compatible con 1-Wire (y por tanto, muy flexible y versátil), es relativamente complicada de utilizar, ya que hay que conocer relativamente bien algunos detalles internos del protocolo 1-Wire. Si lo que deseamos es utilizar en concreto uno o más sensores de tipo DS18B20, tenemos la suerte de disponer de una librería específica, mucho más sencilla. Esta librería, llamada "Dallas Temperature Control Library " y disponible en http://milesburton.com/Dallas_Temperature_Control_Library , necesita que se haya instalado previamente la librería "One-Wire" para funcionar, por lo que necesitaremos incluir las dos en nuestros sketches. Gracias a ella podremos leer el código identificador de cada sensor, configurar la resolución de las medidas (de 9 a 12 bits) y obtener el valor de la temperatura de cada uno de los sensores de una forma muy simple.

<u>Ejemplo 7.17</u>: A continuación, se muestra un código de ejemplo, donde se ha supuesto que la patilla de datos de un sensor está conectado al pin digital de entrada nº 2 de la placa Arduino:

```
#include <OneWire.h>
#include <DallasTemperature.h>
/*Creo un objeto de tipo "OneWire". Esta instrucción pertenece a la
librería One-Wire, por lo que es genérica para cualquier dispositivo
compatible con ese protocolo, no solamente el DS18B20. El valor del
parámetro indica el número de pin digital de la placa Arduino donde
está conectada la patilla de datos del sensor (o sensores). */
OneWire dispositivoOneWire(2);
/*Pasamos la referencia del objeto recién
creado a la librería DallasTemperature */
DallasTemperature sensores(&dispositivoOneWire);
setup(){
        Serial.begin(9600);
/*Se inicializa la librería. Opcionalmente, se puede especificar un
parámetro para ajustar la precisión de las medidas: por defecto es de
9 bits, pero puede aumentar hasta 12. La contrapartida es una mayor
lentitud en las lecturas*/
        sensores.begin();
}
loop(){
/*Solicito las temperaturas de todos los
posibles sensores presentes en el canal de datos */
        sensores.requestTemperatures();
        Serial.print("Temperatura para el dispositivo 1 es: ");
/*El parámetro de getTempCByIndex indica el número de sensor del cual
se quiere obtener la temperatura en grados Celsius: el "0" se
corresponde al primer sensor presente en el cable de señal de datos,
el "1" sería el siguiente, y así*/
        Serial.print(sensores.getTempCByIndex(0));
}
```

La plaquita breakout TMP421

Modern Device distribuye una plaquita que incluye el chip analógico TMP421. Debemos conectarla a los pines analógicos nº 2, 3, 4 y 5 de la placa Arduino. El primer servirá para alimentar la placa, el segundo para conectarla a tierra, y los dos últimos sirven para establecer el canal I^{2}C a través del cual se realizará la comunicación entre ambos dispositivos. Puede medir temperaturas desde -40 °C hasta 125 °C con un error de ±1 °C. Es realmente fácil de usar mediante la librería disponible en https://github.com/moderndevice/LibTempTMP421.

SENSORES DE HUMEDAD

El sensor DHT22/RHT03

En este apartado hablaremos concretamente del sensor digital de temperatura y humedad RHT03 de Maxdetect (http://www.humiditycn.com) , el cual se distribuye (además de muchos otros) en Sparkfun con nº de producto 10167 y en Adafruit (aquí con el nombre de DHT22 y con nº de producto nº 385). También se le puede encontrar con el nombre de AM2302. Este sensor es muy básico y lento (solo se pueden obtener datos como mínimo cada 2 segundos), pero es de bajo coste y muy manejable para obtener datos básicos en proyectos caseros.

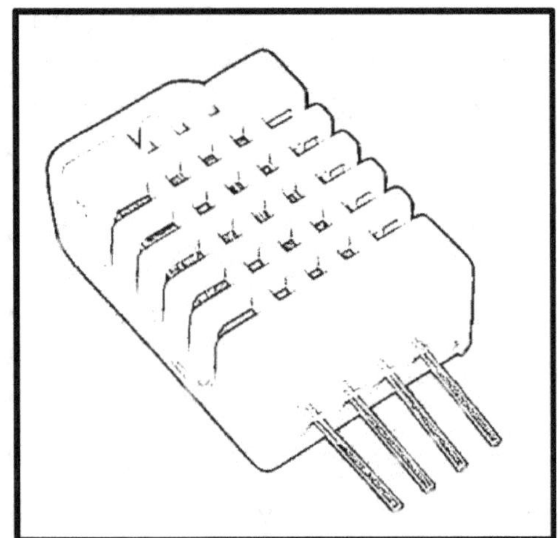

Sus características técnicas más destacables son: se puede alimentar con un voltaje de entre 3 V y 5 V y 2,5 mA como máximo, puede medir un rango de temperaturas entre -40 y 125 °C con una precisión de ±0,5 °C y un rango de humedad entre 0 y 100% con una precisión del 2-5%. Está formado básicamente por un sensor de humedad capacitivo y un termistor.

Este chip tiene cuatro pines; mirándolo de frente son: el de alimentación (nº 1, el de más a la izquierda), el de salida digital de datos (nº 2), uno no conectado a nada y que se puede ignorar (nº 3) y el de tierra (nº 4, el de más a la derecha). Así pues, para que nuestra placa Arduino pueda leer los datos que emite este chip, deberemos conectar su pin nº 1 al pin-hembra de 5 V de la placa (por ejemplo), su pin nº 4 a un pin "GND" y su pin nº 2 a una pin-hembra de entrada digital. Además, es recomendable conectar una resistencia ("pull-up") de 4,7 KΩ entre el pin nº 1 y nº 2.

Desgraciadamente, el protocolo que utiliza este sensor para transmitir los datos digitales no es estándar, así que en principio deberíamos de aprender su funcionamiento interno para poder interpretar correctamente la información que nos esté llegando en un momento determinado. Por suerte, tenemos a nuestra disposición gran cantidad de librerías Arduino, compatibles con este sensor. Estas librerías, a pesar de ser diferentes entre sí, son en gran medida equivalentes, ya que todas ellas lo que hacen básicamente es permitir centrarnos en la obtención sencilla de los datos de temperatura y humedad sin tener que conocer los detalles específicos del protocolo particular utilizado por el chip. Por lo tanto, la elección de una librería u otra no es determinante.

<u>Ejemplo 7.18</u>: La gente de Adafruit, por ejemplo, ha programado una librería Arduino compatible con este sensor (https://github.com/adafruit/DHT-sensor-library) Una vez instalada como cualquier otra librería, podemos probarla ejecutando el siguiente sketch de ejemplo, el cual nos muestra por el "Serial monitor" la temperatura y humedad ambiente. Para ver cambios en los datos obtenidos, se puede probar de expulsar vaho sobre el sensor si se quiere aumentar la humedad leída:

```arduino
#include <DHT.h>
/*El primer parámetro es el número del pin-hembra de la placa Arduino
donde está conectado el pin de datos del sensor. El segundo dato
especifica el modelo de sensor que se está utilizando (ya que la
librería puede servir para varios. El valor correspondiente para el
DHT22 es "22". Para consultar los otros valores posibles, se puede
mirar el archivo "DHT.h" que viene incluido dentro de la librería.*/
DHT dht(2, 22);
void setup() {
      Serial.begin(9600);
      dht.begin();
}
void loop() {
      float h,t;
      //Las lecturas del sensor pueden tardar hasta 2 segundos
      h = dht.readHumidity();
      t = dht.readTemperature();
/*Compruebo que los datos recibidos son válidos. Concretamente, la
función isnan() mira si el dato no es un número ("IS Not A Number"),
en cuyo caso algo ha ido mal*/
      if (isnan(t) || isnan(h)) {
            Serial.println("Algo falló ");
      } else {
          Serial.print("Humedad: ");
          Serial.print(h);
          Serial.print(" %\t");
          Serial.print("Temperatura: ");
          Serial.print(t);
          Serial.println(" *C");
      }
}
```

<u>Ejemplo 7.19</u>: Si lo que queremos es (en vez de mostrar los datos obtenidos por el canal serie) guardarlos en una tarjeta SD para poderlos estudiar con calma

posteriormente, deberíamos modificar el sketch anterior para que se parezca al siguiente. En él hemos añadido comprobaciones extra para tener en cuenta los posibles errores que pueden ocurrir en la lectura en la tarjeta:

```cpp
#include <SD.h>
#include <DHT.h>
DHT dht(2,22);
const int intervalo = 10*1000;  //Intervalo entre lecturas, en ms
long tiempoUltimaLectura = 0;   //Tiempo de la última lectura, en ms
long tiempoActual = 0;          //Tiempo actual devuelto por millis()
float h,t;                      //Humedad y temperatura obtenidas
void setup() {
  /*Utilizo una función propia para inicializar la tarjeta SD. Si la
  tarjeta se inicializa correctamente, inicializo la librería DHT */
  if (inicioSD() == true) {
    dht.begin();
  }
}
void loop(){
  /*Uso el truco de repetir código cada determinado tiempo
  (especificado por "intervalo") sin utilizar delay() */
  tiempoActual = millis();
  if (tiempoActual > tiempoUltimaLectura + intervalo) {
    //Obtengo los datos de temperatura y humedad
    h = dht.readHumidity();
    t = dht.readTemperature();
    //Si las lecturas NO son erróneas (atención al "!")
    if (!isnan(t) || !isnan(h)) {
      //Abro el fichero y escribo a partir de la última línea
      File mifichero = SD.open("datalog.csv", FILE_WRITE);
      if (mifichero==true) {
        mifichero.print(h);
        mifichero.print("\t");   //Tabulador
        mifichero.println(t);
        mifichero.close();
        tiempoUltimaLectura = millis();
      }
    }
  }
}
boolean inicioSD() {
  boolean resultado = false;
  //Aunque no se utilice, el pin 10 se ha de configurar como salida
  pinMode(10, OUTPUT);
  //Suponemos que la tarjeta está conectada al canal SS vía pin 4
```

```
if (SD.begin(4)==false) {
  //Si no lo está, el sketch no hará nada
  resultado = false;
}
/*Si sí, abro el fichero "datalog.csv" para escribir una línea
(lo que sería el título) a continuación de las posibles líneas
anteriores que existan de otras ejecuciones previas.*/
else {
  File mifichero = SD.open("datalog.csv", FILE_WRITE);
  if (mifichero == true) {
    mifichero.println();
    mifichero.println("rH (%) \t temp. (*C)");
    mifichero.close();
    resultado = true;
  }
}
return resultado;
}
```

Lo interesante de los dos sketches anteriores es que ambos envían (uno al canal serie y el otro a la tarjeta SD) los datos de temperatura y humedad de forma tabulada, con incluso un título para las columnas. Este hecho lo podemos aprovechar para importar fácilmente esta información en programas de procesamiento de datos, (como pueden ser las hojas de cálculo), para realizar así cálculos estadísticos o representación de gráficas, entre otras posibilidades.

En el caso del fichero guardado en la tarjeta SD, para realizar esta importación lo único que deberemos hacer es colocar dicha tarjeta en un lector conectado a nuestro computador y abrir ese fichero con nuestro programa preferido, como puede ser el software LibreOffice Calc (http://www.libreoffice.org, aplicación de hoja de cálculo libre, multiplataforma y gratuita) o, si tan solo se requiere el dibujo de gráficas y nada más, el software LiveGraph (http://www.live-graph.org, graficador también libre, multiplataforma y gratuito).

En el caso de obtener los datos a través del "Serial monitor", lo que deberemos hacer es lo siguiente: pulsar dentro de él la combinación de teclas CTRL+A para seleccionar todos los datos y pulsar CTRL+C para copiarlos en memoria. A partir de aquí, podemos abrir un nuevo fichero de texto plano y pulsar CTRL+V para pegar los datos, o bien abrir una nueva hoja de cálculo usando por ejemplo LibreOffice Calc. En este último caso, una vez ya dentro de la hoja de cálculo, al pulsar también CTRL+V para pegar los datos veríamos como en ese momento aparece un cuadro emergente de configuración de la importación de texto. En ese cuadro deberíamos seleccionar la opción "separado por tabulador" (o similar) para que los datos fueran correctamente incorporados.

Si utilizáramos otro programa diferente del "Serial monitor" para ver los datos recibidos por el canal serie, podríamos transferir estos a una hoja de cálculo de una forma más sencilla, ya que la gran mayoría de ellos tienen la opción de guardar a tiempo real los datos recibidos en un fichero de texto listo para ser importado.

Otra manera de procesar los datos leídos por el canal serie que permita realizar un análisis posterior sobre ellos es utilizar un programa gratuito llamado MegunoLink (http://www.blueleafsoftware.com). Este programa es capaz (entre otras funcionalidades) de dibujar por pantalla y en tiempo real una gráfica correspondiente a los datos recibidos por el canal serie. Para que funcione, deberemos utilizar dentro de nuestros sketches una librería que nos proporcionan los mismos desarrolladores de MegunoLink, la llamada "Arduino graphing library". Junto con la librería se ofrecen varios códigos de ejemplo donde se puede ver su comportamiento; allí se puede observar cómo podemos configurar las nombres de los ejes X e Y de la gráfica y sus diferentes leyendas. Desgraciadamente, MegunoLink solo funciona en sistemas Windows. Otra graficador en tiempo real (que también funciona solo para Windows) es SerialChart (http://code.google.com/p/serialchart).

Volviendo a los sensores de humedad, otra librería compatible con el sensor DHT22/RHT03 es la que podemos encontrar en https://github.com/ringerc/Arduino-DHT22. Otra más es la disponible en http://arduino.cc/playground/Main/DHTLib. Por otro lado, Freetronics distribuye una plaquita breakout con el mismo sensor DHT22/RHT03 (bajo el nombre de "Humidity and Temperature Sensor Module"), que ofrece tres conectores: tierra, señal de datos y alimentación (listados de izquierda a derecha) y se puede programar mediante una librería de la propia Freetronics, disponible en https://github.com/freetronics/DHT-sensor-library, muy parecida a la de Adafruit.

Los sensores SHT15 y SHT21

Otro sensor de humedad (y temperatura) es el SHT15, distribuido por Sparkfun en forma de plaquita breakout con código de producto 8257. Esta plaquita consta de cuatro pines: alimentación (5 V), tierra, conector "SCK" y conector "DATA". Estos dos últimos han de conectarse a dos entradas digitales cualesquiera de nuestra placa Arduino. Aunque el protocolo de comunicación que utiliza este chip requiere el uso de dos cables al igual que pasa con I^2C, no hay que confundirlos porque son sistemas de comunicación diferentes. Como datos técnicos a destacar, podemos decir que alcanza una precisión de hasta $\pm$0,3 °C en medidas de temperatura y $\pm$2 % en medidas de humedad y tiene un tiempo de respuesta menor de 4 segundos.

La manera más sencilla de programar este sensor es utilizando la librería disponible en https://github.com/practicalarduino/SHT1x (también válida para otros sensores de la misma familia fabricada por Sensirion, como el SHT10, el STH11, el SHT71 o el SHT75).

Por otro lado, un chip del mismo fabricante que sí es capaz de utilizar la comunicación I^2C es el sensor SHT21. LoveElectronics distribuye una plaquita breakout que ofrece de forma muy cómoda los cuatro conectores necesarios: alimentación (3,3 V, atención), tierra, pin SDA y pin SCL. Se puede programar mediante la librería (también válida para el SHT25) disponible en https://github.com/misenso/SHT2x-Arduino-Library. Otra plaquita muy parecida la distribuye Modern Device, junto con la librería "LibHumidity", descargable de la web del producto.

SENSORES DE DISTANCIA

El sensor Ping)))

El sensor digital de distancia Ping)))™ de Parallax es capaz de medir distancias entre aproximadamente 3 cm y 3 m. Esto lo consigue enviando un ultrasonido (es decir, un sonido de una frecuencia demasiado elevada para poder ser escuchado por el oído humano) a través de un transductor (uno de los cilindros que se aprecian en la figura lateral) y espera a que este ultrasonido rebote sobre un objeto y vuelva, retorno que es detectado por el otro transductor. El sensor devuelve el tiempo transcurrido entre el envío y la posterior recepción del ultrasonido. Como la velocidad de propagación de cualquier (ultra)sonido en un medio como el aire es de valor conocido (consideraremos que es de 340 m/s —o lo que es lo mismo, 0,034 cm/µs–, aunque esta sea solo una aproximación) este tiempo transcurrido lo podremos utilizar para determinar la distancia entre el sensor y el objeto que ha provocado su rebote.

La plaquita en la que viene muestra tres pines marcados. Teniendo visibles enfrente los transductores son, de izquierda a derecha: el pin de tierra, el de alimentación (5 V) y el pin para comunicarse con un pin-hembra digital de nuestra placa Arduino (lo llamaremos a partir de ahora "pin de señal").

Este sensor solo mide distancias cuando se le solicita. Para ello, nuestra placa Arduino envía a través de su pin digital (conectado al pin de señal de la plaquita) un pulso HIGH de una duración exacta de 5 microsegundos. Esta es la señal que activa el envío del ultrasonido. Tras un breve lapso de tiempo, el sensor recibirá el rebote del ultrasonido y como consecuencia, nuestra placa Arduino recibirá ese dato por el mismo pin digital utilizado anteriormente. En ese momento, la placa Arduino podrá calcular el tiempo transcurrido entre el envío y la recepción de ese ultrasonido. El funcionamiento descrito obliga a que se deba alternar el modo del pin digital de la placa Arduino conectado al sensor, de forma que sea de tipo INPUT o OUTPUT según convenga.

Para calcular la distancia, debemos recordar la fórmula **v = d/t** (que no es más que la definición de velocidad: distancia recorrida en un determinado tiempo). Si de la fórmula anterior despejamos la "d" (la distancia recorrida) obtenemos finalmente d = v·t, donde "v" la conocemos y la consideramos constante (0,034 cm/μs) y "t" es el tiempo medido por el sensor. Hay que tener en cuenta, no obstante, que el dato obtenido del sensor es el tiempo total que tarda el ultrasonido en "ir y volver", así que normalmente querremos dividir previamente este valor entre dos para asignárselo a "t".

<u>Ejemplo 7.20</u>: El siguiente sketch realiza todos estos cálculos y muestra el resultado a través del canal serie. Hemos supuesto que el pin de señal de la plaquita está conectado al pin-hembra digital nº 8 de Arduino. Se puede probar en tiempo real poniendo un obstáculo enfrente del sensor y moviéndolo adelante y atrás.

```
int distancia;
unsigned long tiempo=0;
void setup(){
      Serial.begin(9600);
}
void loop(){
      //Obtengo la lectura de la distancia medida por el sensor
      enviarYRecibir();
      /*Convertimos el tiempo a distancia, sabiendo
      la velocidad del ultrasonido (en cm/microsegundos) */
      distancia = int(0.034*tiempo);
      Serial.print("Distancia: ");
      Serial.print(distancia);
```

```
        Serial.println(" cm");
        delay(500);
}
void enviarYRecibir(){
/*Configuramos el pin de datos como
salida y estabilizamos el sensor para
poder enviarle el pulso de activación*/
        pinMode(8, OUTPUT);
        digitalWrite(8, LOW);
        delayMicroseconds(5);
/*Ahora es cuando enviamos el pulso
de 5 microsegundos para activar el sensor
y enviar el ultrasonido */
        digitalWrite(8, HIGH);
        delayMicroseconds(5);
        digitalWrite(8, LOW);
/*Mientras el ultrasonido viaja, cambiamos
el modo del pin de datos a entrada
para leer el rebote del pulso */
        pinMode(8, INPUT);
/*Medimos la longitud del pulso entrante. El truco aquí está en saber
que justo después de enviar el ultrasonido, el sensor comienza
siempre a emitir una señal HIGH, la cual será recibida por el pin de
la placa Arduino acabado de configurar como entrada (el nº 8 en este
caso). Pero en el momento que se reciba el rebote, el sensor
automáticamente cambiará esa señal HIGH a LOW. Esto permite utilizar
la función pulseIn() para medir el tiempo transcurrido entre un
instante y otro: tal como está escrita en el sketch, esta función
cuenta el tiempo que pasa desde que el pin nº 8 empieza recibiendo
una señal de valor HIGH (en el momento de enviar el pulso) hasta que
lo deja de recibir (en el momento de recibir el rebote). La duración
de esa señal HIGH recibida se corresponde con el tiempo que queremos
medir*/
        tiempo=pulseIn(8, HIGH);
/*Divido la longitud del pulso a la mitad, porque solo quiero
utilizar el tiempo tardado en la ida del ultrasonido, no el
de ida y vuelta*/
        tiempo=tiempo/2;
}
```

A partir de la detección de la presencia de un objeto, las reacciones del circuito pueden ser muy diversas: pueden consistir en la activación de alarmas acústicas o lumínicas, o en la apertura o cierre de diferentes compuertas (a través de servomotores) o en cualquier otra cosa que la imaginación sugiera. Por ejemplo, como posible ejercicio proponemos la construcción de un radar casero: solo tendríamos que situar el sensor sobre un servomotor que continuamente estuviera moviéndose entre 0 y 180 grados (y viceversa). En el momento que se detectara algún objeto a una distancia menor de la establecida como umbral, se podría iluminar un LED o activar un zumbador, por ejemplo.

El sensor SRF05

Otro sensor digital que utiliza el método de contar el tiempo transcurrido entre la emisión de un pulso ultrasónico y su posterior recepción para medir distancias es el SRF05 de Devantech. Es capaz de medir distancias entre 3 cm y 3 m a un ritmo de hasta 20 veces por segundo.

Este sensor se puede conectar de dos maneras diferentes a nuestra placa Arduino: o bien utilizando cuatro cables ("modo 1" compatible con su predecesor, el sensor SRF04), o bien usando tres ("modo 2"). Si observamos el dorso del sensor y mantenemos la serigrafía "SRF05" visible a nuestra izquierda, en el modo 1 los cinco conectores de la zona inferior se corresponden, de izquierda a derecha, con: alimentación (5 V), entrada del rebote ultrasónico (pin "echo"), salida del pulso ultrasónico (pin "trigger"), pin que no se ha de conectar a nada y tierra. El pin "echo" se ha de conectar a un pin de entrada digital de nuestra placa Arduino y el pin "trigger" a un pin de salida digital. Este pin "trigger" es el responsable de generar una pulso con una duración exacta de 10 microsegundos, el cual marca el inicio del envío de la señal ultrasónica, y el pin "echo" utiliza el mismo truco que el sensor Ping))) para contar el tiempo transcurrido entre envío y recepción del ultrasonido: el mantener una señal HIGH mientras no se reciba el rebote.

Si utilizamos el modo 2, estos mismos conectores se corresponden (de izquierda a derecha también) con: alimentación (5 V), pin que no se ha de conectar a nada, salida y entrada todo en uno de la señal ultrasónica, tierra y tierra otra vez. En este modo, el sensor utiliza un solo pin para enviar el pulso y recibir el rebote (tal como ocurre de hecho con el sensor Ping)))). Esto permite utilizar un cableado más simple, aunque la programación se complica, porque el mismo pin ha de alternar entre ser entrada y salida dependiendo de las circunstancias.

Ejemplo 7.21: El código siguiente, que utiliza el modo 1, gradúa el brillo de un LED enviándole una señal PWM que variará según lo cercano que esté un obstáculo al sensor: la idea es que cuanto más cerca esté, más brille el LED. Concretamente, a cada centímetro (por debajo de los 255 cm) más próximo se incrementa el brillo del LED en un punto más de la señal PWM. Si se deseara utilizar el rango máximo de distancias que permite el sensor, el brillo del LED se debería calcular de otra manera, (como por ejemplo en función del tanto por ciento de la distancia medida respecto a la distancia máxima posible), pero tal como se presenta aquí, el código es más sencillo.

Otro detalle del código digno de comentar es que, para evitar obtener ruido (es decir, valores individuales muy fluctuantes) y por tanto conseguir lecturas más suavizadas, se ha utilizado un sistema ya visto anteriormente en otras ocasiones: el cálculo de la media de las últimas mediciones realizadas.

También se puede observar que para obtener la distancia, el tiempo transcurrido entre la señal de "trigger" y de "echo" (que es, en definitiva, lo que mide el sensor, calculado en microsegundos) se ha multiplicado por 0,017. ¿Por qué? Porque tal como se explicó cuando se vio el sensor Ping))), se ha hecho servir la fórmula básica d = v·t, donde v = 0,034 (la velocidad de un ultrasonido en el aire en unidades de cm/µs ,o lo que es lo mismo, 340 m/s) y "t" se ha de dividir entre 2 para contar solo el trayecto de "ida" y no de "ida y vuelta".

```
const int nLecturas=10; //Número de lecturas para hacer media
int lecturas[nLecturas]; //Array que guarda las últimas lecturas
int indice = 0;          //Posición actual dentro del array
int total = 0;           //Suma de las lecturas guardadas en el array
int media = 0;           //Media de las lecturas guardadas en el array
unsigned long tiempo = 0;
unsigned long distancia = 0;
void setup() {
  pinMode(9, OUTPUT); //Donde está conectado el LED (señal PWM)
  pinMode(2, INPUT);  //Donde está conectado el pin "echo" del sensor
  pinMode(3, OUTPUT); //Donde está conectado su pin "trigger"
  //Creo un array inicialmente vacío
  for (int i = 0; i < nLecturas; i++) {lecturas[nLecturas] = 0;}
  Serial.begin(9600);
}
void loop() {
  //Estabilizamos el sensor antes de enviar el pulso de activación
  digitalWrite(3, LOW);
  delayMicroseconds(5);
  digitalWrite(3, HIGH); //Envío el pulso de activación
  delayMicroseconds(10); //La duración de este pulso ha de ser 10 µs
  //Paro la activación y comienza el envío de la señal ultrasónica
  digitalWrite(3, LOW);
  /*Inmediatamente después de empezar el envío del ultrasonido, por
```

```
el pin "echo" se empieza a recibir una señal HIGH. La función
pulseIn() pausa entonces el sketch para contar el tiempo
transcurrido hasta recibir el rebote, momento en el cual por el pin
"echo" pasa a detectarse una señal LOW y pulseIn() devuelve su
resultado.*/
tiempo = pulseIn(2, HIGH);
/*Calculo la distancia (distancia en cm = velocidad en cm/µs
multiplicado por el tiempo en µs). Ya se ha dividido entre dos para
contar solo el tiempo de ida*/
distancia = 0.017*tiempo;
/*Pero no quiero obtener un valor de distancia individual, porque
puede ser muy fluctuante: quiero que el valor tenido en cuenta sea
una media de los últimos diez valores individuales medidos. Para
ello, primero elimino de la suma total el valor ubicado en el
índice actual del array, que corresponde a la medida tomada hace
diez iteraciones */
total= total - lecturas[indice];
/*Ahora añado la nueva distancia medida precisamente en ese
elemento del array, sobrescribiéndolo. De esta manera, se hace una
reescritura cíclica de cada elemento cada diez lecturas*/
lecturas[indice] = distancia;
//Y finalmente, añado este nuevo valor a la suma total otra vez
total= total + lecturas[indice];
indice = indice + 1; //Voy al siguiente elemento del array
//Al final del array (10 elementos) vuelvo a empezar
if (indice >= nLecturas)  {  índice = 0;  }
media = total / nLecturas;  //Calculo la media
/*Si la distancia es menor que 255 cm cambio el brillo del LED, de
forma que a menor distancia más brillante sea */
if (media < 255) {
    analogWrite(9, 255 - media);
}
delay(100); //El tiempo mínimo entre lecturas ha de ser de 20µs
}
```

Si quisiéramos utilizar el modo 2, simplemente tendríamos que haber sustituido las primeras líneas de la función "loop()" del sketch anterior (hasta la línea de *pulseIn(),* esta incluida) por las siguientes (donde suponemos que el pin "trigger-echo" del sensor está conectado al pin nº 2 de la placa Arduino):

```
/*Mandamos un pulso bajo de 5 microsegundos para asegurar que siempre
se inicie en LOW, y seguidamente mandamos una señal HIGH que sirve
para iniciar las mediciones*/
pinMode(2, OUTPUT);
```

```
digitalWrite(2, LOW);
delayMicroseconds(5);
digitalWrite(2, HIGH);
delayMicroseconds(10);
digitalWrite(2, LOW);
/*Como utilizamos el mismo pin para recibir el eco, lo cambiamos de
salida a entrada*/
pinMode(2, INPUT);
tiempo = pulseIn(2, HIGH);
```

El sensor HC-SR04

Este sensor es muy parecido a los anteriores. Dispone de cuatro pines: "VCC" (se ha de conectar a una fuente de 5 V), "Trig" (responsable de enviar el pulso ultrasónico; por tanto, se deberá conectar a un pin de salida digital de la placa Arduino), "Echo" (responsable de recibir el eco de ese pulso; luego se deberá conectar a un pin de entrada digital de la placa Arduino) y "GND" (a tierra). Se puede adquirir en IteadStudio o Elecfreaks por menos de diez euros.

Al igual que los anteriores sensores, tiene un rango de distancias sensible entre 3 cm y 3 m con una precisión de 3 mm, y su funcionamiento también es muy parecido: tras emitir por el pin "trigger" una señal de 10 µs para iniciar el envío de la señal ultrasónica, espera a detectar el eco mediante la detección del fin de la señal HIGH recibida por el pin "echo".

De hecho, el código de ejemplo mostrado para el modo 2 del sensor SRF05 puede ser utilizado sin ningún tipo de cambio en este sensor. De todas maneras, si se desea, se puede utilizar la librería "New-Ping", descargable desde http://code.google.com/p/arduino-new-ping, la cual ofrece una manera sencilla y común de gestionar diferentes modelos de sensores de distancia ultrasónicos, como por ejemplo el propio HC-SR04 (pero también el sensor Ping))) y el SRF05, entre otros).

El sensor LV-EZ0

Otro sensor de distancia que utiliza ultrasonidos es el sensor LV-EZ0 de Maxbotix. No obstante, a diferencia de los anteriores, el LV-EZO es un sensor analógico. Por ello, para usarlo con nuestra placa Arduino deberemos conectar (además del pin "+5 V" a la alimentación de 5V proporcionada por la placa Arduino y del pin "GND" a la tierra común) el pin etiquetado como "AN" a una entrada analógica de nuestra placa Arduino.

El rango de distancias que puede medir este sensor depende mucho del tamaño del obstáculo: si este es del tamaño de un dedo, el rango es aproximadamente de 2,5 metros; si este es del tamaño de una hoja de papel, el rango puede aumentar hasta 6 metros. En todo caso, no es capaz de detectar distancias más pequeñas de 30 cm. La buena noticia está en que el comportamiento de este sensor es lineal: si un obstáculo está por ejemplo a 2 metros, la lectura de tensión recibida por el pin de entrada analógica será la mitad que si está a 4 metros. Esto permite que las lecturas sean muy fáciles de realizar.

<u>Ejemplo 7.22</u>: Podemos utilizar un sketch tan simple como el siguiente para observar las diferentes distancias detectadas de un obstáculo a lo largo del tiempo.

```
int sensorPin = 0; //El sensor está conectado al pin analógico n° 0
void setup(){
  Serial.begin(9600);
}
void loop(){
  Serial.println(analogRead(sensorPin));
  /*El delay() ralentiza la toma de lecturas para hacerlas más
fáciles de leer. No obstante, si queremos detectar la presencia de
obstáculos que rápidamente atraviesan de un lado al otro el espacio
sensible, este delay() se podría reducir o quitar */
  delay(100);
}
```

¿Cómo se podría modificar el código anterior para que, añadiendo un LED conectado a un pin de salida digital de nuestra placa Arduino, este se encendiera cuando se detectara la presencia de un obstáculo más cerca de una determinada distancia umbral? Se deja como ejercicio.

Existen varias versiones de este sensor con diferentes rangos de distancia detectables y distintas anchuras del espacio sensible dentro del cual se pueden reconocer los obstáculos. El sensor EZ1 tiene un espacio sensible más estrecho que el EZ0, el EZ2 lo tiene más estrecho que el EZ1, y así hasta el EZ4. Un espacio sensible estrecho es mejor si tan solo se desean detectar objetos directamente situados enfrente del sensor, y uno ancho es mejor si se quiere detectar cualquier objeto cercano. Maxbotix también ofrece una línea de sensores más precisos (los "XL") que tienen hasta una precisión de 1 cm, más rango de distancia y mejor supresión de ruido (es decir, que sus lecturas son menos tambaleantes). Sparkfun distribuye el sensor EZ0 con código de producto 8502, Adafruit con el código 979. Si se quieren encontrar otros sensores fabricados por Maxbotix en las tiendas online de estos distribuidores, basta con escribir "Maxbotix" en el buscador.

Los sensores GP2Yxxx

Existe una familia de sensores analógicos de distancia fabricados por Sharp y cuyo nombre empieza por GP2Y que, a diferencia de los anteriormente descritos, utilizan ondas infrarrojas. Su funcionamiento genérico es el siguiente: el chip contiene en su parte frontal un emisor y un receptor infrarrojos. Si el haz infrarrojo (que está modulado) impacta con un obstáculo, se dispersará en varias direcciones, pero también en la dirección donde está situado precisamente el receptor. Utilizando el cálculo de triangulaciones, a partir de la medida del ángulo de incidencia del haz infrarrojo sobre el receptor, se puede deducir la distancia del obstáculo. La salida de estos sensores será una tensión proporcional a la distancia calculada.

Este método tiene algunos inconvenientes. Por ejemplo: la luz del sol (que contiene infrarrojos), tanto directa como reflejada en grandes cantidades puede perturbar la lectura. Para minimizar este problema, es una buena práctica no utilizar lecturas individuales sino tomar un promedio de un número de valores como la lectura válida. Otro inconveniente que hay que tener en cuenta es el de la distancia mínima de nuestro sensor: existe un ángulo máximo más allá del cual los sensores infrarrojos ya no recibe correctamente el reflejo del haz, por lo que los valores medidos a distancias bajo ese mínimo tienen poco significado.

Elegiremos para su estudio concretamente el sensor GP2Y0A02. Este sensor lo podemos encontrar por ejemplo en Pololu con código de producto 1137. Su rango de medida está entre 20 y 150 centímetros y como conector incorpora uno de tipo JST de 3 pines, por lo que para enchufarlo a una breadboard necesitaríamos un cable tal como el producto nº 117 de Littlebird Electronics o el nº 8733 de Sparkfun, el cual consta por un lado de un zócalo JST de 3 pines y por otro están los tres cables libres sin terminal. Cada pin del sensor se corresponde con la alimentación (5 V), tierra y la salida analógica (a conectar a un pin-hembra de entrada analógica de la placa Arduino).

Este sensor devuelve un voltaje que es inversamente proporcional a la distancia: cuanta más distancia haya con el objeto, menos voltaje genera el chip (aunque la relación no es lineal). Este hecho lo podemos aprovechar para escribir sketches compuestos por un conjunto de "ifs" del estilo "si el voltaje medido está en un rango determinado de valores que ocurra algo y si está en otro, que ocurra otra cosa" si lo único que nos interesa es comparar diferentes distancias sin necesidad de saber su valor exacto.

Si lo que queremos, en cambio, es conocer la distancia real del obstáculo, podemos consultar en el datasheet del sensor un gráfico preciso del voltaje proporcionado por este en función de la distancia medida, por lo que a partir de los valores mostrados en esta gráfica podríamos interpretar los valores de voltaje recibidos y mostrarlos como distancia.

Ejemplo 7.23: El siguiente sketch, no obstante, utiliza una fórmula para obtener la distancia. Esta fórmula se obtiene precisamente de los datos de la gráfica de su datasheet, pero no es exacta, así que hay que tomarla con precaución. Posiblemente sea necesario calibrar los datos numéricos que intervienen (en nuestro caso, el 65 y el -1,1) para acabar de perfilar las mediciones en nuestro caso particular.

```
float sensor = 0.0;
float distancia = 0.0;
void setup(){
     Serial.begin(9600);
}
void loop(){
     sensor = analogRead(0);
/*Convierto el dato obtenido por el conversor analógico-digital en un
valor de voltaje. Si el sensor se alimenta con 3,3V, hay que
sustituir el 5.0 por un 3.3 */
     sensor = sensor * 5.0 / 1024.0;
//Calculo la distancia a partir del voltaje obtenido
     distancia = 65*pow(sensor, -1.10);
     Serial.print(distancia);
     delay(250);
}
```

Una utilidad muy curiosa de los sensores de distancia es construir theremines caseros. Un theremin es un instrumento musical que posee un par de antenas metálicas que controlan el volumen y la frecuencia de la nota emitida, según nos acerquemos o alejemos de ellas. En lugar de dos antenas metálicas, utilizaremos un sensor de distancia; concretamente el G2PY0A02 (aunque lógicamente también podríamos haberlo implementado con otros modelos, tales como los ultrasónicos). La idea es obtener un valor interpretable como distancia a partir del valor de tensión leído de este sensor, y a partir de allí generar el sonido correspondiente.

Ejemplo 7.24: Una implementación concreta de theremin es el sketch siguiente, el cual reproduce diferentes notas musicales estándares según sea la distancia detectada (cuanto más cerca esté el obstáculo —nuestra mano—, más aguda será la nota). La onda de sonido se emite a través de un zumbador conectado al pin digital de salida nº 8 de nuestra placa Arduino. Ese sonido ha de durar un tiempo lo suficientemente breve (hemos puesto 125 milisegundos pero se puede cambiar) para poder hacer un seguimiento en tiempo real de la detección del movimiento del obstáculo.

```
int lecturaSensor, nota;
//Array que guarda las frecuencias a reproducir
float frecuencias[] = {
  329.63, // Mi
  349.23, // Fa
  369.99, // Fa#
  392.00, // Sol
  415.30, // Sol#
  440.00, // La
  466.17, // La#
  493.83, // Si
  523.25, // Do
  554.36, // Do#
  587.33, // Re
  622.25, // Re#
  659.26, // Mi
};
byte numFrecuencias=13; //Número de elementos del array
void setup(){
      Serial.begin(9600);
      pinMode(8,OUTPUT); //Donde está conectado el zumbador
}
void loop() {
/*Cuanto más lejos esté el obstáculo, "lecturaSensor" menos valdrá
De todas formas, hay que saber que esta relación no es lineal*/
      lecturaSensor=analogRead(0); //Donde está conectado el sensor
/*Asocio "lecturaSensor" a una de las frecuencias predefinidas*/
      nota=map(lecturaSensor,0,1023,1,numFrecuencias);
/*Hago que a medida que el obstáculo se acerca, la nota es más
aguda*/
      tone(8,frecuencias[nota]);
/*Tiempo de reproducción mínimo de la nota */
      delay(125);
}
```

Los otros sensores GP2Yxxx son similares al GP2Y0A02: la mayor diferencia entre ellos es el rango de distancias que pueden medir y el nivel de voltaje aportado según esta, pero su funcionamiento es muy parecido. Tanto en Adafruit como en Sparkfun podemos encontrar por ejemplo el sensor GP2Y0A21 (con código nº 164 y nº 242, respectivamente) que puede medir distancias entre 10 y 80 cm.

El sensor IS471F

Este sensor no es un detector de distancia propiamente sino simplemente de presencia; concretamente detecta la existencia o no de un obstáculo entre 1 cm y 15 cm. Funciona emitiendo un haz infrarrojo y comprobando si le llega rebotado. Si es así, el sensor generará una señal LOW (que podrá ser leída por una placa Arduino conectada a él convenientemente) y si no se detecta ningún objeto, el sensor generará una señal HIGH.

El sensor consta de cuatro pines, los cuales son (si observamos su cara plana de frente, de izquierda a derecha): alimentación (5 V), detección de datos (a conectar a un pin de entrada digital de nuestra placa Arduino), tierra y emisión de señal infrarroja (a este lo llamaremos pin "X"). Se recomienda conectar también un condensador (de 0,33 µF) de tipo "by-pass" entre ese pin "X" y el pin de tierra.

Lo que más sorprende de este sensor es que no es capaz de emitir por sí mismo ninguna señal infrarroja, por lo que para que funcione es necesario conectar al pin "X" del sensor el cátodo un diodo LED infrarrojo externo (preferiblemente de 940 nm). La emisión de este LED es convenientemente modulada a 38 KHz por un modulador interno que contiene el sensor, de manera que este sea relativamente inmune a las interferencias causadas por otro tipo de luz como la del sol (el rebote es a su vez demodulado por un demodulador interno). El ánodo de ese LED infrarrojo deberá conectarse a la fuente de alimentación apropiada, generalmente a través de un divisor de tensión. Si ese divisor de tensión lo convertimos en un potenciómetro, podremos regular dentro de unos límites la distancia hasta la que se puede detectar el objeto, ya que cuanto más baja sea la resistencia de ese potenciómetro más intensa será la luz emitida por el LED y, por tanto, mayor será esa distancia.

Los sensores QRD1114 y QRE1113

El sensor QRD1114 (código de producto 246 de Sparkfun) en realidad no es más que un emisor de infrarrojos y un fototransistor bajo el mismo encapsulado, por lo que el principio de funcionamiento es similar a los sensores infrarrojos analógicos ya vistos: cuanta más distancia tenga el obstáculo, menos voltaje de salida obtendremos del sensor. Su característica más destacable es su rango de distancias, ya que solo es capaz de detectar objetos situados entre 0 y 3 cm de él. En realidad, este componente no está pensado para medir distancias exactas, sino tan solo para comprobar la proximidad de objetos por debajo de esos 3 cm.

El código Arduino a utilizar con este sensor es idéntico al mostrado con el sensor LV-EZO: no se trata más que de obtener los valores de una entrada analógica. Sin embargo, las conexiones son algo más complejas: este sensor dispone de cuatro patillas porque en realidad ya hemos comentado que se compone simplemente de un LED infrarrojo (ánodo y cátodo) y un fototransistor (colector y emisor). La patilla correspondiente al ánodo se ha de conectar a través de un divisor de tensión de 200 Ω al pin de alimentación de 5 V de nuestra placa Arduino, la patilla correspondiente al colector se ha de conectar a un pin de entrada analógica de nuestra placa Arduino y las otras dos patillas se han de conectar a la tierra común. Además, entre el ánodo y el colector se ha de conectar una resistencia de tipo "pull-up" cuyo valor puede oscilar entre 4,7 KΩ y 5,6 KΩ (según el que sea, los valores leídos por la placa Arduino cambiarán).

Este sensor también se puede utilizar además para detectar superficies blancas y negras (por lo tanto, podría ser utilizado en la construcción de robots seguidores de líneas) ya que las superficies blancas reflejan más luz que las negras, obteniéndose por tanto lecturas mayores. No obstante, existe un sensor más específico para realizar esta tarea concreta: el QRE1113.

El sensor QRE1113 es comercializado en forma de placa breakout por Sparkfun (producto nº 9453), la cual simplemente ofrece tres conectores: "VCC" (a enchufar a una fuente de 5 V), "GND" y "OUT" (a enchufar a una entrada analógica de nuestra placa Arduino). En realidad, este producto es la versión analógica de la placa breakout, ya que también se puede encontrar la versión digital. En la versión analógica, valores mayores para el voltaje leído significa que la luz emitida por el LED ha sido reflejada con mayor intensidad y por tanto que ha sido recibida mejor por el fototransistor (es decir, que se ha detectado una superficie clara).

SENSOR DE INCLINACIÓN

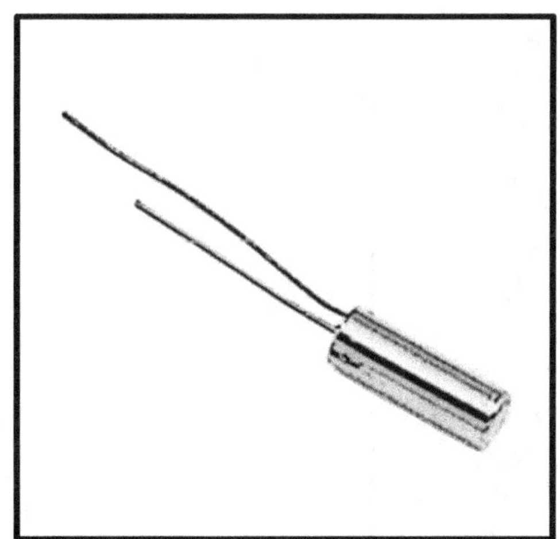

Los sensores de inclinación son pequeños, baratos, y fáciles de usar. Pueden trabajar con voltajes de hasta 24 V e intensidades de 5 mA. Constan de una cavidad y de una masa libre conductiva en su interior (como por ejemplo una bola metálica rodante); un extremo de la cavidad tiene dos polos conductivos de manera que cuando el sensor se orienta con este extremo hacia abajo, la masa rueda hacia los polos y los cierra. Por tanto, estos sensores actúan como interruptores, dejando o no pasar la corriente según la inclinación del circuito. Aunque no son tan precisos o flexibles como un completo acelerómetro, pueden detectar orientación o movimiento fácilmente.

Comprobar un sensor de inclinación es fácil: hay que poner el multímetro en modo de continuidad y conectar un cable cualquiera del multímetro (ya que los sensores de inclinación son dispositivos no polarizados) a cada borne del sensor. Seguidamente, hay que inclinarlo para determinar el ángulo en el cual el interruptor se abre y se cierra.

Si se conecta este sensor en serie a un LED (y su divisor de tensión preceptivo) y se alimenta el circuito, veremos cómo el LED se enciende o se apaga según la inclinación que le demos al diseño, tal como si estuviéramos utilizando un pulsador "invisible".

Si queremos usarlo con nuestra placa Arduino, debemos seguir la misma receta que empleamos cuando vimos los pulsadores: se pueden conectar utilizando una resistencia "pull-up" o "pull-down" (valores entre 200 Ω y 1 KΩ están bien).

Ejemplo 7.25: En el siguiente circuito mostramos un ejemplo básico, donde se puede apreciar que la lectura hecha por el sensor se recibe en un pin de entrada digital de la placa (hemos usado el nº 2) y se utiliza para controlar un LED conectado al pin digital de salida nº 4 (a través de su divisor de tensión), el cual se encenderá o no según el valor (HIGH o LOW) detectado por el sensor.

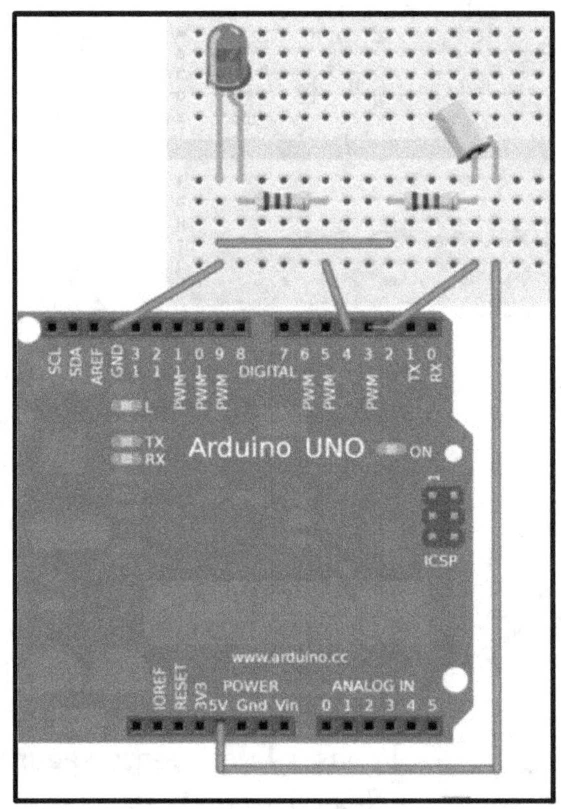

Y el código:

```
void setup(){
    pinMode(4,OUTPUT);
    pinMode(2, INPUT);
}
void loop(){
    digitalWrite(4,digitalRead(2));
}
```

Al sketch anterior se le podría añadir un control de "bouncing" como a los pulsadores, para aumentar la fiabilidad de las lecturas. Se deja como ejercicio.

SENSORES DE MOVIMIENTO

En este apartado hablaremos concretamente de los sensores "PIR" (del inglés "Pyroelectric passive InfraRed sensors"). La piroelectricidad es la capacidad que tienen ciertos materiales para generar un cierto voltaje cuando sufren un cambio de temperatura. Pero ojo, si su temperatura (sea alta o baja) se mantiene constante, ese voltaje poco a poco irá desapareciendo.

¿Y esto qué tiene que ver con el movimiento? Los sensores PIR básicamente se componen de dos sensores piroeléctricos de infrarrojos. Y todos los objetos emiten radiación infrarroja, estando además demostrado que cuanto más caliente está un objeto, más radiación de este tipo emite. Normalmente, ambos sensores detectarán la misma cantidad de radiación IR (la presente en el ambiente procedente de la habitación o del exterior), pero cuando un cuerpo caliente como un humano o un animal pasa a través del rango de detección, lo interceptará primero uno de los dos sensores, lo que causa un cambio diferencial positivo respecto el otro. Cuando el cuerpo caliente abandona el área de sensibilidad, ocurre lo contrario: es el segundo sensor el que intercepta el cuerpo y genera un cambio diferencial negativo. Estos pulsos son lo que en realidad el sensor detecta. Así pues, estos sensores son casi siempre utilizados para saber si un humano se ha movido dentro o fuera del (normalmente amplio) rango del sensor: alarmas de seguridad o luces de casa automáticas son un par de usos comunes para estos dispositivos.

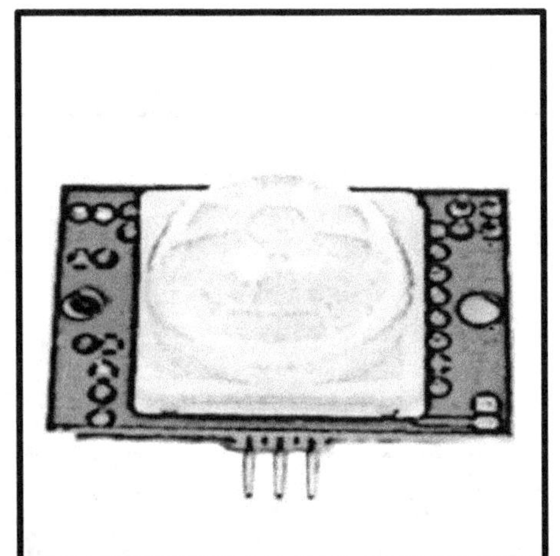

El sensor IR es básicamente un transistor FET con una ventana sensible a la radiación infrarroja en su cubierta protectora; cambios en el nivel de luz IR con una longitud de onda correspondiente al calor del cuerpo causan cambios en la resistencia fuente-drenador, que es lo que el circuito monitoriza. De todas formas, el gran truco de un sensor IR está en las lentes que incorpora: su función es condensar una gran área en una pequeña, proporcionando al sensor IR un rango de barrido mayor. De hecho, la calidad de las lentes es lo que básicamente diferencia un modelo de sensor PIR de otro, ya que la circuitería es bastante común a todos; cambiando una lente por otra se puede cambiar la amplitud y el patrón de sensibilidad del sensor.

Además de toda la circuitería ya comentada (sensores IR, lentes, etc.), un sensor PIR incorpora siempre un chip que sirve para leer la salida de los sensores IR y procesarla de tal manera que finalmente se emita un pulso digital al exterior (que es lo que nuestra placa Arduino recibirá).

La mayoría de sensores PIR vienen en plaquitas con 3 pines de conexión a un lado o al fondo: alimentación, tierra y señal de datos. El orden de estos tres pines puede variar según el modelo, así que hay que consultarlo en el datasheet (aunque la mayoría de veces cada pin ya tiene serigrafiada en la propia plaquita su función). La alimentación usualmente es de 3-5 V DC pero puede llegar a ser de 12 V, así que con una fuente de 5 V-9 V ya funcionan perfectamente.

Otras características comunes a la mayoría de modelos es que a través de su pin de datos emiten un pulso HIGH (3,3 V) cuando se detecta movimiento y emiten un pulso LOW cuando no. La longitud de los pulsos se determinan por los resistores y condensadores presentes en la PCB y difieren de sensor a sensor. Su rango de sensibilidad suele ser hasta una distancia de 6 metros y un ángulo de 110° en horizontal y 70° en vertical. La mayoría de modelos integran el chip BIS0001 para el control de la circuitería interna y el sensor IR RE200B; las lentes pueden ser muy variadas. Modelos concretos de sensores PIR son por ejemplo el producto nº 189 de Adafruit, el producto nº 8630 de Sparkfun o el producto 555-28027 de Parallax, entre otros.

Para probar el sensor PIR, podemos diseñar un circuito como el siguiente. Hay que tener en cuenta que el orden de los pines –alimentación, señal, tierra– es diferente según el modelo de sensor utilizado. Concretamente, el mostrado en el diagrama corresponde al modelo PIR de Adafruit, pero el orden de pines en el sensor 555-28027 es otro (concretamente, si lo miramos de frente, de izquierda a derecha tenemos los pines de señal, alimentación y tierra) y en el sensor de Sparkfun también (concretamente, si lo miramos de frente y de izquierda a derecha, tenemos los pines de señal, tierra, alimentación). En el sensor de Sparkfun es necesario además conectar también una resistencia "pull-up" de 10 KΩ entre su pin de alimentación y su pin de datos para que funcione correctamente; esto implica que, a diferencia de los anteriores, el sensor de Sparkfun envía una señal HIGH cuando no detecta movimiento y una señal LOW cuando sí.

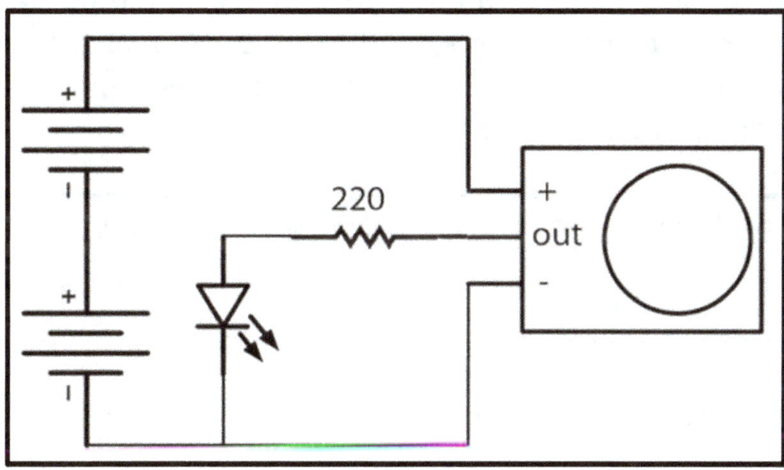

La idea del circuito mostrado es que cuando el sensor PIR (suponiendo el modelo de Adafruit, que no usa resistencia pull-up externa) detecte el movimiento, el pin de datos enviará un pulso HIGH de 3,3 V y por tanto, iluminará el LED. Cuando el LED se apague, se puede probar de pasar la mano por delante, o directamente todo el cuerpo.

Hay que tener en cuenta que cuando se conectan las baterías, se ha de esperar entre medio minuto y un minuto a que el PIR se estabilice y comience a emitir datos fiables, así que al principio el LED puede parpadear un poco.

También hay que aclarar que el comportamiento del sensor PIR de Adafruit tiene la posibilidad de funcionar en dos modos según la posición de un jumper situado en el dorso de la placa. Si está colocado en la posición "L", el LED parpadeará a un ritmo de segundo a segundo mientras detecte movimiento, y si está colocado en la posición "H", el LED permanecerá encendido mientras detecte movimiento. El sentido del modo "L" está en que (por poner un ejemplo) el sensor PIR puede estar conectado a algún otro dispositivo que se active cuando detecte un cierto número de parpadeos del LED.

Por su parte, si usamos el sensor PIR de Parallax, podemos especificar hasta qué distancia queremos abarcar (en dirección frontal al sensor) para detectar movimiento. Esto se hace mediante un jumper: si se coloca en la posición "S", se detectarán movimientos que ocurran dentro de una distancia de 5 metros al sensor; si se coloca en la posición "L", se detectarán movimientos que ocurran dentro de una distancia de 9 metros (en este modo, no obstante, pueden ocurrir falsos positivos).

Ejemplo 7.26: Conectar un sensor PIR (cualquiera de los mencionados) a nuestra placa Arduino es fácil: solamente hay que conectar el pin de datos del sensor a un pin-hembra de entrada digital, por ejemplo el nº 2 (además de a la alimentación de 5 V y tierra, obviamente). El sketch siguiente simplemente notifica por el canal serie cuándo se ha detectado movimiento.

```
int disparo= LOW;   //No hay movimiento al principio
int lectura = 0;
void setup() {
      pinMode(13, OUTPUT);
      pinMode(2, INPUT);
      Serial.begin(9600);
}
void loop(){
  lectura = digitalRead(2);
  if (lectura == HIGH) {
    digitalWrite(13, HIGH);
    if (disparo == LOW) {
      Serial.println("Movimiento detectado");
      //Solo queremos imprimir el mensaje una sola vez
      disparo = HIGH;
    }
  } else {
    digitalWrite(13, LOW);
    if (disparo == HIGH){
      Serial.println("Movimiento finalizado");
      //Solo queremos imprimir el mensaje una sola vez
      disparo = LOW;
    }
  }
}
```

El sensor ePIR

En Sparkfun (entre otros sitios) se puede adquirir con código de producto 9587 un sensor algo diferente llamado "ePIR", del fabricante Zilog. La diferencia más importante entre este componente y los sensores PIR vistos anteriormente está en que el primero incluye además un microcontrolador propio dentro de su encapsulado. Esto permite una mayor flexibilidad a la hora de controlar el sensor y de gestionar los datos obtenidos.

Concretamente, se puede establecer comunicación con este componente de dos formas diferentes: en "modo hardware" y en "modo serie". En el "modo hardware", se puede ajustar la sensibilidad del sensor (es decir, a partir de qué valor detectado se considera movimiento) o el retardo (es decir, cuánto tiempo se esperará el sensor después de la detección de movimiento para volver a continuar detectando otro nuevo), entre otros parámetros.

El "modo serie", por su parte, ofrece todas las funcionalidades del "modo hardware" pero además permite configuraciones más avanzadas mediante el envío de comandos específicos (como por ejemplo detectar movimiento en solo una dirección, ampliar el rango de detección de 3 m x 3 m a 5 m x 5 m y más). Por ejemplo, para forzar la detección de movimiento, deberemos enviar el comando "a", el cual sirve para obtener la lectura del sensor en forma de carácter ASCII 'Y' (si hay movimiento) o 'N' (si no). De todas formas, para conocer todos los comandos disponibles y sus posibles usos, recomiendo consultar el datasheet del sensor.

Para seleccionar el "modo hardware", en el momento de arrancar el sensor (o al salir de su modo de bajo consumo) se debe proporcionar una tensión menor de 1,8 V a su pin nº 4. Además, el valor concreto de esta tensión determina la sensibilidad del sensor, donde 0 V corresponde a la mayor sensibilidad y 1,8 V a la menor. Por lo tanto, si este pin se conecta directamente a tierra tendremos el "modo hardware" ya activado con la sensibilidad máxima posible. Si lo que se desea es regular dicha sensibilidad a mano, una opción sería conectar este pin a la patilla central de un potenciómetro (los extremos del potenciómetro en este caso deberían ir conectados a tierra y alimentación, respectivamente), utilizando los divisores de tensión pertinentes para obtener el rango 0-1,8 V deseado.

Para seleccionar el "modo serie", en el momento de arrancar el sensor (o al salir de su modo de bajo consumo) se debe proporcionar una tensión mayor de 2,5 V a su pin nº 4. Una manera de conseguir esto es conectar una resistencia "pull-up" (generalmente de 100 KΩ) entre este pin nº 4 y la fuente de alimentación (que, atención, ha de ser de 3,3 V).

Los demás pines del sensor tienen una utilidad diferente según el modo de trabajo configurado. En el "modo hardware", las conexiones necesarias son:

Pin nº 1: este pin se ha de conectar a tierra.

Pin nº 2: este pin se ha de conectar a la fuente de alimentación. esta ha de ser de entre 2,7 y 3,6 V, por lo que el pin "3V3" de la placa Arduino es ideal.

Pin nº 3: este pin sirve para especificar el retardo del sensor (recordemos que es el tiempo que el sensor esperará desde que ha detectado movimiento hasta ponerse otra vez a detectar). En realidad, no es más que una entrada analógica que puede recibir desde 0V (correspondiente a un retardo de 2 s) hasta 2 V (correspondiente a un retardo de 15 m), por lo que se podría conectar por ejemplo a un potenciómetro para regular la tensión aplicada a mano. Si se conecta a tierra, el retraso será fijo de 2 s.

Pin nº 4: este pin sirve para seleccionar el tipo de modo de trabajo (hardware o serie) que se quiere utilizar. El procedimiento concreto se ha explicado en los párrafos anteriores.

Pin nº 5: este pin se ha de conectar a una entrada digital de nuestra placa Arduino. Mediante este pin se recibe un valor LOW si se detecta la existencia de movimiento, o un valor HIGH si no.

Pin nº 6: este pin no es más que una entrada analógica que debería recibir un valor de tensión proporcional a la cantidad de luz existente en el ambiente. La idea es activar la detección de movimiento solamente en entornos de poca iluminación (en horario nocturno, por ejemplo). Concretamente, cuando la tensión aplicada a este pin es menor de 1 V, la detección de movimiento está desactivada. Por eso, normalmente, este pin se conecta a un fotorresistor, aunque también se puede utilizar un potenciómetro para tener un control más directo. Si esta funcionalidad no se desea, bastará con conectar este pin directamente a la fuente de alimentación de 3,3 V.

Pin nº 7: este pin se ha de conectar a una salida digital de nuestra placa Arduino. Si se envía a este pin una señal LOW, el sensor pasará a un estado de bajo consumo ("sleep mode") y se inactivará. Este estado es útil cuando el sensor no se está utilizando. Cuando recibe una señal HIGH, vuelve a activarse.

Pin nº 8: este pin se ha de conectar a tierra.

En el caso de querer utilizar el "modo serie", las conexiones necesarias son:

Pin nº 1: mismo uso que en el "modo hardware".
Pin nº 2: mismo uso que en el "modo hardware".
Pin nº 3: este pin se ha de conectar al pin TX de la placa Arduino (o uno simulado con la librería SoftwareSerial). Sirve para recibir los comandos provenientes de esta.

Pin nº 4: además de servir para seleccionar el tipo de modo de trabajo (hardware o serie) que se quiere utilizar (el procedimiento concreto se ha explicado en párrafos anteriores), también sirve recibir las lecturas realizadas por el sensor, por lo que además se deberá conectar al pin RX de nuestra placa Arduino (o uno simulado con la librería SoftwareSerial).

Pin nº 5: este pin se ha de conectar al pin RESET de la placa Arduino.

Pin nº 6: mismo uso que en el "modo hardware".

Pin nº 7: mismo uso que en el "modo hardware".

Pin nº 8: mismo uso que en el "modo hardware".

Ejemplo 7.27: A continuación, mostramos un código de ejemplo de uso del "modo hardware", en el cual un LED (conectado a la salida digital nº 12 de nuestra placa Arduino) se ilumina cada vez que se detecta movimiento:

```
int sleepModePin = 4;     //Donde se conecta el pin n° 7 del sensor
int motionDetectPin = 2; //Donde se conecta el pin n° 5 del sensor
int lectura;
void setup() {
   pinMode(12, OUTPUT);
   pinMode(sleepModePin, OUTPUT);
   pinMode(motionDetectPin, INPUT);
   /*El pin "sleepModePin" ha de recibir una señal HIGH
   para activar la detección de movimiento */
   digitalWrite(sleepModePin, HIGH);
}
void loop() {
  lectura = digitalRead(motionDetectPin);
  if(lectura == LOW) {    //Se detecta movimiento
    digitalWrite(12, HIGH);
  } else {                //No se detecta movimiento
    digitalWrite(12, LOW);
  }
  //Me espero dos segundos para volver a detectar movimiento
  delay(2000);
}
```

Ejemplo 7.28: A continuación, mostramos un código de ejemplo de uso del "modo serie", en el cual hemos sustituido el LED por un mensaje leído por el canal serie indicando si se ha detectado movimiento o no:

```
#include <SoftwareSerial.h>
int sleepModePin = 4;     //Donde se conecta el pin n° 7 del sensor
```

```
int lectura;
/*El pin 4 es el RX de la placa (conectado al nº 4 del sensor)
El pin 3 es el TX de la placa (conectado al nº 3 del sensor)*/
SoftwareSerial ePir = SoftwareSerial(4,3);
void setup() {
      pinMode(sleepModePin, OUTPUT);
      digitalWrite(sleepModePin, HIGH);
      /*La comunicación con el ePIR en modo serie
      ha de ser siempre a 9600 bits/s.*/
      ePir.begin(9600);
      Serial.begin(9600);
}
void loop() {
      //Ordeno la detección de movimiento
      ePir.print("a");
      //Mientras no se reciba respuesta del sensor, no hago nada
      while(!ePir.available()) {;}
      /*Muestro la respuesta del sensor:
      'Y' si hay movimiento y 'N' si no */
      Serial.print(ePir.read(););
      //Me espero dos segundos para volver a detectar movimiento
      delay(2000);
}
```

SENSORES DE CONTACTO

Sensores de fuerza

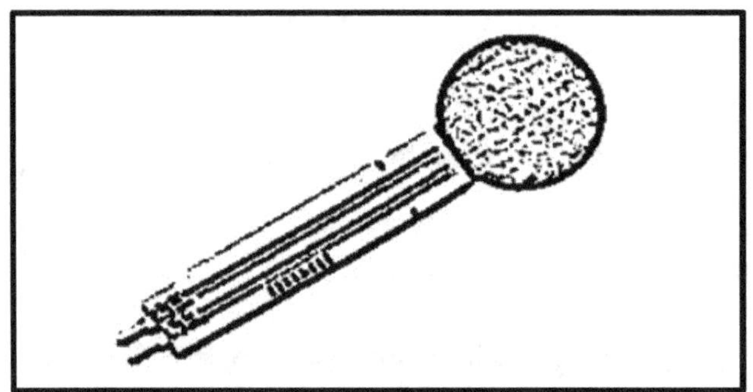

Estos sensores (también llamados FSRs, del inglés, "Force Sensitive Resistor") permiten detectar fuerza. Son básicamente un resistor que cambia su resistencia dependiendo de la fuerza a la que es sometido (concretamente, su resistencia disminuye a mayor fuerza recibida). Estos sensores son muy baratos y fáciles de usar pero no demasiado precisos: una misma medida puede variar entre un sensor y otro hasta un 10%. Así que lo que uno puede esperar de un FSR es conseguir medir rangos de respuesta; es decir: aunque los FSRs sirven para detectar peso, son mala elección para detectar la cantidad exacta de este. Sin embargo, para la mayoría de aplicaciones sensibles al tacto, del tipo "esto ha sido apretado cierta cantidad" son una solución aceptable y económica.

Los FSRs están compuestos por una zona "activa" (de forma generalmente circular o cuadrada y de diferentes tamaños según el modelo), y dos terminales que, al ser este dispositivo una resistencia, no están polarizados. Normalmente, pueden soportar rangos de fuerzas de 0 a 100 newtons y el rango de resistencias que ofrecen van desde resistencia infinita cuando no detectan fuerza hasta aproximadamente 200 ohmios a máxima fuerza. En el datasheet del modelo concreto de FSR deberemos encontrar siempre cómo es esa relación "fuerza aplicada -> resistencia obtenida", la cual no es exactamente lineal (ya que a pequeñas fuerzas hay una variación muy grande de la resistencia, y a fuerzas mayores la variación ya es menor).

Para comprobar su funcionamiento se puede utilizar un multímetro en modo de medida de resistencia. Apretando la zona sensible del FSR se deberá observar los cambios de resistencia.

<u>Ejemplo 7.29</u>: Si queremos utilizar este componente en un circuito con Arduino, debemos conectar un terminal a la alimentación y el otro a una resistencia "pull-down" (de 10 KΩ por ejemplo), la cual deberá ir a tierra. Además, un punto entre la resistencia "pull-down" (fija) y la resistencia FSR (variable) lo debemos conectar a una entrada analógica de la placa Arduino. Es el mismo montaje que ya vimos cuando hablamos de los LDRs y de los termistores, de hecho. La idea también es la misma que en los casos anteriores: leer el voltaje que hay en ese punto, que incrementa a medida que, por simple Ley de Ohm, la resistencia del FSR disminuye (es decir, a medida que se le aplica más fuerza).

A continuación, se presenta un sketch muy parecido a otros vistos anteriormente, el cual enciende de forma progresiva un LED según vayamos apretando más un FSR. En este ejemplo, ese LED está conectado (a través de su inseparable divisor de tensión) al pin de salida PWM nº 11. El FSR está conectado al pin de entrada analógica nº 0.

```
int lectura;
int brillo;
void setup() {
        pinMode(11, OUTPUT);
}
void loop() {
        lectura = analogRead(0); //Cuanta más fuerza, más voltaje leído
```

```
        brillo = map(lectura, 0, 1023, 0, 255);
        analogWrite(11, brillo); //A más fuerza, más brillo
        delay(100);
}
```

De forma muy similar podríamos realizar otro circuito muy interesante, consistente en un servomotor controlado mediante un FSR, de tal forma que el ángulo de giro de aquel fuera proporcional a la fuerza ejercida sobre este. El truco estaría en usar *map()* para mapear el rango de valores 0-1023 leídos por *analogRead()* al rango de valores 0-179, que es el admitido por *miservo.write()* (función que tendría que sustituir al *analogWrite()* del código anterior). Se deja como ejercicio.

Si lo que nosotros queremos saber en realidad es el valor concreto de la resistencia del FSR, podemos utilizar en nuestros sketches la siguiente fórmula: $R_{fsr} = (R_{pull} \cdot 1023/V_{convertido}) - R_{pull}$, donde $V_{convertido}$ es el valor leído por la entrada analógica de la placa Arduino una vez transformado por el conversor analógico/digital, R_{pull} es el valor de la resistencia "pull-down" (de valor fijo) y R_{fsr} es el valor de la resistencia del FSR que deseamos conocer. Esta fórmula es idéntica a las obtenidas anteriormente en el estudio de los fotorresistores y los termistores, ya que el razonamiento para obtenerla es el mismo.

Conociendo R_{fsr} podríamos deducir la cantidad de fuerza recibida por el sensor, pero desgraciadamente no existe una fórmula analítica que relacione ambas magnitudes, por lo que no tenemos más remedio que consultar la gráfica del datasheet para conocer la relación exacta entre el valor de R_{fsr} calculado y el valor de la fuerza correspondiente.

<u>Ejemplo 7.30</u>: El siguiente sketch hace uso de la fórmula mencionada en el párrafo anterior para obtener la resistencia del FSR. El circuito es el mismo que el del sketch anterior, pero sin LED: usaremos el "Serial monitor" para leer los diferentes datos obtenidos.

```
int lectura;
const int rpull = 10000 //La resistencia pull-down es de 10KΩ
unsigned long fsr;   //Pueden ser valores muy altos
unsigned long cond; //Pueden ser valores muy altos
long fuerza;
void setup() {
     Serial.begin(9600);
```

```
}
void loop() {
     lectura = analogRead(0);
     if (lectura == 0) {
          Serial.println("No hay fuerza");
     } else {
          fsr=(rpull*1023/lectura) - rpull;
          Serial.print("Resistencia: ");
          Serial.println(fsr);
/*La gráfica del datasheet muestra la fuerza en función no de la
resistencia, sino de su inversa, la conductancia, medida en
microMhos.Por eso se ha de invertir convenientemente el valor de
fsr*/
          cond = 1000000 / fsr;
/*Y ahora usamos los valores de la gráfica para aproximar el valor
estimado de la fuerza. Dependiendo del modelo concreto de FSR los
valores en las condiciones de los "ifs" deberán ser diferentes */
          if (cond <= 1000) {
               fuerza = cond / 80;
               Serial.print("Fuerza en Néwtones: ");
               Serial.println(fuerza);
          } else {
               fuerza = (cond - 1000) / 30;
               Serial.print("Fuerza en Néwtones: ");
               Serial.println(fuerza);
          }
     }
     delay(100);
}
```

<u>Ejemplo 7.31</u>: Un ejemplo curioso de aplicación de FSRs (o de hecho, de cualquier otro sensor analógico) es el siguiente circuito. En él tenemos 3 FSRs conectados en paralelo a los pines de entrada analógica de la placa Arduino nº 1, 2 y 3 y a tierra a través de una resistencia "pull-down" de 10 KΩ. Además, tenemos un zumbador o altavoz conectado al pin digital de salida nº 8 (a través de un divisor de tensión de 100 ohmios).

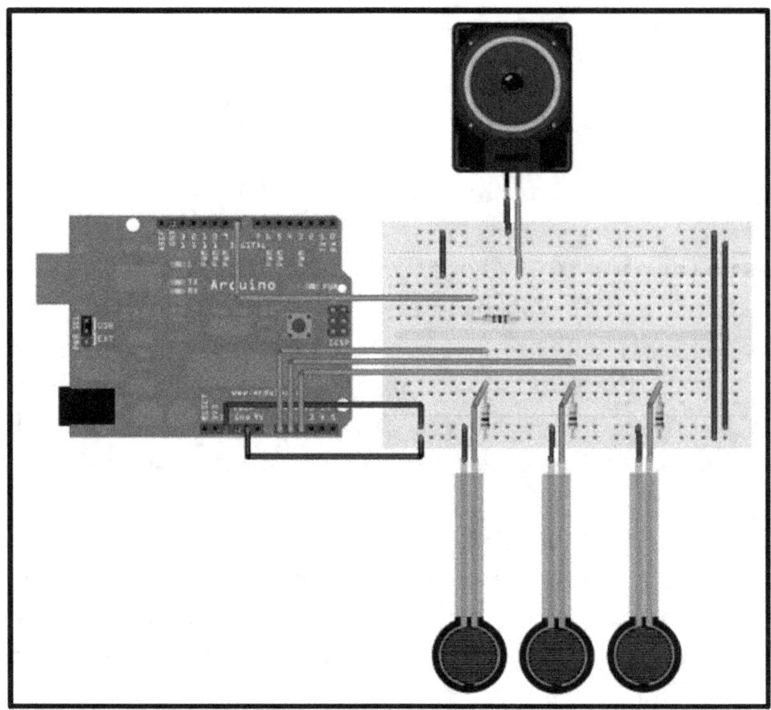

El código lo que hace es leer las lecturas de los tres sensores, cada uno de los cuales corresponde a una nota musical dentro de un array de notas. Si alguno de estos sensores se presiona más allá de un umbral, la nota correspondiente suena. Hemos implementado pues, un simple piano electrónico.

```
//Más allá del umbral sonará la nota
const int umbralminimo = 10;
//Cada nota corresponde a un sensor
int notas[] = { 220, 440, 880 };
void setup(){}
void loop() {
    int i;
    int lectura;
    //Voy recorriendo los sensores uno tras otro
    for (i = 0; i < 3; i++) {
        lectura = analogRead(i);
        //Si se presiona lo suficiente
        if (lectura > umbralminimo) {
            tone(8, notas[i], 20);
        }
    }
}
```

En Adafruit distribuyen un modelo de FSR con número de producto 166 y en Sparkfun venden varios con diferentes características: el nº 9375 y el nº 9376, pero todos son fabricados por Interlink (http://www.interlinkelectronics.com).

Sensores de flexión

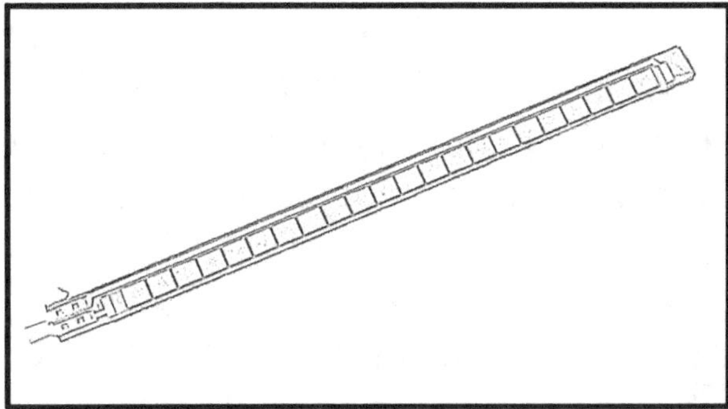

Unos sensores parecidos a los FSR son los sensores de flexión (en inglés llamados "flex sensors" o "bend sensors"). Estos sensores están compuestos por una tira resistiva flexible solo en una dirección. Su resistencia cambia según cuánto sea arqueada: si están en equilibrio (es decir, sin combarse) su resistencia es mínima y cuanto más se flexiona más resistencia ofrece.

Al igual que las FSR, tienen dos terminales: uno podemos conectarlo dentro de nuestros circuitos a la fuente de alimentación (preferiblemente a través de un divisor de tensión) y el otro a una resistencia "pull-down" que va a tierra (también se podría usar la configuración alternativa usando "pull-up"s). En el punto donde se conecta el sensor a la resistencia "pull-down" se debe conectar una entrada analógica de la placa Arduino para leer el voltaje resultante en ese punto. Como ya sabemos, ese valor depende del valor de la resistencia del sensor, por lo que nos servirá para saber cuánto está flexionado.

Ejemplo 7.32: El siguiente sketch muestra un ejemplo muy básico de uso:

```
void setup(){
    Serial.begin(9600);
}
void loop() {
  int sensor, grados;
    sensor = analogRead(0);
/*Convierto el valor leído a grados de flexión. Los dos primeros
números de map() (768 y 853) son los valores leídos cuando el sensor
está completamente recto y cuando tiene una curvatura de 90 grados,
respectivamente. Estos valores los podemos haber consultado en el
datasheet o bien haberlos calibrado anteriormente. Los dos siguientes
números de map() son los grados a los que queremos mapear (0 grados y
ángulo recto)/*
  grados = map(sensor, 768, 853, 0, 90);
```

```
Serial.print("Los grados de flexión son: ");
Serial.println(grados,DEC);
delay(100);
}
```

Sparkfun distribuye varios modelos de diferente longitud: el producto nº 10264 y el 8606 son dos ejemplos. Adafruit solo distribuye el segundo, con código 182. Además de la longitud, otras características importantes a tener en cuenta son su anchura y su peso, ya que muchas veces estos sensores se utilizan en proyectos textiles.

No confundir los sensores de flexión con los llamados sensores "Flexiforce", que es una marca registrada de Tekscan (http://www.tekscan.com). Los sensores "Flexiforce" son sensores FSR y Sparkfun ofrece unos cuantos que soportan diferentes rangos de fuerza (productos nº 11207, 8685, 8712 o 8713, entre otros).

Sensores de golpes

Debido a su constitución eléctrica interna, los zumbadores también pueden utilizarse, además de como emisores de sonidos, como sensores de golpes. El mecanismo es justo a la inversa del convencional: los golpes (suaves) recibidos por el zumbador se traducen en vibración de su lámina interna, la cual genera una serie de pulsos eléctricos que pueden ser leídos por una placa Arduino. De esta manera, podemos diseñar circuitos que respondan al tacto y que distingan incluso la presión ejercida. Como el zumbador es un dispositivo analógico, según lo fuerte que se golpee, la señal leída por la placa Arduino será de menor o mayor intensidad.

<u>Ejemplo 7.33</u>: Sabiendo esto, podemos diseñar el circuito de ejemplo mostrado a continuación, donde tenemos un altavoz y dos zumbadores. Tal como se puede ver, el altavoz está conectado a tierra y a la salida digital nº 8 (a través de una resistencia en serie de 100 ohmios), los terminales positivos de los zumbadores (si estos son polarizados) están conectados a las entradas analógicas nº 3 y nº 5, y los terminales negativos de los zumbadores (si estos son polarizados) a tierra. Además, cada zumbador está conectado en paralelo a una resistencia (de un valor recomendable de 1 MΩ), cuya función es actuar como resistencia "pull-down", manteniendo la entrada analógica a 0 V mientras el zumbador no sea presionado.

Si no tenemos ningún zumbador a mano, podemos conseguir el mismo efecto adquiriendo una lámina piezoeléctrica tal como el producto nº 10293 de Sparkfun, que no es más que un zumbador sin su recubrimiento, o adquiriendo el producto nº 10772, consistente en un kit de cuatro láminas como la anterior más varias resistencias de 1 MΩ. También podemos adquirir el "Sound & Buzzer Module" de Freetronics, que no es más que un zumbador incorporado a una cómoda plaquita breakout.

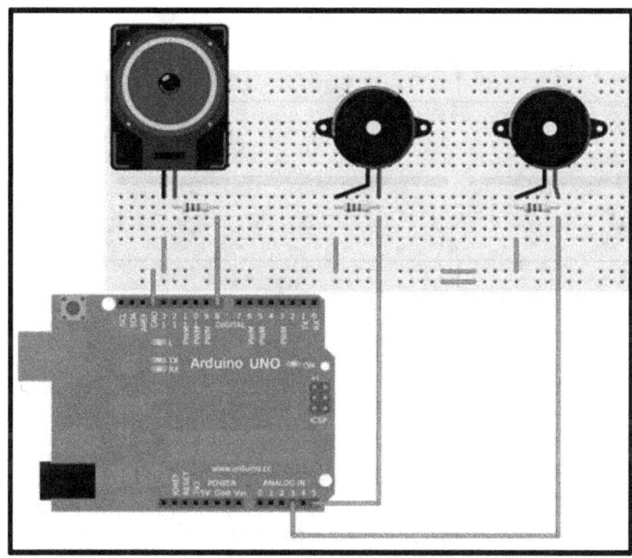

A partir de este circuito, podemos escribir un código como el siguiente. La idea es que según el zumbador que pulsemos, sonará por el altavoz una nota u otra. Pero además, cuanto más fuerte apretemos un zumbador, su nota sonará más tiempo. Esto es posible porque podemos conocer la presión ejercida sobre el zumbador: estos alcanzan una amplitud de vibración que depende de la magnitud del golpe recibido: a más presión, más amplitud. Y la amplitud se traduce proporcionalmente en voltaje, voltaje detectado por las entradas analógicas de la placa Arduino. Como precisamente el zumbador es un dispositivo analógico, la amplitud de su vibración al sufrir un golpe (es decir, el nivel de voltaje recibido) aumentará poco a poco, llegará a su máximo y volverá a decrecer hasta cesar. Por tanto, el truco para detectar la magnitud del golpe no está realmente en detectar el voltaje máximo obtenido (que puede ser un dato no muy preciso) sino en comprobar durante cuánto tiempo se mantiene el voltaje recibido por encima de un determinado umbral (decidido por nosotros): cuanto más tiempo transcurra entre la primera y última vez que se detecta un valor de voltaje, mayor de ese umbral, mayor habrá sido la magnitud del golpe.

```
int umbral = 100; //El zumbador se considera pulsado sobre ese umbral
int lectura1 = 0; //Lectura obtenida de un zumbador
```

```arduino
int lectura2 = 0; //Lectura obtenida del otro zumbador
int tiempo = 0; //Tiempo en que las lecturas son superiores al umbral
int do = 1915;    //Semiperíodo de la onda de la nota "do"
int re = 1700;    //Semiperíodo de la onda de la nota "re"
void setup(){
        pinMode(8, OUTPUT);
}
void loop(){
        //Se detecta si está presionado un zumbador
        lectura1= analogRead(3);
        if (lectura1 > umbral) {
                tiempo=0;
/*Mientras se detecte que la presión continúa, se sigue leyendo la
entrada analógica para ver si aún se lee un valor por encima del
umbral. El tiempo transcurrido hasta que se lea un valor menor al
umbral marcará la duración de la nota a escuchar*/
                while (lectura1 > umbral) { tiempo++; }
/*Para evitar posibles ruidos no deseados y considerar el golpe
válido, se establece un tiempo mínimo de presión */
                if (tiempo > 100) { sonido(do, tiempo); }
        }
        //Se detecta si está presionado el otro zumbador
        lectura2= analogRead(5);
        if (lectura2 > umbral) {
                tiempo=0;
                while (lectura2 > umbral) { tiempo++; }
                if (tiempo > 100) { sonido(re, tiempo); }
        }
}
void sonido(int nota, int tiempo ) {
        unsigned long duracion;
        duracion = micros() + (35000 * tiempo);
/*Empiezo a contar desde el momento actual y añado un valor
arbitrario multiplicado por el valor de "tiempo"; así, cuanto más
fuerte se pulse el zumbador, más durará */
        //Mientras no se llegue al final
        while(micros() < duracion){
            digitalWrite(8, 255);
            delayMicroseconds(nota);
            digitalWrite(8, 0);
            delayMicroseconds(nota);
        }
}
```

SENSORES DE SONIDO

En realidad, un sensor de sonido no es más que un sensor de presión que convierte las ondas de presión de aire (las ondas sonoras) en señales eléctricas de tipo analógico; es decir, un micrófono. Existen muchos tipos de micrófonos según el mecanismo físico que utilizan para realizar esa conversión: los de tipo "inductivo" (también llamados "dinámicos"), los "de condensador", los piezoeléctricos, etc. Dependiendo del tipo, unos tendrán una mejor respuesta a un rango determinado de frecuencias de sonido que otros (es decir, que serán más "fieles" a la onda original), unos tendrán una mayor sensibilidad que otros (es decir, que ya generarán un determinado voltaje a menores variaciones de volumen detectadas), unos comenzarán a distorsionar a menores volúmenes que otros (es decir, que ofrecerán una THD menor para un determinado voltaje), unos serán más resistentes y duraderos que otros, etc.

No obstante, en nuestros proyectos con placas Arduino UNO la variedad de micrófonos a elegir se reduce drásticamente. Arduino UNO no es una plataforma pensada para el procesamiento de audio: ya hemos visto que (aunque existen proyectos destacables en el ámbito de la síntesis) la generación y emisión de sonido es ciertamente limitada. Y lo mismo ocurre con la recepción de sonido: para empezar, los pines-hembra de la placa no son capaces de recibir corriente AC (que es lo que son las señales de audio). Además, el conversor analógico-digital tarda como mínimo 100 microsegundos en realizar una lectura de una entrada, por lo que la máxima frecuencia de muestreo posible es de 10 KHz (es decir, una calidad relativamente baja). Además, el procesamiento de una señal acústica (compuesta en realidad de un conjunto de múltiples señales analógicas de diferentes frecuencias y amplitudes) es mucho más complejo de lo que el ATmega328P y su limitada memoria es capaz de realizar con solvencia.

Por eso, los micrófonos que se utilizan junto con las placas Arduino UNO en la mayoría de los casos son utilizados solamente como simples detectores de presencia y/o volumen de sonido (o como mucho, conectándolos a chips especiales como el MSGEQ7 de Mixed Signal Integration, podrían ser usados como detectores de frecuencias de sonido, pero esta posibilidad no la trataremos).

Concretamente, nosotros utilizaremos una variante de micrófono de tipo condensador llamado "micrófono electret". Este tipo de micrófono es omnidireccional (es decir, detecta el sonido de todas direcciones y no solo el proveniente de un punto en particular) y por lo general tienen una sensibilidad buena (es decir, que el voltaje generado varía bastante acordemente según lo que varíe la intensidad del sonido). Además, son baratos y de un tamaño reducido. Tienen mejor respuesta a frecuencias de rango medio-alto, por lo que son mejores para comunicaciones de voz que para música de sección rítmica importante, por ejemplo. En muchos dispositivos domésticos como teléfonos móviles, computadores o auriculares los micrófonos que vienen incorporados son de ese tipo.

Sea cual sea la aplicación práctica que le demos a un micrófono, en todo caso su uso implica necesariamente el uso de un pre-amplificador. Esto es debido a que la señal generada por un micrófono tiene una amplitud demasiado pequeña (generalmente entre 0 y 100 milivoltios) para poder ser aprovechada por nuestra placa Arduino. Por tanto, no podremos conectar un micrófono directamente a una entrada analógica de nuestra placa Arduino tal como hemos venido haciendo con otros sensores analógicos, sino que deberemos incluir un pre-amplificador entre el micrófono y la placa Arduino. En este sentido, hay que distinguir entre pre-amplificación (conversión de la señal generada por el micrófono para llevarla a un nivel usable por el circuito (en este caso, la placa Arduino) y amplificación (conversión de esa señal usable internamente en nuestro circuito a un nivel lo suficientemente audible para poder emitirlo a través de altavoces).

De hecho, este proceso de pre-amplificación y amplificación también es necesario cuando el micrófono lo conectamos a un sistema de audio doméstico o profesional: todos los dispositivos intermediarios (desde los reproductores portátiles de ficheros "mp3" o similares hasta cadenas de alta fidelidad pasando por televisores, reproductores de DVD, mesas de mezclas, etc.) trabajan a unos niveles de tensión superior al aportado por cualquier micrófono (el llamado "nivel de línea", diferente a su vez del utilizado por Arduino) por lo que la señal generada por este ha de ser pre-amplificada para poder ser utilizada por todos estos dispositivos de audio. Una vez esta señal eléctrica ya está a nivel de línea, para transformarla en sonido real y poderlo emitir por algún sistema de altavoces es necesario entonces amplificarla hasta alcanzar la potencia deseada.

Plaquitas breakout

Existen plaquitas breakout que incorporan un micrófono electret y un pre-amplificador todo en uno, de manera que podamos empezar a utilizar el kit completo micrófono+pre-amplificador al instante. Un ejemplo es el "Microphone Sound Input Module" de Freetronics. La plaquita consta de cuatro conectores: "VCC" (a conectar a la alimentación de 5 V proporcionada por nuestra placa Arduino), "GND" (a conectar a tierra), "MIC" (salida analógica a conectar a una entrada analógica de nuestra placa Arduino) y "SPL" (otra salida analógica a conectar a otra entrada analógica de nuestra placa Arduino). En nuestros proyectos podremos utilizar las señales recibidas por ambos canales ("MIC" y "SPL") pero lo normal es conectar y utilizar solo uno de ellos, según lo que nos interese: el canal "MIC" proporciona una señal amplificada lo más fiel posible a la señal acústica, por lo que es más útil cuando se desea realizar un procesado del audio; en cambio, el canal "SPL" (de "Sound Pressure Level") simplemente ofrece un voltaje que es proporcional al volumen de sonido recibido, por lo que nos servirá para detectar fácilmente la existencia de sonido y su "cantidad", que es lo que generalmente desearemos.

Ejemplo 7.34: El siguiente sketch lee el valor SPL proveniente de esta plaquita cinco veces por segundo y muestra la lectura por el canal serie: a más voltaje leído, más volumen de sonido.

```
//La salida SPL está conectada al pin de entrada analógico 0
const byte splSensor = 0;
void setup() {
 Serial.begin(9600);
}
void loop() {
  Serial.println(analogRead(splSensor));
  delay(200);  //Evito la sobrecarga del canal serie
}
```

Una plaquita similar a la anterior pero que solo ofrece una salida de tipo "SPL" es el producto nº DFR0034 de DFRobot. Otra plaquita similar que también ofrece solamente una salida de tipo SPL es ZX-Sound de Inex Robotics.

Por otro lado, también existen plaquitas cuya salida es digital: si detectan un sonido superior a un umbral (generalmente definido a través de un potenciómetro), envían una señal HIGH a la entrada digital de la placa Arduino donde estén conectadas, y si el sonido detectado es inferior a ese umbral, envían una señal LOW. Estas plaquitas son útiles cuando no se desea monitorizar el volumen del entorno, sino tan solo determinados sonidos con un volumen superior al resto (una aplicación práctica es detectar colisiones en robots, por ejemplo). Un ejemplo de plaquita de este estilo es el producto nº 29132 de Parallax; tan solo consta de tres conectores (5 V, GND y señal) y mediante un potenciómetro que lleva incorporado podemos calibrar la sensibilidad del sensor, de manera que el sonido umbral que separa el envío de una señal HIGH (se detecta ruido) de una LOW (no se detecta ruido) se amolde a nuestras necesidades. Otra plaquita muy similar es la llamada "Sound Sensor TTL output" de Cutedigi.

<u>Ejemplo 7.35</u>: A continuación, presentamos un código de ejemplo de uso muy sencillo para ambas plaquitas:

```
int lectura = 0;
void setup() { Serial.begin(9600); }
void loop() {
  //La plaquita está conectada a la entrada digital n° 2 de Arduino
  lectura = digitalRead(2);
  if (lectura == HIGH){ //Si se detecta un sonido más allá del umbral
    Serial.println("Sonido detectado");
    delay(100);
}
```

Una plaquita que tan solo ofrece una salida de tipo "MIC" (es decir, una señal eléctrica que reproduce el comportamiento de la onda acústica) es el producto nº 9964 de Sparkfun. Una vez conectada esta salida "MIC" a la entrada analógica de la placa Arduino (además del conector "VCC" a una fuente de 5 V y el conector "GND" a la tierra común), si observamos los valores recibidos por el "Serial monitor" veremos que cuando no se detecta sonido se mantienen estables alrededor del valor 512 y cuando hay ruido fluctúan por encima y por debajo de ese valor central (siendo mayor esta desviación —tanto por arriba como por abajo— cuanto mayor sea el volumen del ruido detectado). Por tanto, si quisiéramos obtener el volumen (es decir, utilizar esta plaquita como un simple sensor SPL), deberíamos utilizar la expresión `volume=abs(analogRead(0)-512);` (suponiendo que la entrada analógica utilizada es el pin-hembra nº 0). Pero ¿por qué este comportamiento?

Porque lo que hace esta plaquita es "trasladar" el valor de la salida correspondiente a 0 V (el valor central de la onda) a un valor central de 2,5 V y con él, el resto de valores en bloque sin alterar por tanto la forma de la onda. En otras palabras: añade un "colchón" de 2,5 V (DC) sobre el cual viaja la señal de audio (AC). Esto es lo que se llama tener una señal "descentrada" (o "biased", en inglés). El objetivo es hacer que la placa Arduino pueda detectar tanto los valores positivos de la onda acústica como los negativos. Si no existiera el descentramiento de la señal, los valores negativos estarían realmente por debajo de 0 V y entonces la entrada analógica de la placa Arduino (que solo admite corriente DC y no AC) no podría detectarlos correctamente. Con la señal descentrada, el pico positivo podrá llegar a un máximo de 5 V (es decir, podrá tener una amplitud máxima de 2,5 V a partir de la señal base descentrada de 2,5 V) y el pico negativo a un mínimo de 0 V (es decir, podrá tener una amplitud máxima de -2,5 V a partir de la señal base descentrada de 2,5 V).

Otro truco que podemos utilizar con una salida de tipo "MIC" (tanto de la plaquita de Freetronics como la de Sparkfun) es distinguir si el sonido detectado es un sonido puntual (un portazo, por ejemplo) o bien un sonido continuado (como una conversación, por ejemplo). Debido a que la placa Arduino UNO es relativamente lenta a la hora de tomar muestras, es posible que no detecte todas las variaciones de volumen en tiempo real y se "deje por detectar" picos de sonido que aparezcan entremedio de dos lecturas. Para solventar esta cuestión, se puede acoplar a la salida "MIC" un circuito llamado genéricamente "detector de envolvente" (en inglés, "envelope detector"), mostrado a continuación.

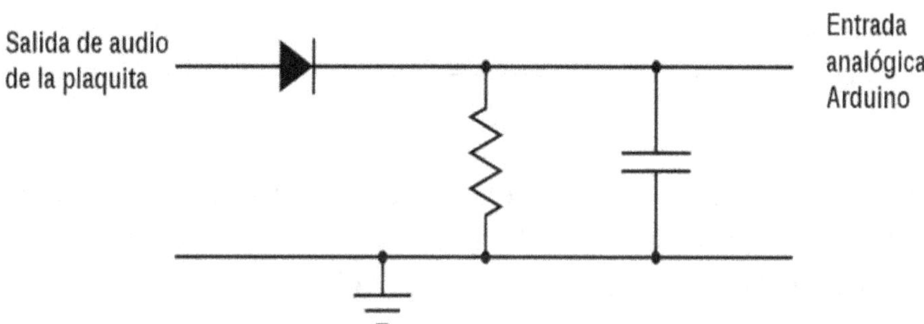

El objetivo de este circuito es hacer llegar a la placa Arduino tan solo los valores extremos de cada pico positivo, uniéndolos entre sí de una forma suave, sin tener en cuenta por tanto toda la vibración de pico a pico. La figura de la señal recibida (la "envolvente") ayudará a la placa Arduino a "ir siguiendo" las variaciones de volumen: si la envolvente contiene picos estrechos habremos detectado un ruido brusco, y si es al contrario, estaremos detectando un sonido más o menos continuo. Pero ¿por qué este circuito funciona así?

En los picos positivos, el diodo deja pasar la señal, cargando el condensador hasta (casi) el valor del pico. En los picos negativos el diodo está polarizado inversamente, no permitiendo que fluya la corriente, por lo que el condensador reaccionará descargándose lentamente a través del resistor (la entrada de Arduino está diseñada para atraer una cantidad de corriente despreciable). Cuando vuelve a aparecer un pico positivo, el diodo vuelve a dejar pasar la señal y el condensador se vuelve a cargar rápidamente, y así todo el rato. La velocidad de descarga del condensador viene definida por el producto R·C (llamado "constante de tiempo"), y su valor dependerá del tipo de proyecto que deseemos realizar, pero un valor típico para empezar a probar es 0,1.

Otra cosa que podemos hacer con la salida "MIC" es convertirla en una salida "SPL". En el caso de la placa Freetronics no nos será necesario porque ya tenemos los dos tipos de salidas, pero en el caso de la plaquita de Sparkfun, el truco está en acoplar a la salida "MIC" un circuito llamado genéricamente "fijador de nivel positivo" (en inglés, "positive unbiased clamper"), mostrado a continuación.

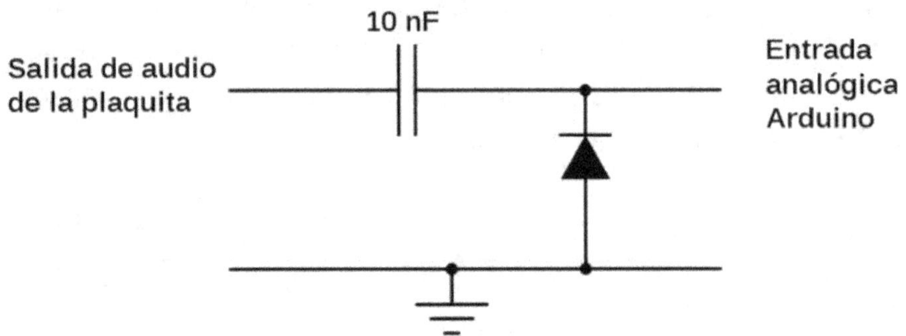

El objetivo del circuito anterior es descentrar la señal AC de tal forma que, sin modificar la forma de su onda, los extremos de los picos negativos tengan siempre justo un valor mínimo de 0 V. Si el volumen de sonido cambia, la longitud de los picos de la señal también, pero como lo que está fijado es que el valor mínimo sea siempre 0 V, lo que ocurrirá es que el valor central se deberá desplazar para cumplir esta condición, con lo que cambiará el valor extremo por el otro lado, por el pico positivo: cuando el volumen aumente, el valor extremo del pico positivo aumentará y cuando el volumen disminuya, el valor extremo del pico positivo disminuirá también. Y esto es lo que mediremos. Se recomienda que el diodo sea de tipo "germanio" (el 1N34A sería un buen ejemplo) y en este caso, se recomienda también alimentar la plaquita con 3,3 V en vez de 5 V. Si se hace así, los valores recibidos por la entrada analógica de la placa Arduino oscilarán entre 0 y 750/800 (a más volumen, mayor valor máximo recibido). Podremos entonces escribir un sketch que reaccionara a sonidos por encima de un umbral determinado, por ejemplo, simplemente observando los valores analógicos máximos recibidos.

Circuitos pre-amplificadores

Es posible que solo dispongamos de un micrófono electret en vez de toda una plaquita breakout. Si queremos conectarlo a nuestro circuito, lo primero que debemos saber es que los micrófonos electret (como el producto nº 8635 de Sparkfun, por ejemplo) deben ser alimentados. Son además dispositivos polarizados, en los cuales su terminal negativo suele estar marcado mediante una muesca o señal. En principio, este terminal negativo debería ser conectado a tierra y el terminal positivo debería ser conectado a una fuente de alimentación, la cual puede ser cualquiera capaz de aportar un voltaje de entre 2 V y 5 V (si es necesario, a través de un divisor de tensión). La señal de audio recibida la obtendríamos del terminal positivo, siempre a través de un condensador (de entre 0,1µF y 1µF) actuando como filtro pasa-altos para eliminar cualquier colchón DC de la señal AC obtenida.

Desgraciadamente, conectar un micrófono electret no es tan sencillo porque ya sabemos que es necesario pre-amplificar la señal recibida para hacer que esta sea usable. Por tanto, deberemos construir un circuito accesorio alrededor de él que realice esta función. Un ejemplo muy sencillo es el siguiente, en el cual tan solo hemos utilizamos unas cuantas resistencias y un transistor NPN (como por ejemplo el 2N3904), cuya función es precisamente amplificar la señal, tal como estudiamos en el capítulo anterior dentro del apartado de generación de sonidos mediante *tone()*):

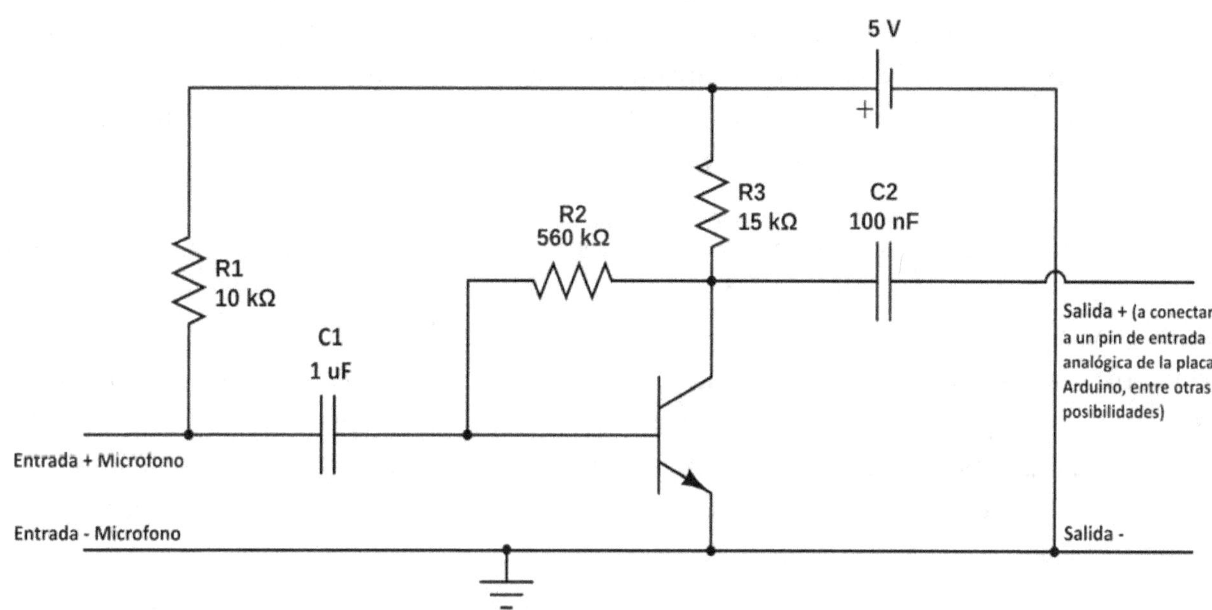

La resistencia R1 ejerce como divisor de tensión del micrófono electret y el condensador C1 sirve, tal como ya hemos comentado, para eliminar el posible colchón DC de la señal AC recibida. A partir de aquí, el funcionamiento lo deberíamos conocer: la señal recibida por el micrófono se envía a la base del transistor, el cual dejará fluir más o menos corriente entre colector y emisor según sea la intensidad de aquella. Si esa corriente generada la tomamos como salida del circuito, tendremos una representación calcada de la señal original pero con mayor amplitud.

La función de las resistencias R2 y R3 es descentrar la señal AC recibida por la base del transistor proveniente del micrófono. Dicho de otra forma: añaden a esa señal un "colchón" DC constante que permite tener a todos los valores de la onda AC (incluyendo los picos negativos) por encima de 0 V. En caso de ausencia de sonido, la base del transistor recibirá una determinada corriente DC que mantendrá el transistor en un estado de conducción intermedio permanente llamado "punto-Q"; cuando se detecte sonido, las oscilaciones de la señal fluctuarán alrededor de ese estado de conducción intermedio, sin llegar nunca ni al modo de saturación por un lado ni al modo de corte por otro (debido a que la señal se autorregula: si la corriente por el colector incrementa, decrece la que circula por la base, y por tanto automáticamente la corriente por el colector pasa a reducirse). Por otro lado, debido a la aparición de este nuevo colchón DC, una vez obtenida la señal ampliada es necesario eliminarlo en la medida de lo posible mediante el condensador C2.

Los valores de R2 y R3 deberían elegirse con cuidado, porque de ellos depende fundamentalmente la amplitud de la señal amplificada, la cual deberá ser una u otra según lo que nos interese (nivel de línea, tensión de trabajo de Arduino, etc.). De hecho, el uso más habitual de este circuito (y de todos los pre-amplificadores) es adecuar las señales al nivel de línea para que puedan derivarse a circuitos amplificadores de audio propiamente dichos.

Si conectamos este circuito pre-amplificador a nuestra placa Arduino, y leídos los valores de R2 y R3 mostrados en el diagrama anterior, podremos observar mediante el "Serial monitor" la presencia de un colchón DC de 320 (sobre 1024) y picos de hasta 950 en sonidos muy fuertes. Estos valores ofrecen un rango útil (dentro del rango 0-1023 admitido por las entradas analógicas de la placa Arduino) bastante aceptable, pero si se desea, se pueden probar otros valores de R2, R3 y C2 para mejorarlo (es decir, para reducir más el valor del colchón y aumentar más el rango útil dentro del admitido).

Ejemplo 7.36: Para probar el circuito pre-amplificador anterior podemos ejecutar el código siguiente, el cual nos puede servir, en un entorno silencioso, para observar las fluctuaciones presentes en la señal aun cuando en teoría debiéramos tener una señal constante. Para evitar este fenómeno, podemos utilizar el recurso de calcular la media de los últimos valores leídos (tal como hemos visto en ejemplos anteriores) y así suavizar los picos no deseados.

```
void setup(){
  Serial.begin(9600);
}
void loop(){
  int mini = 1024;  //Iré reduciendo el valor de "mini" hasta el real
  int maxi = 0;     //Iré reduciendo el valor de "maxi" hasta el real
```

```
for(int i=0;i<1000;i++) { //Otra posibilidad: while(millis() < 1000)
      int valor = analogRead(0); //El micro está conectado en pin 0
      mini = min(mini, valor);
      maxi = max(maxi, valor);
}
Serial.print("Ruido=");
Serial.println(maximum-minimum);
}
```

El circuito pre-amplificador presentado no es ni mucho menos el único que existe. Hay literalmente cientos. Otro circuito común (tal vez incluso más que el anterior), es el de la figura siguiente. En él se utiliza un potenciómetro como divisor de tensión para ajustar la corriente deseada a la base del transistor. Lo más práctico es calibrarlo en un entorno silencioso para obtener un voltaje de salida de 2,5 V correspondiente al punto-Q.

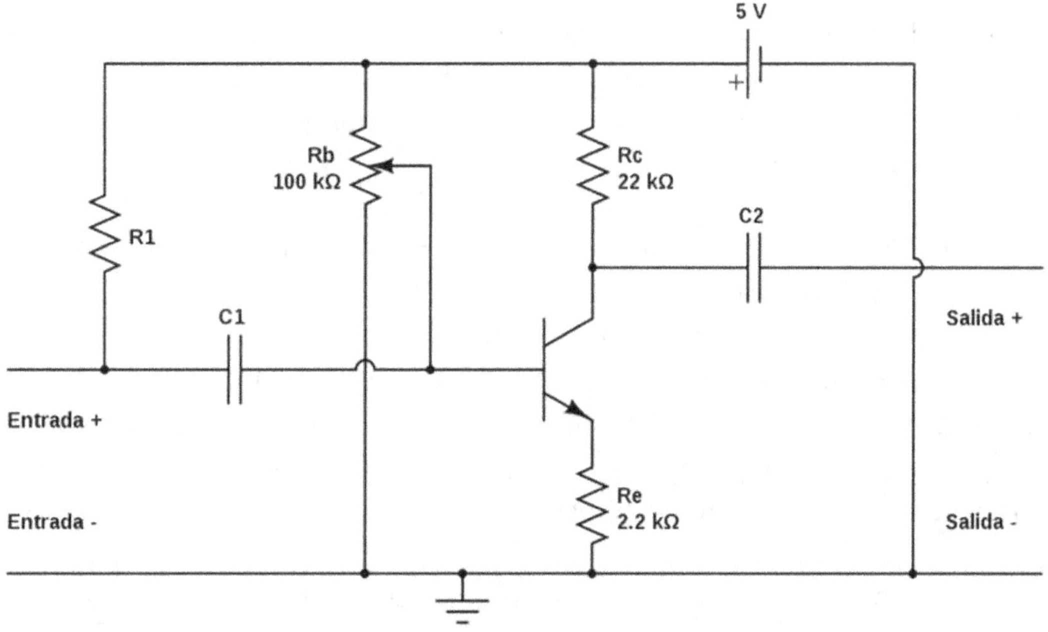

Tanto este circuito como el anterior tienen la ventaja de amplificar la señal sin distorsión, pero tiene el inconveniente de que aporta constantemente un colchón DC a la base del transistor, con lo que no es un circuito eficiente energéticamente.

Finalmente, no quisiera dejar de comentar que en muchos foros y blogs de Internet se sugiere utilizar como pre-amplificador un chip bastante popular, el LM386. No es una buena elección, ya que en realidad, el chip LM386 es un amplificador que trabaja a nivel de línea. Es decir, está pensado para aportar, a partir de una entrada de audio ya pre-amplificada, una potencia de hasta 1 W (en sus versiones más capaces) a un sistema de altavoces. Si se conecta directamente a un micrófono, obtendremos demasiado ruido; una alternativa mejor sería utilizar en todo caso el chip LM358.

Tampoco es buena idea (como a menudo se propone) usar el LM386 como amplificador conectándolo directamente a una salida de audio de nuestra placa Arduino, ya que, como acabamos de decir, este chip está pensado para tener entradas a nivel de línea, las cuales admiten voltajes menores que los 5 V que ofrece un pin-hembra de la placa Arduino.

Reconocimiento de voz

Nuestra placa Arduino es capaz de responder a órdenes expresadas mediante voz gracias al "EasyVR Shield" de Veear (distribuido entre otros por Sparkfun con producto nº 10963), el cual incorpora un módulo de reconocimiento de voz diseñado y fabricado por la misma empresa Veear (también disponible de forma autónoma). Este shield también incluye un micrófono, una salida para conectar un altavoz de 8 ohmios y un zócalo jack de 3,5 mm para conectar unos auriculares.

Este shield se comunica con la placa Arduino a través del canal serie (preferiblemente mediante dos pines RX y TX definidos por software) a una velocidad de 9600 bits/s. Aunque podríamos controlar este shield enviando los comandos adecuados desde un sketch, para gestionar su funcionalidad y comportamiento es mucho más sencillo utilizar la librería que el propio fabricante ofrece en http://www.veear.eu/downloads. La documentación necesaria para aprender su uso viene incluida dentro del paquete descargado.

Este shield incluye de fábrica un conjunto de órdenes predefinidas disponibles en varios idiomas (entre ellos el español), ideales para realizar controles básicos, pero también admite la definición de hasta 32 comandos propios totalmente personalizados, incluyendo contraseñas. Para definir estos comandos y/o configurar las órdenes pregrabadas es necesario utilizar el software gráfico (llamado "EasyVR Commander") que el propio fabricante ofrece (aunque tan solo para sistema Windows) en http://www.veear.eu/downloads. La información necesaria para aprender su uso la podemos consultar en la Guía de Usuario, disponible en el mismo sitio de descargas.

COMUNICACIÓN EN RED

En este capítulo veremos diferentes formas de comunicar nuestra placa Arduino con otras placas (o computadores) conectados a redes de diferentes tipos: concretamente a redes Ethernet cableadas, redes Wi-Fi y redes Bluetooth. El objetivo es controlar y transferir información entre estos dispositivos de forma remota. Así, podríamos, por ejemplo, acceder a datos de sensores o controlar una instalación de actuadores sin tener que desplazarnos físicamente. Para ello supondremos, mientras no se diga lo contrario, que utilizaremos o bien la placa Arduino Ethernet o bien la placa Arduino UNO con el shield Arduino Ethernet acoplado.

CONCEPTOS BÁSICOS SOBRE REDES

Dirección IP

Un dato que siempre ha de tener asignado una placa/shield Arduino Ethernet para que esta tenga conectividad a la red es una dirección IP. De hecho, cualquier dispositivo (como un computador) ha de tener configurada correctamente una dirección IP propia para poder formar parte de una red TCP/IP.

La dirección IP es una etiqueta numérica formada por cuatro cifras, de valores entre 0 y 255 separados por un punto, que identifica a la tarjeta de red de un dispositivo (computador, placa Arduino Ethernet, etc.) dentro de la red de tipo TCP/IP. Cada tarjeta tiene una dirección IP exclusiva, por lo que, utilizando estas direcciones los dispositivos pueden reconocerse y comunicarse entre sí. Un ejemplo de ip podría ser 192.168.0.1.

En un computador, la dirección IP se puede establecer manualmente por el usuario (lo que se llama usar una "ip fija" o "ip estática") mediante diferentes utilidades específicas, distintas según el sistema operativo utilizado, o bien puede existir en la red un dispositivo especializado en conceder automáticamente direcciones ip al resto de dispositivos cuando estos la soliciten (lo que se llama usar una "ip dinámica"). Esta solicitud puede realizarse por decisión del usuario o bien, más frecuentemente, de forma automática durante el arranque del computador mediante un protocolo de intercambio de mensajes llamado DHCP. Cuando se utiliza este protocolo de solicitud-concesión de ips, al dispositivo que concede la ip se le suele llamar "servidor DHCP" y al dispositivo que la solicita se le llama "cliente DHCP". Ambos tipos de ip (fija o dinámica), independientemente de cómo se hayan establecido, funcionalmente son idénticas.

La placa Arduino Ethernet (y similares) puede adquirir su ip también de estas dos maneras: bien de forma fija estableciendo su valor concreto dentro del propio código de nuestro sketch, bien de forma dinámica obteniéndola de algún servidor DHCP existente en la red. En todo caso, hemos de usar la librería oficial "Ethernet".

Se sale de los objetivos de este libro el detallar cómo se configura de forma fija la ip en computadores ejecutando diferentes sistemas operativos. Remito a la ayuda oficial de cada sistema. Igualmente, tampoco detallaremos cómo se puede instalar y administrar un servidor DHCP. Solo como referencia, comentaremos la existencia de algunas aplicaciones que permitan convertir un computador en un servidor DHCP: en Linux podemos usar el software "ISC Dhcpd" (http://www.isc.org/software/dhcp) o el "Dnsmasq" (http://www.thekelleys.org.uk); en Windows podemos usar el que viene incorporado de fábrica en sus versiones Server o bien el DhcpServer (http://www.dhcpserver.de/dhcpsrv.htm) o el "Open Dhcp Server" (http://sourceforge.net/projects/dhcpserver) o también el "Dual Dhcp-Dns Server" (http://dhcp-dns-server.sourceforge.net), entre otros. Remito a su respectiva documentación oficial para conocer cómo ponerlos en marcha.

Máscara de red

La máscara de red sirve para identificar a qué red pertenece un dispositivo que tenga una dirección ip concreta. Un dispositivo (por ejemplo, nuestra placa Arduino) solamente puede pertenecer en un momento determinado a una única red. Saber a qué red pertenece un dispositivo es muy importante, porque solamente dispositivos de la misma red son capaces de comunicarse entre sí.

Una máscara de red es un conjunto de cuatro cifras de valores entre 0 y 255 separados por un punto. Existen muchos tipos de máscara de red, pero nosotros nos centraremos en las tres más básicas: la máscara de clase A (cuyo valor es 255.0.0.0), la de clase B (cuyo valor es 255.255.0.0) y la de clase C (cuyo valor es 255.255.255.0).

Para saber a qué red concreta pertenece un dispositivo con una determinada ip y máscara, debemos conocer su identificador de la red, el cual es también un conjunto de cuatro cifras entre 0 y 255 separadas por un punto. Este identificador se forma eligiendo la parte de la ip del dispositivo que coincide con la parte de su máscara de valor 255, y luego añadiendo 0 a la parte que coincide con la parte de su máscara de valor 0. Por ejemplo, si tenemos una placa Arduino (o un computador, es lo mismo) que tiene la ip 192.168.23.1 y una máscara de 255.255.0.0, la red a la que pertenece será "192.168.0.0", y se podrá comunicar con todos los dispositivos que pertenezcan a esa misma red (como por ejemplo, suponiendo siempre la misma máscara, el que tenga una ip como 192.168.142.62 o 192.168.216.39, etc.). En cambio, ese dispositivo no se podrá comunicar con otro que por ejemplo tenga la ip 192.76.23.123 (y la misma máscara), porque este pertenecería a la red "192.76.0.0", que es diferente.

En un computador, la máscara de red se puede establecer manualmente por el usuario mediante las mismas aplicaciones que permitían establecer el valor de una "ip fija" (las cuales ya hemos comentado que según el sistema operativo utilizado son diferentes), o bien puede ser asignada mediante el servidor DHCP existente en la LAN. En una placa/shield Arduino Ethernet, la máscara se puede establecer escribiéndola "a mano" dentro del código de nuestro sketch (mediante la librería "Ethernet"), o bien ser asignada a través de algún servidor DHCP existente en la red.

Direcciones IP privadas

A la hora de asignar una ip a nuestra placa, nos puede venir la duda de si cualquier combinación de cuatro números es válida. La respuesta es no. Para empezar, cada uno de los cuatro números solamente puede tener un valor entre 0 y 255, pero ni siquiera son válidas todas las combinaciones posibles de esos valores: solamente podemos utilizar una ip que sea de tipo "privada". Expliquemos esto.

Cada dispositivo conectado directamente a Internet tiene una ip "pública" diferente que le permite comunicarse con el resto de dispositivos del mundo. El IANA (http://www.iana.org) es el organismo internacional que asigna de forma controlada estas ips públicas a las entidades que necesiten disponer de acceso directo a Internet (como los operadores telefónicos, entre otros). Pero el IANA solo trabaja con organizaciones reconocidas internacionalmente: nunca concede ips públicas a usuarios finales. Así que nosotros como usuarios no podremos nunca administrar ips públicas. De hecho, el acceso doméstico a Internet es posible gracias a que el operador que tenemos contratado nos ofrece una de las ips públicas que él ha obtenido de parte de la IANA.

No obstante, suele ser bastante habitual que en una empresa u organización (o incluso en un domicilio particular) tengamos varios equipos y todos queramos conectarlos entre sí y a Internet. Además de que sería un gran desperdicio asignar a cada uno de estos equipos una ip pública (mas teniendo en cuenta que estas no son infinitas y que actualmente se están agotando), acabamos de decir que esto es imposible porque la IANA no nos lo permite. La solución es utilizar ips "privadas". Es decir, ips que solo puedan funcionar en el interior de una red local, sin poder "salir afuera" (es decir, sin poder acceder directamente a Internet).

En realidad, el acceso a Internet sí que es posible, aunque todos los equipos de nuestra LAN usen una ip privada, gracias a la existencia de un equipo intermediario (lo que comúnmente llamamos "router") que es el único que tiene asignada una ip pública y que es utilizado por el resto de los equipos de la LAN como pasarela al exterior. Con este "truco" conseguimos que múltiples máquinas tengan acceso a Internet usando una sola ip pública, camuflando todo el interior de la LAN.

Lo bueno de este sistema es que, además de ahorrar ips públicas, las ips privadas se pueden reutilizar todas las veces que se desee en diferentes LANs, porque estas últimas no se ven entre sí: se quedan confinadas en el interior de la LAN. Esto hace que podamos asignar a los equipos de nuestra organización unas ips privadas y que otra persona de cualquier otra parte del mundo asigne las mismas en su propia organización, sin ningún problema: no habrá ningún conflicto porque entre ambas organizaciones tan solo se ven sus ips públicas respectivas (concedidas por sus respectivos operadores) y por tanto no hay ningún tipo de solapamiento.

Así pues, resumiendo: las únicas ips que podemos asignar a nuestra placa Arduino para comunicarla con las máquinas de nuestra red local son ips privadas. Existen oficialmente varias redes reservadas para un uso exclusivamente privado. La red concreta que elijamos da igual, pero en cualquier caso todos los dispositivos de nuestra LAN han de pertenecer a la misma red para que se puedan "ver" entre sí. Las redes privadas posibles a elegir son:

La **red "10.0.0.0"** de clase A (255.0.0.0): Es decir, en nuestros dispositivos podemos usar ips que vayan desde la 10.0.0.1 hasta la 10.255.255.254 (la

10.255.255.255 es una ip especial y en nuestros proyectos no la utilizaremos). Todos estos equipos pertenecen a la misma red (la 10), y se puede comprobar fácilmente contando las ips posibles que en ella pueden existir miles de equipos.

Las **redes "172.16.0.0", "172.17.0.0", "172.18.0.0"...hasta la "172.31.0.0"** de clase B (255.255.0.0) : En cada una de estas redes podemos usar ips que vayan desde x.x.0.1 hasta x.x.255.254 (es decir, desde 172.16.0.1 hasta 172.16.255.254, ó desde 172.17.0.1 hasta 172.17.255.254, etc). Se puede ver fácilmente que podemos utilizar hasta 16 redes privadas diferentes de clase B (a diferencia de la única red privada de clase A posible), pero en cada una de estas redes de clase B pueden existir menos cantidad de equipos.

Las **redes "192.168.0.0", "192.168.1.0", "192.168.2.0"... hasta la "192.168.255.0"** de clase C (255.255.255.0). En cada una de estas redes podemos usar ips que vayan desde x.x.x.1 hasta x.x.x.254 (es decir, desde 192.168.0.1 hasta 192.168.0.254, ó desde 192.168.1.1 hasta 192.168.1.254, etc). Se puede comprobar que podemos utilizar hasta 256 redes privadas diferentes de clase C, pero en cada una de ellas tan solo pueden existir hasta 254 equipos.

Dirección MAC

Otro dato imprescindible para que la placa Arduino Ethernet se pueda conectar a la red, además de una dirección IP y su máscara de red, es que tenga una dirección MAC. De hecho, cualquier computador ha de tener siempre especificada una dirección MAC propia para poder formar parte de una red TCP/IP.

La dirección MAC es una etiqueta de 48 bits (12 caracteres hexadecimales) que identifica a la tarjeta de red de manera única e inequívoca en el mundo. Este dato no depende del protocolo de conexión utilizado ni de la red: es un valor fijado por el fabricante de la tarjeta que (normalmente) no se puede cambiar porque viene grabado en el hardware de esta. Afortunadamente, en la mayoría de los dispositivos (como es el caso de los computadores) no es necesario conocer (y ni mucho menos cambiar) la dirección MAC ni para montar una red doméstica ni para configurar la conexión a Internet ni nada, porque esta solo se usa a niveles más internos de la red y viene predefinida de fábrica. Un ejemplo de dirección MAC podría ser 12-AB-56-78-90-FE.

En el caso de la placa/shield Arduino Ethernet, no obstante, sí que debemos especificar en el código de nuestro sketch su dirección MAC (mediante la librería

"Ethernet"). Dependiendo de la antigüedad del modelo de placa/shield que tengamos, puede ser que tenga o no la dirección MAC predefinida de fábrica. En el caso de que sea así, esta MAC se mostrará impresa en una etiqueta pegada a la placa/shield y en el código de nuestro programa deberemos utilizar dicha dirección MAC. Si no vemos ninguna etiqueta, la placa/shield no tendrá ninguna MAC predefinida, por lo que en el código de nuestro sketch nos la deberemos inventar (procurando que no coincida con ninguna otra que tengan los dispositivos conectados a nuestra red local en ese momento).

Servidores DNS

Un servidor DNS es un computador (normalmente de acceso público a través de Internet) que hace posible que los usuarios utilicen nombres descriptivos en lugar de direcciones ip (más difíciles de aprender y recordar) para identificar y conectar con los distintos equipos presentes en la red. Es decir, son computadores ubicados en diferentes partes del mundo que permiten que los usuarios de Internet puedan usar un nombre sencillo (como por ejemplo www.rclibros.es) para conectar con un ordenador concreto en lugar de escribir su dirección ip (como 82.98.148.182).

Cuando un usuario escribe un nombre DNS en una aplicación de nuestro computador (como un navegador), lo primero que ocurre es que esa aplicación consulta qué servidor DNS (o servidores, ya que puede haber varios) tiene predefinido el sistema operativo utilizado. Cuando descubre la ip guardada de ese servidor DNS predefinido, le envía una consulta solicitando conocer cuál es la dirección ip real que se corresponde con el nombre escrito por el usuario. Si el servidor DNS le responde con la información solicitada, la aplicación puede entonces comunicarse directamente con ese equipo remoto usando su dirección ip. Si el servidor DNS no tiene ninguna entrada en su base de datos para el nombre consultado, normalmente él mismo consultará a otro servidor DNS hasta que se encuentre uno que sí conozca la correspondencia nombre <-> ip, o bien hasta que se descubra que el nombre consultado no pertenece a ninguna máquina existente.

En un computador, los servidores DNS a consultar de forma predeterminada se pueden establecer manualmente por el usuario mediante las mismas aplicaciones que permitían establecer el valor de una ip fija o la máscara (las cuales ya hemos comentado que según el sistema operativo utilizado son diferentes), o también pueden ser asignados mediante el servidor DHCP existente en la LAN. En el caso de la placa/shield Arduino Ethernet, el servidor DNS que queramos utilizar se puede establecer escribiendo su ip "a mano" dentro del código de nuestro sketch (mediante la librería "Ethernet"), o bien puede ser asignado a través de algún servidor DHCP existente en la red.

Hay que aclarar que si un dispositivo (placa/shield Arduino Ethernet o computador) no tiene configurado ningún servidor DNS, podrá seguir comunicándose con el resto de equipos utilizando sus direcciones ip directamente. Es decir, el uso de servidores DNS no es imprescindible técnicamente hablando, aunque no hay duda que facilita mucho el uso de la red por parte de los usuarios.

Algunos de los servidores DNS públicos que podemos utilizar en nuestros sketches de Arduino pueden ser los de Google (con ips 8.8.8.8 y 8.8.4.4), los de OpenDNS (208.67.222.222 y 208.67.220.220), los de DNSAdvantage (156.154.70.1 y 156.154.71.1) o los de ScrubIT (67.138.54.100 y 207.225.209.66), entre otros muchos (como los proporcionados por cada operador telefónico).

Es posible instalar en nuestra propia LAN un software específico para convertir un computador en servidor DNS, como la aplicación "ISC Bind" (http://www.isc.org/software/bind) o el "Dnsmasq" (http://www.thekelleys.org.uk), pero esto no lo tendremos que hacer a no ser que necesitemos que los equipos de nuestra red local también tengan nombres propios. Normalmente, los servidores DNS que se suelen utilizar son públicos de Internet (como los listados en el párrafo anterior), para poder usar así los nombres de todos los ordenadores públicos de Internet (servidores web, servidores de correo, etc.), que es lo que generalmente querremos.

Puerta de enlace predeterminada

Una puerta de enlace predeterminada (también llamado "gateway") es un dispositivo especializado en comunicar dos o más redes entre sí (es decir, en conectarlas y redirigir el tráfico de datos entre ellas). Generalmente, en las casas u oficinas, este dispositivo (al que comúnmente se le llama "router" o enrutador) conecta la red local del domicilio con Internet. En las empresas, muchas veces esta función recae en un computador que, además de redirigir el tráfico de datos entre la red local y la red exterior (Internet), realiza más tareas (como hacer de cortafuegos, por ejemplo). En cualquier caso, un "router" estándar debe incorporar internamente una tarjeta de red con una ip pública asignada por el operador telefónico (que servirá para identificarse dentro de Internet), y otra tarjeta de red con una ip privada (que servirá para identificarse dentro de la red local para ser accesible así al resto de equipos de esa red).

Todos los equipos de una red local deberán tener configurada la ip privada de la puerta de enlace predeterminada para que puedan saber a dónde dirigir los mensajes destinados al exterior. En el caso de computadores ejecutando diferentes sistemas operativos, se sale de los objetivos de este libro el detallar cómo se realiza esto: remito a la ayuda oficial de cada sistema. En el caso de la placa/shield Arduino Ethernet, la puerta de enlace predeterminada que queramos utilizar se puede establecer escribiendo su ip "a mano" dentro del código de nuestro sketch (mediante la librería "Ethernet"), o bien puede ser asignado a través de algún servidor DHCP existente en la red.

Hay que aclarar que si un equipo no tiene configurado una puerta de enlace, podrá seguir comunicándose con el resto de equipos de su propia red local, pero en el momento que necesite enviar un mensaje al exterior (a otra red), no sabrá a quién pasárselo y por tanto no se podrá comunicar con otras redes.

USO DE LA PLACA/SHIELD ARDUINO ETHERNET

Configuración inicial de los parámetros de red

Para que una placa Arduino Ethernet (o el shield Ethernet o alguna otra placa/shield que incorpore el mismo chip Wiznet W5100) pueda empezar a utilizar una red TCP/IP, lo primero que se ha de hacer es asignarle una serie de valores de configuración (dirección MAC, dirección ip, etc.). Para ello escribiremos dentro del "setup()" de nuestro código la función *Ethernet.begin()*. Esta función tiene varias formas de escribirse:

Ethernet.begin(mac): donde "mac" representa la dirección MAC que ha de tener nuestra tarjeta. En los modelos más modernos del shield Arduino Ethernet, esta dirección viene impresa en una etiqueta, y por tanto, se ha de poner ese valor, pero en shields más antiguos se puede elegir una cualquiera. Cualquier valor de una dirección MAC es un array de tipo "byte" de seis elementos escritos en formato hexadecimal, por lo que normalmente declararemos e inicializaremos previamente ese array en la zona de declaraciones globales (por ejemplo, así: `byte mimac[] = { 0xDE, 0xAD, 0xBE, 0xEF, 0xFE, 0xED };`) y luego asignaremos dentro de la función "setup()" esa dirección MAC a nuestra placa/shield escribiendo algo como esto simplemente: `Ethernet.begin(mimac);`.

Esta forma de escribir la función *Ethernet.begin()* —es decir, tan solo especificando la dirección MAC y ya está— provoca que la placa/shield solicite vía DHCP una ip a algún servidor existente en la red local. Por tanto, se ha de haber configurado un computador dentro de nuestra LAN para que actúe como servidor

DHCP. Si la conexión con el servidor DHCP se establece correctamente, la función *Ethernet.begin()* retornará un valor de tipo "int" con valor 1, y si no, retornará 0. El resto de formas de *Ethernet.begin()* explicadas a continuación no tienen valor de retorno.

Por otro lado, esta forma de escribir la función *Ethernet.begin()* especificando tan solo la dirección MAC incrementa notablemente el tamaño del sketch final compilado, asunto que debemos tener en cuenta para no sobrepasar el límite impuesto por la memoria del microcontrolador.

Ethernet.begin(mac, ip): donde "ip" representa la dirección ip (fija, en este caso) que asignamos manualmente a la placa/shield Arduino Ethernet. Cualquier valor de una dirección ip es un array de tipo "byte" de cuatro elementos, escritos en formato decimal, por lo que normalmente declararemos e inicializaremos previamente ese array en la zona de declaraciones globales (por ejemplo, así: `byte miip[] = { 10, 0, 0, 17 };`) y luego asignaremos dentro de la función "setup()" esa dirección ip a nuestra placa/shield escribiendo algo como esto simplemente: `Ethernet.begin(mimac,miip);` —suponiendo que "mimac" ha sido declarado como el array que contiene la dirección MAC—.

Existe otra manera de declarar direcciones ip en vez de utilizar un array de tipo byte: mediante la declaración especial `IPAddress miip(10,0,0,17);` (donde en este ejemplo hemos llamamos a nuestra ip "miip" y le hemos asignado el valor 10.0.0.17).

Ethernet.begin(mac, ip, servdns): esta forma de escribir la función es muy similar a la anterior. Simplemente se le añade a la placa/shield Arduino Ethernet un dato de configuración suplementario (además de su dirección MAC y su dirección ip fija) que es la dirección ip de un servidor DNS que esta placa utilizará. Esta dirección ip es un array de tipo "byte" de cuatro elementos, escritos en formato decimal, declarado e inicializado previamente en la zona de declaraciones globales.

Ethernet.begin(mac, ip, servdns, gateway): esta forma de escribir la función es muy similar a la anterior. Simplemente se le añade a la placa/shield Arduino Ethernet un dato de configuración suplementario (además de su dirección MAC, su dirección ip fija y la dirección de un servidor DNS predefinido), que es la dirección ip de la puerta de enlace ("gateway") de nuestra red local que esta placa utilizará. Esta dirección ip es un array de tipo "byte" de cuatro elementos, escritos en formato decimal, declarado e inicializado previamente en la zona de declaraciones globales.

En las formas de *Ethernet.begin()* donde no se especificaba explícitamente la dirección ip de la puerta de enlace (las tres primeras), esta se asigna por defecto a la misma ip de la propia placa Arduino excepto en el último número de los cuatro, que se establece a 1. Es decir, si la ip de la placa decidimos que sea 10.0.0.17, la ip del gateway se establece automáticamente, si no se indica lo contrario, a 10.0.0.1.

Ethernet.begin(mac, ip, servdns, gateway, subnet): esta forma de escribir la función añade a las formas anteriores la posibilidad de configurar además la máscara de red que tendrá la placa/shield Arduino Ethernet. Este dato es un array de tipo "byte" de cuatro elementos, escritos en formato decimal, declarado e inicializado previamente en la zona de declaraciones globales. Su valor por defecto, si no se especifica explícitamente, es 255.255.255.0

En el caso de que hayamos utilizado la primera forma de *Ethernet.begin()*, es decir, el que utiliza un servidor DHCP externo para obtener la ip de la placa/shield, nos será interesante conocer dos funciones más:

Ethernet.localIP(): devuelve la dirección ip de la placa/shield. Este valor de retorno ha de ser declarado previamente de tipo "IPAddress". Si la ip es fija no tendrá mucho sentido utilizar esta función, pero en los casos donde esta ip es dinámica, es la manera de saber exactamente qué ip ha obtenido nuestra placa/shield en un momento determinado. No tiene parámetros.

Ethernet.maintain(): permite la renovación de la concesión de una ip dinámica. Cuando una ip es asignada a un dispositivo por un servidor DHCP, esta asignación es válida durante un determinado tiempo decidido por el servidor. Con esta función es posible solicitar una renovación en la asignación de la ip concedida. Dependiendo de la configuración del servidor, se renovará efectivamente esa misma ip, o bien se asignará una nueva ip diferente, o bien no se concederá la prórroga. Esta función no tiene parámetros. Su valor de retorno es de tipo "byte" y puede ser: 0 (si no pasa nada), 1 (si la concesión de una nueva ip ha fallado), 2 (si la concesión de una nueva ip se ha realizado con éxito), 3 (si la renovación de la ip existente ha fallado), 4 (si la renovación de la ip existente se ha realizado con éxito).

La librería Ethernet también ofrece la posibilidad de establecer conexiones de tipo UDP (mediante objetos de tipo "EthernetUDP"), pero en este libro no las estudiaremos. Si se desea aprender su uso, remito a la documentación oficial disponible en la página web de Arduino.

Uso de Arduino como servidor

Las redes TCP/IP suelen tener una arquitectura llamada de "cliente-servidor". Esto significa que en la comunicación establecida entre dos máquinas, una de ellas toma el rol de "cliente" y la otra de "servidor". La diferencia está en su comportamiento: lo que hace un cliente es realizar peticiones puntuales a un servidor, y lo que hace un servidor es recibir estas peticiones y ofrecer una respuesta adecuada al cliente como respuesta. El servidor, por tanto, ha de estar permanentemente "escuchando" la posibilidad de recibir las peticiones de los clientes, que se pueden producir en cualquier momento y pueden provenir de múltiples clientes a la vez.

Las peticiones de los clientes pueden ser de muchos tipos: por ejemplo, un cliente puede solicitar la descarga de un fichero almacenado en el servidor, otro cliente puede solicitar imprimir con una impresora conectada al servidor, otro cliente puede solicitar ver la página web que esté alojada en el servidor, etc. En general, pues, un servidor de un tipo concreto ofrece un recurso concreto para clientes de ese mismo tipo. Así, tendremos servidores y clientes de ficheros, servidores y clientes de impresión, servidores y clientes web, etc.

Un mismo computador puede ejercer de servidor de varios tipos (web, de impresión, de ficheros, etc.). Para evitar que las peticiones de clientes de distintos tipos interfieran entre sí cuando conecten con un servidor "multitipo", existe un mecanismo que es el siguiente: cada recurso (servicio) ofrecido por el servidor viene "identificado" por un número (el llamado "número de puerto"). A través de un puerto concreto, el servidor solamente aceptará peticiones de un tipo concreto de clientes, de forma que en un servidor puede haber varios puertos abiertos, y cada uno de ellos escuchando posibles solicitudes de un tipo de clientes, sin mezclarse. Los puertos son algo parecido a las ventanillas de un banco: si suponemos que los clientes del banco representan las peticiones, cada una de ellas ha de ir dirigida a la ventanilla que toque según el tipo de petición que sea (si es para sacar dinero se tendrá que ir a una ventanilla, si es para contratar una hipoteca, a otra, y así); de esta forma, las peticiones de distinto tipo no interfieren entre sí y todo funciona mucho más ordenada y eficazmente. Es muy importante que cada cliente se conecte al puerto que le toca, porque si no, es posible que la comunicación sea imposible entre él y el servidor, ya que este puede no reconocer la petición que le esté llegando.

Cuando decimos que la placa Arduino actúe como servidor, estaremos ofreciendo algún tipo de recurso de forma permanente para que cualquier dispositivo con capacidad de conectarse a ella (otra placa, un computador, etc.) pueda disponer de él. Esto implica que nuestra placa deberá tener abierto un puerto –como mínimo– para poder escuchar y contestar esas solicitudes recibidas.

Lo primero que debemos hacer para convertir nuestra placa Arduino en un servidor es declarar, en la zona de declaraciones globales, una variable (en realidad, crear un objeto) de tipo "EthernetServer". Esto se hace usando la siguiente sintaxis (suponiendo que llamamos "miservidor" a dicha variable): *EthernetServer miservidor(nº puerto);* donde "nº puerto" es un número entero que representa el número de puerto usado para escuchar las peticiones de los clientes que se conecten al servidor.

Una vez ya creado el objeto "miservidor" en la declaración anterior, lo deberemos poner en marcha mediante la siguiente función:

miservidor.begin(): hace que "miservidor" empiece a escuchar las peticiones recibidas a través del puerto que hayamos definido en su declaración. Normalmente, esta función se ejecuta dentro de "setup()", justo después de *Ethernet.begin()*. No tiene ni parámetros ni valor de retorno.

A partir de aquí, ya podemos hacer cosas en nuestro sketch. Por ejemplo, podemos enviar datos a todos los clientes (sin distinción) que estén ya conectados a nuestra placa. Para ello, disponemos de tres funciones diferentes:

miservidor.print(): envía el dato especificado como parámetro a todos los clientes conectados en este momento a la placa-servidor. Este dato puede ser de cualquier tipo: entero, decimal, carácter o cadena de caracteres. Si es numérico, será tratado como una secuencia de caracteres ASCII (es decir, el número 123 se enviará como tres caracteres: '1', '2' y '3'). Opcionalmente, tiene un segundo parámetro, útil en el caso de que el dato a enviar sea entero, el cual puede valer alguna de las siguientes constantes predefinidas: BIN (para enviar el dato en formato binario), HEX (para enviarlo en formato hexadecimal) o DEC (para enviarlo en formato decimal, aunque por defecto ya es así). Su valor de retorno es el número de bytes enviados, pero utilizarlo es opcional.

miservidor.println(): funciona exactamente igual a *miservidor.print()*, con la diferencia de que al final del envío del dato pasado como parámetro, añade los caracteres ASCII 10 y 13, provocando un salto de línea.

miservidor.write(): envía el dato especificado como parámetro a todos los clientes conectados en este momento a la placa-servidor. Este dato, sin embargo, solo puede ser de tipo "char" o "byte". No tiene valor de retorno.

Pero lo más interesante es tratar individualmente con cada una de las conexiones que se produzcan de una forma independiente y "personalizada". (recordemos que un puerto de una placa/shield Ethernet actuando como servidor puede soportar hasta cuatro clientes conectados simultáneamente). Para ello, necesitaremos la función:

miservidor.available(): devuelve (crea) un objeto de tipo "EthernetClient" cuando "miservidor" detecta una entrada de datos proveniente de algún cliente exterior. Este objeto representa la conexión establecida con ese cliente. Si "miservidor" no recibe ninguna entrada de datos, esta función devuelve 0 y por tanto no se crea ningún objeto. En cualquier caso, este objeto "EthernetClient" ha de ser previamente declarado (en el ámbito donde se desee de nuestro sketch) mediante la sintaxis: `EthernetClient micliente;` (suponiendo que llamamos "micliente" a dicho objeto). Una vez que *miservidor.available()* haya creado el objeto "micliente", la conexión que este representa podrá ser manipulada mediante una serie de instrucciones propias de "micliente" y que solo afectan a esa conexión. De esta manera podremos enviar o recibir datos comunicándonos exclusivamente con "micliente". Importante hacer notar que la conexión gestionada por "micliente" es persistente, y para cerrarla explícitamente es necesario utilizar la función *micliente.stop()*. Esta función no tiene parámetros.

Una vez creado el objeto "micliente", podremos comunicarnos con ese cliente particular de diversas formas. En concreto, para recibir datos de él (de hecho, los que se han detectado mediante *miservidor.available()*) usaremos:

micliente.read(): devuelve un byte proveniente de "micliente". Cada vez que se ejecute esta función, devolverá el siguiente byte recibido de esa conexión. Si ya no hay más bytes disponibles para leer, devolverá -1. Esta función no tiene parámetros.

micliente.flush(): elimina todos los bytes que han llegado al buffer de entrada del servidor provenientes de "micliente" y que aún no habían sido leídos. No tiene ni parámetros ni valor de retorno.

Y para enviar datos desde "miservidor" a "micliente" tenemos varias posibilidades:

micliente.print(): funciona exactamente igual que *miservidor.print()* pero esta vez solo para la conexión "micliente".

micliente.println(): funciona exactamente igual que *miservidor.println()* pero esta vez solo para la conexión "micliente".

micliente.write(): funciona exactamente igual que *miservidor.write()* pero esta vez solo para la conexión "micliente".

<u>Ejemplo 8.1</u>: Con un ejemplo de código se ve todo más claro. Para probar el siguiente sketch necesitaremos una placa/shield Arduino Ethernet conectada a una red local (normalmente, mediante un switch de red) y uno o más computadores conectados también a la misma red (los cuales harán de cliente). El código siguiente reenvía los datos que recibe por el puerto abierto (que es el 23, pero podría haber sido otro cualquiera) de un cliente particular hacia todos los clientes (incluyendo también el remitente) que estén conectados en ese momento. Ese reenvío también lo realiza a través del canal serie hacia el "Serial monitor" (o equivalente), por lo que si queremos ver esos datos recibidos deberemos conectar con un cable USB la placa/shield Arduino Ethernet a nuestro computador.

```
/*Se necesita incluir la librería SPI porque el módulo Wiznet se
comunica con la placa a través de este protocolo de comunicación.
Nuestro sketch no hace uso explícitamente de las instrucciones de
esta librería, pero las instrucciones de la librería Ethernet
internamente sí. */
#include <SPI.h>
#include <Ethernet.h>
//La dirección MAC de nuestra placa/shield
byte mac[] = { 0xDE, 0xAD, 0xBE, 0xEF, 0xFE, 0xED };
//La dirección ip de nuestra placa/shield
byte ip[] = { 192, 168, 1, 177 };
/*El puerto 23 es usado en servidores Telnet,
pero puede ser otro*/
EthernetServer miservidor(23);
/*Declaro el objeto "micliente" para poder
gestionarlo en el sketch, cuando se conecte*/
EthernetClient micliente;
void setup() {
      //Se inicializa la placa/shield
      Ethernet.begin(mac, ip);
      //La placa empieza a escuchar por el puerto 23
      miservidor.begin();
```

```
      Serial.begin(9600);
}
void loop() {
      int dato;
/*La primera línea mira se ha recibido bytes por el puerto 23. Si es
así ,se crea el objeto "micliente" correspondiente a esa conexión y
se pasa a ejecutar el interior del "if". Si no es así, se vuelve al
principio del loop() otra vez y continuar mirando si se reciben bytes
por el puerto 23, de forma infinita.*/
      micliente = miservidor.available();
      if (micliente > 0) {
/*Se lee byte a byte lo que llega del cliente "micliente" para
reenviarlos a todos los clientes conectados a "miservidor" en ese
momento y al canal serie de la placa/shield*/
            dato=micliente.read();
            miservidor.write(dato);
            Serial.write(dato);
      }
}
```

Para probar el sketch anterior necesitamos que un computador-cliente se conecte al puerto 23 de la placa/shield Arduino y envíe algún dato. Existen muchos programas que pueden hacer esto, pero los más sencillos son los clientes Telnet de consola, que suelen venir incluidos "de fábrica" en la mayoría de sistemas operativos. Para usarlos, ya sea en Windows o en Linux, debemos abrir el terminal de comandos y escribir *telnet ipplaca nº puerto*. Es decir, en nuestro caso, `telnet 192.168.1.177 23`. A partir de allí, cualquier dato escrito, cuando se pulse "enter" será enviado al servidor Telnet (es decir, la placa Arduino). Es importante tener en cuenta además que para que el computador-cliente pueda hacer la conexión correctamente dentro de la red local, ha de tener una ip de la misma red que la placa Arduino y la misma máscara. Es decir, que debería tener una ip del tipo 192.168.1.x, donde "x" es un número entre 1 y 254 (que no sea el 177, que es el que tiene la placa Arduino) y debería tener una máscara tal como 255.255.255.0.

Además de los clientes Telnet de consola, se podrían utilizar otros programas. Por ejemplo, en Windows podemos utilizar un cliente Telnet (y mucho más) con configuración gráfica llamado Putty (http://www.putty.org). En Linux podemos utilizar el comando NetCat (http://netcat.sourceforge.net), herramienta muy versátil y flexible que puede actuar como un sustituto más capaz de Telnet.

El uso de ips públicas para acceder a Arduino

El ejercicio anterior solo funciona si nuestra placa/shield Arduino y los computadores-cliente pertenecen a la misma red LAN. Pero ¿no es posible conectar nuestra placa/shield a Internet, de forma que pudiera recibir mensajes desde cualquier computador del mundo? Para ello, nuestra placa/shield debería tener una ip pública. Podemos conseguir el mismo efecto "vinculando" la ip pública que tiene la puerta de enlace de nuestra red (nuestro "router") a la placa/shield Arduino para que cuando el router reciba un mensaje se lo reenvíe a ella. Esto es un procedimiento que se ha de realizar entrando en el panel de control del router (normalmente vía web), y varía de modelo a modelo. No obstante, no lo estudiaremos porque tiene un inconveniente: la gran mayoría de las veces, las ips públicas asignadas por los operadores telefónicos van cambiando de vez en cuando según sus criterios, por lo que la ip pública de nuestro router un día puede ser una y otro día puede ser otra. Esto quiere decir que los computadores-cliente deben saber en cada momento qué ip pública se corresponde con nuestra placa/shield Arduino. Y esto no es demasiado práctico.

Una manera sencilla de evitar esta complicación es utilizar un servicio de DNS dinámico (DDNS), como el ofrecido por http://www.no-ip.com o similar. La idea es vincular la ip pública de nuestro router con un nombre DNS elegido por nosotros, de manera que los computadores-cliente no tengan que conocer nuestra ip pública para conectarse, sino que baste con utilizar ese nombre DNS. Lo importante es saber que este servicio automáticamente actualizará la vinculación ip pública<->nombre DNS cada vez que nuestra ip pública cambie, por lo que no nos tendremos que preocupar nunca de este problema. Así pues, usando un servidor DNS dinámico, nuestra puerta de enlace tendrá un nombre accesible para todos los computadores del mundo.

La manera de utilizar concretamente el servicio No-Ip es muy sencilla. Primero deberemos crear una cuenta de usuario y seguidamente deberemos loguearnos con ella en su web. Una vez allí dispondremos de la opción "Add Host", la cual nos llevará a un formulario donde podremos elegir el nombre DNS que queremos para nuestro router. A ese nombre se le añadirá siempre una "coletilla" propia de No-Ip, que también podemos elegir de entre varias que hay en un cuadro desplegable. Por ejemplo, un nombre podría ser "mirouter.no-ip.org", o "mirouter.zapto.org", dependiendo de la coletilla seleccionada. En ese mismo formulario hay que asegurarse de que esté marcada la opción "DNS Host (A)" , que ya lo estará por defecto, y nada más. La ip que se nos muestra en ese formulario se corresponde a la ip pública detectada de nuestro router; la podemos especificar a mano si la conocemos y sabemos que la mostrada es incorrecta, pero esto es poco probable. Una vez pulsado el botón de "Create host" del formulario, todavía tenemos que hacer algo más para tener nuestro router disponible en Internet con el nombre elegido: debemos configurar nuestro router para que haga uso del servicio No-Ip.

La manera de conseguir esto varía según el modelo de router, pero en todo caso es una opción existente dentro del panel de control de dicho dispositivo, al cual normalmente se accede vía web especificando su ip privada en un navegador y un nombre de usuario y contraseña en el cuadro que aparece. Estos tres datos los ha de proporcionar el fabricante. Sea como sea, en el apartado de configuración DDNS nos preguntará la empresa que ofrece el servicio (en nuestro caso, No-IP), y el nombre de usuario y contraseña utilizado en la creación del nombre DNS. Una vez hecho esto, el router mantendrá una comunicación con No-IP para notificar automáticamente cualquier cambio en la vinculación ip pública<->nombre, de manera que, ahora sí, nuestro router esté siempre disponible en Internet. Nota: es posible que algún modelo de router no tenga en la lista de servicios DDNS configurables el servicio No-IP; en ese caso, o bien se ha de utilizar otro servicio similar que sí sea compatible, o bien, se puede intentar sobrescribir el firmware del router por otro que sí soporte No-IP, como por ejemplo DD-WRT (http://www.dd-wrt.com). No obstante, esta última solución solo se recomienda para usuarios que realmente sepan lo que están haciendo, ya que se puede acabar con un router inservible.

No obstante, aún falta un paso más: con el uso de No-Ip nuestro router ya es accesible a Internet, pero dentro de nuestra LAN podemos tener conectados varios equipos a él (entre los cuales, nuestra placa/shield Arduino). ¿Cómo sabe el router que cuando reciba un mensaje, este va dirigido a un equipo concreto de entre los que tiene conectados? Mediante la redirección de puertos. Este es otro apartado del panel de control del router, habitualmente señalado como "Port Forwarding", en el cual se puede reenviar mensajes que al router le llegan dirigidos a un puerto específico a otro puerto específico de una máquina concreta de la LAN, identificada por su ip privada. Es decir, si suponemos que nuestra placa/shield Arduino tiene el puerto 23 abierto (como en el ejemplo anterior), en la configuración de reenvío de puertos del router tendríamos que especificar que los mensajes recibidos por el puerto 23 del router se redirijan al puerto 23 de una máquina de nuestra LAN con ip privada 192.168.1.177 (en nuestro ejemplo). Y ahora sí que ya tendremos nuestra placa/shield abierta para escuchar peticiones de todo el mundo, literalmente. Hay que tener en cuenta, no obstante, que cada puerto solo puede ser redireccionado una sola vez.

Los servicios gratuitos de No-IP caducan en caso de inactividad: si no se accede al nombre DNS en el plazo de 30 días, el dominio será borrado del sistema. Es posible evitar que caduque el servicio haciendo clic sobre un enlace en un mail de aviso de caducidad que es enviado tras 25 días de inactividad, o también comprando un servicio No-IP de pago.

Uso de Arduino como cliente

Si lo que queremos es que nuestra placa Arduino se conecte como cliente a cualquier otro dispositivo de red que actuará como servidor (es decir, que nuestra placa Arduino solicite algún recurso externo), lo primero que debemos hacer es declarar un objeto de tipo "EthernetClient" (en el ámbito de nuestro sketch donde se desee), que representará la propia placa. Suponiendo que este objeto EthernetClient lo llamamos "micliente", lo siguiente que debemos hacer es conectarnos al servidor que deseemos. Esto se hace con la siguiente instrucción:

micliente.connect(): realiza la conexión con el servidor cuya ip se haya especificado como primer parámetro (también se puede especificar un nombre DNS, si previamente se escribió algún servidor DNS en *Ethernet.begin()*) y cuyo número de puerto se haya especificado como segundo parámetro. Si se especifica una ip, esta ha de ser un array de tipo "byte" de cuatro elementos previamente declarado e inicializado. Si se especifica un nombre DNS, este es simplemente una cadena de caracteres. El valor de retorno de esta función es "true" si la conexión se ha realizado con éxito o "false" en caso contrario.

Queda claro de la función anterior que para realizar una conexión con un servidor externo, nuestra placa/shield Arduino ha de conocer, además de su ip, un número de puerto adecuado. No vale escribir uno cualquiera, hay que especificar el número de puerto concreto por el que ese servidor admite peticiones, ya que todas las peticiones dirigidas a un puerto diferente del que pone a disposición el servidor serán ignoradas. Por suerte, hay una serie de números de puerto estandarizados que suelen utilizarse siempre para las mismas tareas; así, por ejemplo, los servidores HTTP (también conocidos como servidores "web", es decir, computadores que ofrecen páginas web para que los clientes HTTP –los llamados "navegadores"– puedan visitarlas) suele utilizar el puerto 80. Por lo tanto, si nuestra placa Arduino se ha de conectar a un servidor HTTP, deberemos escribir su ip y el puerto 80 en micliente.conect().

Otros ejemplos de servidores son los servidores FTP (servidores que permiten la transferencia –subida y bajada– de ficheros con clientes FTP), los cuales tienen abierto el puerto 21. O los servidores SSH (servidores que permiten el acceso remoto desde clientes SSH al terminal de comandos), los cuales tienen abierto el 22. También existen los servidores Telnet (similares a los SSH pero menos seguros, ya que no cifran la información transmitida), que abren el puerto el 23. Y los servidores SMTP (usados por los clientes SMTP para enviar correos electrónicos a su destino) y los servidores POP3 (usados por los clientes POP3 para leer los correos electrónicos de nuestro buzón), que utilizan el puerto 25 y 110, respectivamente. Y así hasta miles y miles de servidores diferentes. Si se quiere conocer la lista estandarizada completa, se puede consultar http://www.iana.org/assignments/service-names-port-numbers/service-names-port-numbers.txt.

Para enviar datos desde "micliente" al servidor al que estemos conectados, se pueden usar las funciones:

micliente.print(): su comportamiento es exactamente igual al de *micliente.print()* visto en el apartado anterior, pero esta vez la transmisión de los datos va desde la placa Arduino actuando como cliente hacia un servidor exterior.

micliente.println(): su comportamiento es exactamente igual al de *micliente.println()* visto en el apartado anterior, pero esta vez la transmisión de los datos va desde la placa Arduino actuando como cliente hacia un servidor exterior.

micliente.write(): su comportamiento es exactamente igual al de *micliente.write()* visto en el apartado anterior, pero esta vez la transmisión de los datos va desde la placa Arduino actuando como cliente hacia un servidor exterior.

Para recibir datos provenientes del servidor (normalmente, una respuesta a la solicitud previa enviada por el cliente), podemos usar:

micliente.available(): devuelve el número de bytes disponibles para leer (devolverá 0 si no hay ninguno, lógicamente) provenientes del servidor. Es decir, la cantidad de datos que han sido enviados desde el servidor a "micliente". No tiene parámetros.

micliente.read(): su comportamiento es exactamente igual al de *micliente.read()* visto en el apartado anterior, pero esta vez los datos son recibidos por la placa Arduino actuando como cliente provenientes de un servidor exterior.

micliente.flush(): elimina todos los bytes que han llegado al buffer de entrada de "micliente" provenientes del servidor externo que no han sido leídos. No tiene ni parámetros ni valor de retorno.

Finalmente, disponemos de dos funciones de control más:

micliente.stop(): desconecta "micliente" del servidor externo.

micliente.connected(): Devuelve "true" si "micliente" está conectado o "false" en caso contrario. Muchas veces es el servidor el que cierra la conexión, y esta función nos sirve para detectar si esto ha ocurrido. En ese caso lo más normal es cerrar esa conexión también por nuestra parte, mediante *micliente.stop()*. Observar que se considera que un cliente está conectado aunque la conexión haya sido cerrada si todavía existen datos sin leer. Esta función no tiene parámetros.

<u>Ejemplo 8.2</u>: Con un ejemplo de código se ve todo más claro. En este sketch, nuestra placa/shield Arduino se conecta al buscador de Google (por tanto, a un servidor web escuchando en el puerto 80), y le envía una cadena de caracteres determinada que representa una petición de búsqueda, concretamente de páginas web que contengan la palabra "arduino". Podremos ver por el "Serial monitor" la respuesta que el buscador de Google nos devuelve. Para que funcione este ejemplo (no muy práctico, pero sí muy ilustrativo), solo necesitamos que la placa tenga acceso a una puerta de enlace funcional en nuestra LAN (normalmente a través de la conexión a un switch de red) con ip 192.168.1.1. La placa también ha de estar conectada vía USB a nuestro computador.

```cpp
#include <Ethernet.h>
#include <SPI.h>
byte mac[] = { 0xDE, 0xAD, 0xBE, 0xEF, 0xFE, 0xED };
byte ip[] = { 192, 168, 1, 177 };
//Una ip del servidor web de Google (en concreto, su buscador)
byte miservidor[] = { 173, 194, 67, 103 };
EthernetClient micliente;
void setup() {
    Ethernet.begin(mac, ip);
    Serial.begin(9600);
    /* Si micliente.connect() devuelve 0, la conexión no se ha
    podido realizar. Los servidores web siempre escuchan en el
    puerto 80 */
    if (micliente.connect(miservidor, 80) != 0) {
        Serial.println("Conectado");
```

```
        /*Se envía esta cadena de caracteres al buscador de
        Google.Veremos su significado enseguida */
            micliente.println("GET /search?q=arduino HTTP/1.1");
            micliente.println("Host: www.google.com");
            micliente.println();//Línea en blanco:marca de final
        }
}
void loop(){
        char c;
        /*Si hay datos disponibles que han llegado
        desde el servidor pendientes de leer*/
        if (micliente.available() > 0) {
                //...se lee un byte en cada repetición del loop
                c = micliente.read();
                /*...y se muestra ese byte por el "Serial monitor". El
                resultado final será       la respuesta del servidor
                Google a la cadena que se ha enviado en setup()*/
                Serial.print(c);
        }
        //Si el servidor de Google ha cerrado la conexión
        if (micliente.connected() == 0) {
                micliente.stop();    //La cerramos nosotros también
                for (;;){;} //Y no hago nada nunca más
        }
}
```

¿Qué significado tiene la cadena de caracteres "*GET /search?q=arduino HTTP/1.0*" enviada en el código anterior al buscador de Google? ¿Y la línea "Host: www.google.com"? Hemos dicho que lo que hacíamos era una petición web para obtener las páginas que contienen la palabra "arduino", pero ¿por qué tiene esa sintaxis? Porque es una petición HTTP.

Breve nota sobre el protocolo HTTP:

El protocolo HTTP es un idioma básico formado por preguntas y respuestas que todos los clientes web (es decir, los navegadores) y los servidores web (los programas que ofrecen las páginas web a todo el mundo) entienden. Aunque se utilicen diferentes clientes web (Firefox, Chrome, Safari, Internet Explorer... o en este caso, la propia placa Arduino) y en "el otro lado" esté funcionando distinto software de servidor web (Apache, Nginx, IIS, etc.), el protocolo HTTP es estándar y permite la comunicación entre ambos extremos de una forma universal.

Básicamente, el protocolo HTTP consta de solicitudes concretas que puede realizar un cliente web, y de respuestas predefinidas que puede ofrecer un servidor web a estas solicitudes. De entre los tipos de solicitudes posibles, la más habitual con diferencia es la de solicitar una página web; esta solicitud se efectúa enviando el comando "GET" al servidor; y tras él, el nombre de la página concreta que queremos obtener de ese servidor web.

En el código de ejemplo anterior, el símbolo "/" significa que la página solicitada es la página inicial del sitio web. Y la cadena que sigue a continuación (`search?q=arduino`) es el parámetro que se le pasa a esta página inicial para que sea interactiva (en este caso, para que busque la palabra "arduino"). De hecho, podemos comprobar fácilmente cómo, si accedemos a la página del buscador de Google a través de un navegador normal, dependiendo de lo que escribimos en el cuadro de texto, así se modifica la cola "search?q=" de la dirección visible en la barra de direcciones. Finalmente, la cadena `HTTP/1.1` especifica la versión del protocolo que el cliente web está usando (en este caso, la 1.1, que es la más moderna); esta cadena siempre se ha de poner al final de la orden GET.

Si hubiéramos querido hacer una petición GET a otra página diferente que no fuera la principal del sitio (por ejemplo a http://arduino.cc/en/Reference/HomePage en vez de a http://arduino.cc), tendríamos que añadir tras la barra "/" toda la cadena tras la dirección del servidor web. Es decir, en el ejemplo anterior la petición GET debería ser `GET /en/Reference/HomePage HTTP/1.1`

Normalmente, las solicitudes HTTP no se componen solamente de una línea GET sino que están formadas por más líneas, que si no se especifican, toman un valor por defecto. Estas líneas (que en conjunto se denomina "la cabecera" de la solicitud cliente) sirven para informar al servidor sobre detalles más técnicos de la petición. En el código anterior se envía una línea de cabecera concreta, que es la línea "Host: xxxx", donde xxxx representa siempre el nombre DNS del servidor web al que el cliente quiere conectar. Esta línea es imprescindible indicarla si se utiliza la versión 1.1 de HTTP, así que normalmente siempre veremos una petición GET acompañada de una línea de cabecera "Host:xxxx".

Las respuestas HTTP enviadas por el servidor tras una solicitud hecha por el cliente pueden ser variadas: si el servidor puede ofrecer con éxito lo que el cliente pedía, el servidor se lo indica enviándole un código de respuesta tal como "HTTP/1.1 200 OK", donde en esa cadena se especifica la versión del protocolo usado y un código numérico estándar prefijado que identifica el significado de esa respuesta (además de un texto más entendible). Cada tipo de respuesta tiene un código numérico prefijado que indica el tipo de respuesta. Por ejemplo, el famoso 404 que aparece cuando accedemos a una página no existente, es precisamente el código HTTP que el servidor envía al cliente informando de esta circunstancia. Para conocer el conjunto de códigos numéricos de respuesta del servidor, podemos consultar el documento oficial del estándar HTTP en http://www.ietf.org/rfc/rfc2616.txt.

Igualmente pasa en las solicitudes de los clientes, las respuestas de los servidores no solamente se componen de la línea con el código identificador del tipo de respuesta y ya está, sino que están formadas por más líneas específicas del protocolo HTTP. Estas líneas (que en conjunto se denominan "la cabecera" de la respuesta del servidor) sirven para informar al cliente sobre detalles más técnicos de la respuesta.

Otra duda que podemos tener ejecutando el código anterior es el significado de lo que visualizamos por el "Serial monitor". Hemos dicho que es la respuesta que nos ofrece Google en base a la petición que le hemos hecho, pero ¿de qué consta esa respuesta? Consta de dos partes: las primeras líneas son la cabecera de la respuesta del servidor. Y, tras una línea vacía (en blanco), empieza el envío propiamente dicho del contenido solicitado por el cliente (es decir, de la página web). En este caso sería la primera página web con el listado de resultados ofrecido por Google tras clicar en el botón de "Buscar". Lógicamente, si la solicitud la realizamos a través de un navegador, lo que veremos es esa página, pero si la solicitud la realizamos mediante la placa/shield Arduino, el resultado visible por el "Serial monitor" no se parece en nada. ¿Por qué? Porque lo que estamos viendo en realidad es el código HTML de la página.

Breve nota sobre el lenguaje de marcas HTML:

Todas las páginas web están escritas básicamente en un "lenguaje" llamado HTML. Cuando un navegador solicita una página web, lo que recibe del servidor es precisamente ese código fuente en HTML (que es lo que vemos por el "Serial Monitor". La función del navegador es saber interpretar ese código HTML en elementos visibles para el usuario (imágenes, párrafos, títulos, etc.). Gracias a que el lenguaje HTML es estándar, da igual —en principio— qué navegador utilicemos porque la página se debería visualizar correctamente.

El HTML no es un lenguaje de programación realmente, sino un simple conjunto de etiquetas que indican dónde se tiene que visualizar una fotografía o un texto; lo que se llama un "lenguaje de marcas". Se sale de los objetivos del libro el estudio

> de este estándar, pero si se quiere empezar a conocerlo, recomiendo los estupendos tutoriales presentes en http://www.w3schools.com/html y www.w3schools.com/html5.

Ejemplo 8.3: Podemos modificar el código anterior para que en vez de que siempre se realice la misma búsqueda (la palabra "arduino"), podamos decidir cada vez que se inicia la ejecución del sketch la frase a buscar en Google. Para ello, deberemos introducir esa frase mediante el "Serial monitor".

```
#include <Ethernet.h>
#include <SPI.h>
byte mac[] = { 0xDE, 0xAD, 0xBE, 0xEF, 0xFE, 0xED };
byte ip[] = { 192, 168, 1, 177 };
byte servdns[] = { 8, 8, 8, 8 };
//Usamos su nombre DNS en vez de su ip
char servidor[] = "www.google.com";
EthernetClient micliente;
//Frase a buscar
String frase;
byte i=0;
void setup() {
      char c;
      Ethernet.begin(mac, ip, servdns);
      Serial.begin(9600);
        if (micliente.connect(servidor, 80) != 0) {
            Serial.println("Conectado");
//Mientras no se escriba la frase a buscar, no se hace nada
            while (Serial.available() == 0) {;}
/*Arduino lee carácter a carácter lo que se ha escrito en el
"Serial monitor" y los guarda en un String */
            while (Serial.available() > 0){
/*Es importante que "c" sea de tipo "char" y no "byte" para
que en la frase no se guarde el código numérico ASCII sino el
carácter en sí*/
                c=Serial.read();
//Añadimos el carácter leído al final de la frase
                frase.concat(c);
/*Este delay es muy importante para darle tiempo a Serial.available()
a recibir el siguiente carácter en el buffer. Si no se pone, el
    código
Arduino es más rápido que la llegada de nuevos bytes y la función
Serial.available() puede devolver 0 cuando todavía no se han recibido
todos los bytes */
```

```
                    delay(100);
            }
        } else {
            Serial.println("NO Conectado");
        }
        if (micliente.connected() !=0 )  {
            micliente.print("GET /search?q=");
            micliente.print(frase);
            micliente.println(" HTTP/1.1");
            micliente.println("Host: www.google.com");
            micliente.println();
        }
}
void loop(){
      char c;
//Si recibo respuesta del servidor...
        if (micliente.available() > 0) {
//La muestro carácter a carácter en el "Serial monitor"
            c = micliente.read();
            Serial.print(c);
        }
        if (micliente.connected() == 0) {
            Serial.println("Desconexión");
              micliente.stop();
            for(;;){;}
        }
}
```

Caso práctico: servidor web integrado en la placa/shield Arduino

En el siguiente código, convertimos nuestra placa/shield en un servidor web simple. Es decir, hacemos que nuestra placa/shield pueda contestar a peticiones HTTP para ofrecer a los clientes contenido HTML. Por tanto, desde un computador cualquiera podríamos abrir un navegador y escribir en su barra de direcciones la ip privada de la placa/shield (si estamos dentro de una LAN) o su nombre DNS (si conectamos a través de Internet) para así contactar con ella y visualizar el contenido HTML ofrecido por esta en forma de página web. En este caso concreto, supondremos que tenemos conectado a la placa/shield un sensor analógico cualquiera (un LDR, un termistor, etc.) cuyas lecturas serán visibles en esa página web Si no tenemos ningún sensor a mano, el código funcionará perfectamente, solo que los valores leídos serán ruido aleatorio.

```
#include <SPI.h>
#include <Ethernet.h>
byte mac[] = {0xDE, 0xAD, 0xBE, 0xEF, 0xFE, 0xED };
IPAddress ip(192,168,1,177);
EthernetServer miservidor(80);
EthernetClient micliente;
//Sirve para saber cuándo acaba la solicitud recibida del cliente
boolean lineaActualEstaVacia = true;
/*Cada carácter recibido del cliente
que forma parte de la petición HTTP */
char caracter;
/*Pin de la placa Arduino donde se supone
que está conectado el sensor analógico*/
byte pinAnalogico = 0;
//Valor devuelto de la lectura del sensor analógico
int lectura=0 ;
void setup() {
  Ethernet.begin(mac, ip);
  miservidor.begin();
  /*Para ver la solicitud enviada del cliente
  al servidor (las cabeceras de la petición)*/
  Serial.begin(9600);
}
void loop() {
  micliente = miservidor.available();
  //Si se detecta una conexión de algún cliente
  if (micliente == true) {
    Serial.println("Nueva conexión de cliente");
    while (micliente.connected() == true) {
      //Procedo a leer carácter a carácter la petición HTTP
      if (micliente.available() > 0) {
        caracter = micliente.read();
//Por el "Serial monitor" veo las líneas de cabecera de la petición
        Serial.print(caracter);
        /*Si el carácter recibido es un nuevo \n (salto de línea)
        significa que hemos llegado al final de esa línea. Y si
        además esa lineaActualEstaVacia es true, significa que el
        cliente nos ha enviado una línea entera sin caracteres,
        completamente vacía (en blanco). Una línea completamente
        vacía es la señal estándar para indicar que la petición HTTP
        ha acabado, y por tanto, que podemos enviar una respuesta. */
        if (caracter == '\n' && lineaActualEstaVacia == true) {
            /*Envío una cabecera HTTP estándar. Esta consta de la
          línea con el código de respuesta 200 (OK), otra línea
```

```
llamada Content-Type: que indica al cliente el tipo de
página web que se le va a enviar (normalmente, siempre es
"text/html") y la línea llamada Connection:, cuyo valor
"close" indica que el servidor cerrará la conexión con el
cliente una vez enviada la página web solicitada (es decir,
no realiza una conexión persistente).*/
micliente.println("HTTP/1.1 200 OK");
micliente.println("Content-Type: text/html");
micliente.println("Connnection: close");
/*Una línea en blanco marca el fin del envío de las
cabeceras HTTP. A partir de aquí se envía el contenido HTML
propiamente dicho. En este ejemplo la placa Arduino envía
una sola página HTML, por lo que ésta es la página web por
defecto. Esto significa que no habrá que indicar nada
especial en el navegador para visualizarla aparte de
especificar la ip/nombre de la placa.*/
micliente.println();
/*El código HTML está formado por una serie de "etiquetas"
que indican el tipo de contenido que se va a mostrar. Estas
etiquetas se indican entre "<" y ">". Las dos siguientes
líneas son dos etiquetas que obligatoriamente tienen que
aparecer siempre al principio del código HTML de cualquier
página*/
micliente.println("<!DOCTYPE HTML>");
micliente.println("<html>");
/*Esta etiqueta indica al navegador que actualice la página
(es decir, que vuelva a hacer una petición al servidor)
automáticamente cada 5 segundos. Si no añadimos esta línea,
el navegador solo obtendrá una vez el dato leído del
sensor, y para obtenerlo cada vez deberemos hacer una
petición nueva "a mano" */
micliente.println("<meta http-equiv=\"refresh\"
content=\"5\">");
/*Recojo el valor del sensor analógico y lo
muestro dentro del código HTML que verá el navegador */
lectura = analogRead(pinAnalogico);
micliente.print(lectura);
/*La etiqueta "<br />" sirve para añadir
un salto de línea visible en una página web. */
micliente.println("<br />");
/*Todo código HTML ha de finalizar con la etiqueta
"</html>", que además marca el fin del contenido enviado
por el servidor */
micliente.println("</html>");
```

```
                /*Ya no hay nada más que enviar. Salimos del bucle
                y ya fuera cerraremos la conexión */
                break;
             }
             //Acabo una línea y empiezo una nueva, en principio vacía
             if (caracter == '\n') {
                lineaActualEstaVacia = true;
                /*El carácter leído es uno cualquiera de esa línea, por lo
                que no está vacía. La excepción del carácter \r (retorno de
                carro) proviene de que \r siempre precede a \n en todas sus
                apariciones, por lo que en realidad, una línea vacía siempre
                tiene el carácter \r. Así que en el caso de detectar el
                carácter \r, la línea se sigue considerando vacía. Es decir,
                básicamente lo que se está buscando es una secuencia así:

caracteres de una línea, incluyendo \r --> lineaActualEstaVacia=false
\n (salto de línea)                     --> lineaActualEstaVacia=true
\r (carácter "fantasma", no pasa nada) --> lineaActualEstaVacia=true
\n (salto de línea) + lineaActualEstaVacia=true -> Envío respuesta*/

             } else if (caracter != '\r' ) {
                lineaActualEstaVacia = false;
             }
          }
       }
       //Damos tiempo al navegador a recibir los datos
       delay(1);
       /*Como ya hemos enviado la página al cliente, no tenemos
       nada más que hacer con él, así que cerramos la conexión */
       micliente.stop();
    }
}
```

Caso práctico: servidor web con tarjeta SD

Supongamos que tenemos un fichero llamado "pagina.html" almacenado dentro de una tarjeta SD conectada a nuestra placa/shield Ethernet. En el ejemplo anterior hemos visto cómo servir una página web generada en tiempo real, pero ¿cómo podemos servir una página web que ya esté guardada previamente dentro de la tarjeta SD? Pues de una forma muy similar a la que hemos visto. A continuación, se presenta un código de ejemplo, donde lo único que cambia respecto el código anterior es la respuesta que el servidor ofrece al cliente tras enviarle las pertinentes cabeceras HTTP.

```cpp
#include <SPI.h>
#include <Ethernet.h>
#include <SD.h>
byte mac[] = { 0xDE, 0xAD, 0xBE, 0xEF, 0xFE, 0xED };
byte ip[] = { 192,168,1, 177 };
File pagina;
EthernetServer miservidor(80);
EthernetClient micliente;
char caracter;
boolean lineaActualEstaVacia = true;
void setup(){
        Ethernet.begin(mac, ip);
        miservidor.begin();
        pinMode(10,OUTPUT); //Necesario para la librería SD
        /*Si ha habido un error en inicializar
        la tarjeta, se aborta el programa */
        if (!SD.begin(4)) { return; }
}
void loop() {
  micliente = miservidor.available();
  if (micliente == true) {
    while (micliente.connected()== true) {
      if (micliente.available() > 0) {
        caracter = micliente.read();
        if (c == '\n' && lineaActualEstaVacia==true) {
          client.println("HTTP/1.1 200 OK");
          client.println("Content-Type: text/html");
          client.println();
      /*Tras el envío de las cabeceras HTTP se abre el fichero
      almacenado en la tarjeta SD y se va leyendo carácter tras
      carácter. Al mismo tiempo que se lee cada carácter, este se
      reenvía por la red hacia el cliente.*/
          pagina = SD.open("pagina.html");
          if (pagina != 0) { //Si no hay error…
            //Mientras haya caracteres por leer en el fichero…
            while (pagina.available()> 0) {
                //…los reenvío al cliente
                micliente.write(pagina.read());
            }
           //Después de leerse todos los caracteres,cierro el fichero
            pagina.close();
          }
          break; //Ya he enviado todo. Salgo para cerrar la conexión
        }
```

```
      if (caracter == '\n') {
        lineaActualEstaVacia = true;
      } else if (caracter != '\r') {
        lineaActualEstaVacia = false;
      }
    }
  }
  delay(1);
  micliente.stop();
  }
}
```

El código anterior suele ser utilizado sobre todo para mostrar páginas web cuyo contenido está formado por la información obtenida periódicamente de algún sensor y grabada a tiempo real en la tarjeta SD. Como ejemplo de código donde se ve cómo se almacenan en una tarjeta SD los datos recibidos por un sensor podemos recordar el estudiado en este libro dentro del apartado de sensores de humedad, así que no recomiendo su relectura. En aquel ejemplo, los datos se guardaban en simples ficheros de texto, pero en el caso de quererlos guardar en páginas web el procedimiento es muy similar, porque en realidad, las páginas web no son más que ficheros de texto escritos usando unas determinadas reglas (más concretamente, usando unas determinadas etiquetas HTML). Por tanto, si escribimos esas etiquetas convenientemente, podemos almacenar la información de manera que generemos una página web estándar (visible por cualquier navegador), en vez de generar un simple fichero de texto tabulado.

Al código anterior también le podríamos haber añadido la capacidad de ofrecer diferentes ficheros según determinadas circunstancias (la pulsación de un botón, la lectura recibida de un sensor, etc.). Se deja como ejercicio.

Otra opción que se deja como ejercicio es hacer que el usuario conectado a nuestra placa/shield Ethernet visualice una página web que muestre un menú de enlaces, cada uno correspondiente a un fichero guardado en la tarjeta SD; de esta manera, el usuario podría elegir en cada momento qué fichero quiere descargar. El código que permite esta posibilidad es ciertamente algo más complejo y largo de lo que estamos mostrando en este libro, pero no por ello deja de ser interesante su estudio. Lo podemos obtener de aquí: https://github.com/adafruit/SDWebBrowse.

Caso práctico: formulario web de control de actuadores

En el ejemplo del apartado anterior, hemos supuesto que teníamos una serie de sensores conectados a nuestra placa/shield Arduino y que lo que queríamos era acceder a los valores leídos por ellos a través de una página web ofrecida por la propia placa. Pero ¿y si lo que queremos es utilizar esa página web no para observar datos de sensores sino para controlar el comportamiento de actuadores? Es decir, para poder mover motores o encender LEDs simplemente apretando un botón visible dentro de nuestra web. ¿Qué tendríamos que hacer?

Pues algo muy parecido al ejemplo anterior: tenemos que montar un servidor web en la placa/shield Arduino que acepte peticiones de computadores clientes, los cuales verán una simple página web ofrecida por ella. Lo que cambia ahora básicamente es el código HTML de esa página, ya que en vez de mostrar un valor y ya está (como hacía en el ejemplo anterior), esta vez la página tiene que mostrar una serie de botones que han de reaccionar de una manera determinada cuando son pulsados (moviendo un motor en un sentido o en otro, acelerándolo o frenándolo, encendiendo o apagando un LEDs, emitiendo una melodía con un zumbador u otra, etcétera).

El siguiente código se ofrece como plantilla de referencia a partir de la cual se puede extender y ampliar su funcionalidad para introducir nuevos actuadores. Tal como se presenta, mueve un servomotor conectado al pin de salida PWM número 6 de tres maneras (mediante tres botones). Cada vez que se pulse el primer botón el servomotor se moverá 20 grados en un sentido, cada vez que se pulse el segundo botón se moverá 20 grados en el otro sentido, y cada vez que se pulse el tercero el servomotor se moverá de 0 a 180 grados, y viceversa.

```
#include <SPI.h>
#include <Ethernet.h>
#include <Servo.h>
byte mac[] = {0xDE, 0xAD, 0xBE, 0xEF, 0xFE, 0xED };
IPAddress ip(192,168,1,177);
EthernetServer miservidor(80);
EthernetClient micliente;
Servo miservo;
int pos=90; //No es "byte" porque "byte" no admite negativos
boolean lineaActualEstaVacia = true;
char caracter;
String peticion="";
void setup() {
```

```cpp
  Ethernet.begin(mac, ip);
  miservidor.begin();
  miservo.attach(6);
}
void loop() {
  int i;
  micliente = miservidor.available();
  if (micliente == true) {
    while (micliente.connected() == true) {
      if (micliente.available() > 0) {
        caracter = micliente.read();
/*Solo nos interesa almacenar los primeros caracteres de la petición
del cliente para saber qué botón se ha pulsado (hemos puesto 30 por
conveniencia, pero se puede cambiar); no nos interesa guardar toda la
petición completa */
        if (peticion.length() < 30 ){
                peticion.concat(caracter);
        }
        if (caracter == '\n' && lineaActualEstaVacia==true) {
          micliente.println("HTTP/1.1 200 OK");
          micliente.println("Content-Type: text/html");
          micliente.println("Connnection: close");
          micliente.println("");
          micliente.println("<!DOCTYPE HTML>");
          micliente.println("<html>");
          /*Todo lo que hay entre la etiqueta
          <h1> y </h1> es un título*/
          micliente.println("<h1>Formulario de control de
servos</h1>");

/*Aquí comprobamos qué petición ha realizado el cliente (es decir,
qué botón se ha pulsado del navegador). Dependiendo de la opción
elegida, se mostrará en la página web una frase u otra y se moverá el
servo de la forma correspondiente. Esta zona del código se puede
ampliar para lo que se desee: encender un LED, hacer sonar un
zumbador, etc.*/
          if (peticion.indexOf("SentidoServo=0") > 0 ) {
            micliente.println("Sentido del movimiento
actual:Izquierda <br/>");
            micliente.println("Posición angular actual:");
            pos=pos+20;
            /*Si dentro del if solo hay una instrucción,
            se puede escribir sin llaves */
            if (pos > 180) pos=180;
```

```
            miservo.write(pos);
            micliente.println(pos);
        }
        if (peticion.indexOf("SentidoServo=1") > 0 ){
            micliente.println("Sentido del movimiento
actual:Derecha <br/>");
            micliente.println("Posición angular actual:");
            pos=pos-20;
            if (pos < 0) pos=0;
            miservo.write(pos);
            micliente.println(pos);
        }
        if (peticion.indexOf("SentidoServo=2") > 0 ){
            micliente.println("Sentido del movimiento actual:Vuelta
completa <br/>");
            for (i=0;i<180;i++){
                miservo.write(i); delay(5);
            }
            for (i=180;i>0;i--){
                miservo.write(i); delay(5);
            }
        }
/*Una vez realizadas las comprobaciones de control de servos, acabo
de enviar el resto de página que falta. Esta consta de un formulario
con los botones de control */
        micliente.println("<br/>");
        micliente.println("<form>");
        micliente.println("<button type='submit'
name='SentidoServo' value='0'>Izquierda</button>");
        micliente.println("<button type='submit'
name='SentidoServo' value='1'>Derecha</button>");
        micliente.println("<button type='submit'
name='SentidoServo' value='2'>Vuelta completa</button>");
        micliente.println("</form>");
        micliente.println("</html>");
        break;
      }
    if (caracter == '\n') {
      lineaActualEstaVacia = true;
    } else if (caracter != '\r' ) {
      lineaActualEstaVacia = false;
    }
  }
 }
```

```
/*Vacío la cadena de la petición del cliente actual, para empezar de
nuevo en la posible siguiente conexión */
   peticion="";
   micliente.stop();
  }
}
```

Lo más importante para entender perfectamente el código anterior es saber cómo funciona el mecanismo de envío de peticiones desde el navegador a la placa Arduino. En realidad, se ha empleado la manera más sencilla posible de interactuar vía web con la placa Arduino: mediante el uso de botones dentro de un formulario HTML. De esta manera, si se pulsa un botón, se envía una petición determinada, si se pulsa otro, se envía otra, y la placa responde a cada petición en consecuencia.

Un formulario HTML comienza siempre con la etiqueta *<form>* y acaba con la etiqueta *</form>*. Entre estas dos etiquetas se han de colocar los elementos que formarán ese formulario, los cuales pueden ser de muchos tipos (cajas de texto, listas desplegables, "checkboxs", etc.). A nosotros el elemento de formulario que nos interesa es el botón de envío de datos. Por cada botón de este tipo que queramos incluir, debemos escribir una etiqueta *<button>* con una serie de "parámetros". El parámetro "type" sirve para indicar que la función de ese botón es enviar un dato determinado a alguna página web para que esta lo procese. Esa página web debe estar definida dentro de la etiqueta *<form>* mediante el parámetro "action", pero si este no se especifica (tal como hemos hecho nosotros), el dato entonces va destinado a la misma página web de donde surgió. Esto es lo que nos interesa porque la placa Arduino solo muestra una sola página que realiza las dos cosas: mostrar el formulario y procesar los datos enviados desde él. El parámetro "name" del botón sirve para indicar el nombre del dato que se enviará, y el parámetro "value" sirve para indicar su valor. Es decir, los datos siempre se envían por parejas nombre<->valor, de tal manera que se puede identificar fácilmente cuál es el dato a procesar, y cuál es su valor concreto en ese momento. De esta forma, podríamos por ejemplo añadir a nuestro código otros botones para controlar un LED, o un motor DC, o un zumbador, etc., que tuvieran otro nombre para diferenciarlos de los que ya controlan el servomotor, y hacer que cada uno de estos nuevos botones enviara un valor diferente (HIGH/LOW, o bien un valor analógico).

Bien, ya sabemos cómo envia los datos el formulario. Pero ¿cómo se procesan? Si no se especifica lo contrario, por defecto el tipo de envío de esos datos es mediante el sistema "GET" (aunque también se puede usar otro sistema de envío algo diferente, llamado "POST"). El tipo de envío "GET" hace que en la primera línea de cabecera de petición del cliente aparezca la pareja nombre<->valor del dato enviado con la sintaxis siguiente: *GET /?nombre=valor HTTP/1.1* . Por tanto, una manera sencilla de comprobar si se ha pulsado un determinado botón es detectar si en la cadena anterior aparece el "nombre=valor" buscado. El lenguaje Arduino dispone para los objetos String de la instrucción "indexOf()", que nos puede servir para esto, ya que recordemos que esta instrucción siempre devuelve un valor mayor de -1 si la cadena a buscar se encuentra dentro de otra mayor.

Hay que tener en cuenta que hemos restringido a 30 caracteres (esto es por conveniencia, se puede cambiar si se necesita) la cadena utilizada para buscar dentro de ella el dato "nombre=valor" enviado. Podríamos haber añadido la cabecera entera de la petición dentro de esa cadena, pero en ese caso nos podríamos haber encontrado con un problema. Además de estar en la primera línea, el dato "nombre=valor" puede aparecer en otras líneas de la cabecera (como por ejemplo la línea "Referer:"), con lo que en ese caso el dato se detectaría varias veces y por tanto el servomotor se movería más pasos del único realmente necesario. Para evitar este problema, a los 30 caracteres (una longitud prudencial) dejamos de llenar la cadena utilizada para buscar dentro de ella el dato enviado, con lo que conseguimos que solo contenga como mucho una sola vez el dato "nombre=valor" sin repetirse.

Se pueden construir formularios HTML más complejos que son capaces de enviar varios valores a la vez en una petición GET. En esos casos, la sintaxis de esa petición es *GET /?nombre1=valor1&nombre2=valor2 HTTP/1.1* (para un envío de dos datos) o *GET /?nombre1=valor1&nombre2=valor2&nombre3=valor3 HTTP/1.1* (para un envío de tres datos), y así. En todo caso, esto es fácil comprobarlo si nos fijamos en la barra de direcciones de nuestro navegador: allí aparece escrita la cadena concreta de parejas nombre<->valor enviada tras pulsar el botón. De hecho, sería completamente equivalente escribir la cadena nombre<->valor deseada directamente en la barra de direcciones y pulsar "Enter" que apretar el botón pertinente.

Respecto al diseño de las páginas web ofrecidas por Arduino, es evidente que no es lo más avanzado del mundo. Si queremos que el aspecto de estas mejoren, lo más recomendable es utilizar un "lenguaje" complementario del HTML llamado CSS, el cual está específicamente pensado para controlar el aspecto estético de las páginas web. Combinar código CSS con código HTML hace que este se visualice de una forma mucho más vistosa. No obstante, se sale de los objetivos de este libro profundizar en este tema. Si se desea saber más, recomiendo consultar el excelente tutorial online disponible en http://www.w3schools.com/css y http://www.w3schools.com/css3.

Para acabar este apartado, diremos que en vez de utilizar botones dentro del formulario para controlar el estado del servo, podríamos haber utilizado otros elementos de entrada de datos, como por ejemplo una caja de texto. Si sustituimos en el código del ejemplo anterior las líneas

```
micliente.println("<button type='submit' name='SentidoServo'
value='0'>Izquierda</button>");
micliente.println("<button type='submit' name='SentidoServo'
value='1'>Derecha</button>");
micliente.println("<button type='submit' name='SentidoServo'
value='2'>Vuelta completa</button>");
```

por estas:

```
micliente.println("<input type='text' name='SentidoServo'/>");
micliente.println("<button type='submit' value='0'>Enviar </button>");
```

obtendremos un formulario con una caja de texto y un botón. En la caja de texto deberemos introducir el valor de control ("0" –movimiento en un sentido– ,"1" –movimiento en otro sentido– o "2" –vuelta completa–) que deseemos, y el botón nos servirá para enviarlo a Arduino. Cualquier otro valor diferente de "0", "1" o "2" no hará nada. Hay que fijarse en que el elemento HTML correspondiente a una caja de texto es el elemento *<input/>* el cual ha de tener como mínimo dos parámetros: su tipo (las cajas de texto estándar son de tipo "text") y su nombre, que servirá a la placa Arduino para identificar a qué caja de texto pertenece el dato recibido. Evidentemente, una caja de texto no tiene parámetro "value" explícito porque este es el texto que se ha introducido en cada momento. El elemento *<button>*, por su parte, es idéntico a los ya vistos, con la salvedad de que ahora no es necesario que envíen ningún "value", porque su única función es enviar los datos introducidos en otros elementos del formulario.

A partir de los ejemplos anteriores, ya podemos ser capaces de construir un panel de control web para gestionar cualquier elemento conectado a una placa Arduino. Por ejemplo, podríamos utilizar cajas de texto para establecer el mensaje a visualizar en una LCD, o para variar la velocidad de un motor DC, o para elegir la melodía a emitir por un altavoz, etc.

Caso práctico: envío de mensajes a Twitter.com

Twitter (http://www.twitter.com) es una plataforma gratuita de microblogging. Es decir, previo registro, uno puede crear un mensaje de como máximo 140 caracteres y hacerlo visible a todo el mundo (literalmente), aunque para que otros usuarios de Twitter puedan recibir estos mensajes automáticamente, deberán suscribirse a ellos. La manera de leer los mensajes recibidos gracias a nuestras suscripciones puede variar: se puede acceder (previa introducción de usuario y contraseña) a través de la página web oficial de Twitter, o bien utilizando alguna aplicación específica para PC o teléfono móvil de última generación.

Podemos aprovechar este sencillo funcionamiento para hacer que nuestra placa Arduino pueda publicar mensajes utilizando una cuenta propia de Twitter y usar entonces nuestra propia cuenta personal para suscribirnos a dichos mensajes. De esta forma, en todo momento estaremos informados de todo lo que nuestra placa Arduino notifique (cuando se detecte algún evento o a intervalos regulares o cuando deseemos). Si nos preocupa la privacidad de estos mensajes emitidos por la placa, siempre se puede configurar su cuenta para que solamente los usuarios especificados puedan leerlos.

Después de crear la cuenta de nuestra placa Arduino en http://www.twitter.com/signup (y otra para nuestro uso personal), para hacer que la placa pueda publicar mensajes debemos de descargarnos la librería "Arduino Tweet" de aquí: http://arduino-tweet.appspot.com. Atención: esta librería no envía los mensajes a Twitter.com sino que los envía a su propia web, y desde allí se reenvían a Twitter.com. Es decir, se utiliza una web de terceros como intermediaria. Esto es así porque como Twitter.com tiene un mecanismo de autentificación relativamente complejo llamado OAuth, la librería "Arduino Tweet" opta por delegar a una web auxiliar todo el proceso necesario de intercambio de credenciales de concesión de acceso a una cuenta, en vez de que recaiga en la propia placa Arduino. De esta manera, ganamos facilidad de uso y no saturamos de trabajo a nuestra placa Arduino. Pero por el contrario dependemos de un servicio de terceros, el cual ya nos informa de que no acepta más de un envío de mensajes por minuto (para no sobresaturarse). Si no se desea utilizar este sistema y en cambio se quiere recaer todo el proceso OAuth en la propia placa Arduino para evitar intermediarios, existe una librería Arduino con soporte para OAuth (http://www.markkurossi.com/ArduinoTwitter), pero ciertamente, su instalación y uso es mucho más complejo.

Una vez tengamos instalada la librería "Arduino Tweet", antes de poderla usar hay que dar un paso previo. Hay que conseguir un "token". Un "token" no es más que un conjunto de caracteres que servirán para autorizar a la web http://arduino-tweet.appspot.com el acceso a la cuenta Twitter de nuestra placa Arduino. Ese "token" lo deberemos de escribir dentro de nuestro sketch para que funcione. Para conseguirlo primero debemos loguearnos en Twitter con la cuenta de nuestra placa Arduino y seguidamente clicar en el enlace señalado como "Step 1" de la web http://arduino-tweet.appspot.com y seguir los pasos que vayan apareciendo.

Respecto al tema de la seguridad usando la librería "Arduino Tweet", no hay que preocuparse, porque la web intermediaria no es capaz de conocer el nombre de usuario ni contraseña de la cuenta de Twitter de nuestra placa Arduino: el propio mecanismo OAuth lo impide. En todo caso, si después de probarlo no queremos que http://arduino-tweet.appspot.com pueda seguir accediendo a la cuenta de la placa Arduino, siempre podemos quitarle ese privilegio iniciando sesión con esa cuenta y yendo al panel de control http://twitter.com/settings/connections.

El siguiente código envía un mensaje a Twitter (siempre el mismo) cada vez que la placa Arduino se reinicia. Hay que tener en cuenta, no obstante, que Twitter rechaza mensajes iguales consecutivos (error 403), por lo que seguramente, a pesar de ejecutar este código varias veces, solo saldrá el mensaje la primera vez si no cambiamos su texto.

```
#include <SPI.h>
#include <Ethernet.h>
#include <Twitter.h>
byte mac[] = { 0xDE, 0xAD, 0xBE, 0xEF, 0xFE, 0xED };
byte ip[] = { 192,168,1,177};
byte servdns[] = { 8,8,8,8}
byte gateway[] = { 192.168.1.1 };
byte subnet[] = { 255, 255, 255, 0 };
//Hay que sustituir  xxxx con el token de la cuenta Arduino
Twitter twitter("xxxx");
void setup() {
      Ethernet.begin(mac, ip, servdns,gateway,subnet);
      Serial.begin(9600);
      tweet("Hola");
}
void loop() {}
void tweet(char msg[]){
      boolean enviado=false;
      int codigorespuesta;
      //Conecto con Twitter para enviarle el mensaje
      enviado=twitter.post(msg);
      //Si se ha contactado con Twitter…
      if (enviado == true) {
/*…espero hasta que se haya enviado el mensaje correctamente o haya
ocurrido un error. En todo caso, obtengo la respuesta del envío en
forma de código HTTP de cabecera de servidor. El parámetro "&Serial"
es para retransmitir esta respuesta al canal Serie; si eso no se
necesita, se ha de escribir simplemente twitter.wait(); */
            codigorespuesta = twitter.wait(&Serial);
```

```
        if (codigorespuesta == 200) {
                Serial.println("OK.");
        } else{
                Serial.print("Algo falló ");
                Serial.println(status);
        }
    } else{
        Serial.println("Error al contactar con Twitter.");
    }
}
```

A partir de aquí es sencillo escribir un sketch que reaccione a diversos eventos y envíe los mensajes correspondientes. Para simular estos eventos, supondremos que tenemos por ejemplo dos pulsadores: presionando uno se enviará un mensaje y presionando el otro se enviará un mensaje diferente. Lo único que deberíamos modificar entonces del código anterior es la función "setup()" para indicar los pines de señal de entrada, y la función "loop()" tal como se muestra a continuación: el resto de código permanecerá intacto.

```
void setup(){
  Ethernet.begin(mac, ip, gateway, subnet);
  Serial.begin(9600);
  pinMode(6, INPUT);
  pinMode(7, INPUT);
}
void loop(){
        char msg1[]="Ocurrió el evento 1";
        char msg2[]="Ocurrió el evento 2";
        if (digitalRead(6)==HIGH) {
                tweet(msg1);
                delay(2000); //Damos tiempo al envío y recepción
        }
        if (digitalRead(7)==HIGH) {
                tweet(msg2);
                delay(2000);
        }
}
```

Caso práctico: envío de datos a Cosm.com

Cosm.com (http://www.cosm.com), anteriormente conocido como Pachube, es una plataforma que permite a diferentes aplicaciones (escritas en diferentes lenguajes, como Java, C, Processing...) conectar a un almacén de datos online además de a un sistema de presentaciones gráficas online. Utilizando los procedimientos adecuados, esas aplicaciones pueden guardar información en Cosm.com cada cierto tiempo y visualizarla en forma de gráficos estadísticos. En la práctica, esta plataforma se suele utilizar para monitorizar sistemas de sensores geolocalizados, vinculados a una cuenta de usuario de Cosm.com. Una cuenta gratuita de Cosm.com permite hasta 10 sensores actualizados en tiempo real, y los datos recopilados se guardan durante 3 meses.

Nuestra idea es conectar estos sensores a Arduino y conectar Arduino a Cosm.com, de manera que los sensores vayan midiendo datos en períodos definidos de tiempo y Arduino los vaya enviando automáticamente a Cosm.com para que este los guarde. De esta forma, se podrá consultar el estado actual de los sensores y diversas estadísticas más (presentadas de diferentes formas muy accesibles) desde cualquier lugar del mundo accediendo a su web (o a través de aplicaciones específicas para teléfonos móviles de última generación) mediante la cuenta de usuario vinculada a esos sensores.

Además, esta información alojada en Cosm.com también puede compartirse y ser utilizada por otras aplicaciones (a las que previamente se les ha concedido el acceso) como entrada de datos para sus procedimientos. Esto nos permitiría, por ejemplo, controlar actuadores según la información recibida de Cosm.com, actuadores que pueden estar ubicados geográficamente en un lugar muy distante de donde están los sensores.

Para enviar información a Cosm.com, no necesitamos ninguna librería Arduino en especial: tan solo debemos enviar al servidor "api.cosm.com" una petición HTTP con unas cabeceras específicas. Pero para que estas cabeceras sean aceptadas, además de tener una cuenta propia en Cosm.com, debemos obtener un par de datos (un "Api Key" y un "feedID") que hemos de incluir siempre en nuestros sketches para que la placa Arduino esté autorizada a enviar datos a esa cuenta en particular. Para conseguir estos datos, lo primero que debemos hacer es iniciar sesión en la web de Cosm.com y crear un nuevo "dispositivo" de tipo Arduino mediante el enlace pertinente. A ese dispositivo le deberemos dar un nombre.

Una vez creado el dispositivo, debemos ir al enlace "Keys" para obtener la "Api Key" y el "feedID". El primero es una cadena que nos identifica dentro de Cosm.com y que permitirá, al especificarla dentro de nuestros sketches, que estos tengan permiso para enviar datos a nuestra cuenta. El segundo es un número que identifica un flujo de datos particular proveniente de nuestro dispositivo y que permitirá, al especificarlo dentro de nuestros sketches, que estos puedan informar a

Cosm.com sobre qué sensor concreto es el que está realmente enviando los datos. Para un mismo dispositivo podemos definir varios "feedID", cada uno de ellos correspondiente a un sensor diferente, pero esto no suele ser habitual, porque en realidad, con un solo "feedID", es posible enviar los datos de varios sensores en conjunto, tal como veremos en los siguientes ejemplos.

Desde el panel de control central (accesible mediante el enlace "Console") se pueden modificar las características del dispositivo recién creado. Se puede, por ejemplo, añadir información de geolocalización, añadir alertas ("triggers") cuando los valores obtenidos se salgan de un determinado rango fijado, hacer que los datos recopilados sean públicos, exportar los datos a diferentes formatos, añadir etiquetas ("tags") para ayudar a encontrar ese dispositivo entre todos los del resto del mundo según diferentes categorías, etc. También se pueden observar los datos públicos de otros usuarios de Cosm.com en https://cosm.com/feeds?status=live.

Imaginemos ahora que tenemos nuestra placa/shield Arduino Ethernet conectada a un sensor cualquiera (de luz, de temperatura, etc.) y además, mediante una puerta de enlace de nuestra LAN, a Internet. Si queremos enviar cada 10 segundos (por ejemplo) los datos de ese sensor a una cuenta particular de Cosm.com, deberíamos escribir un código parecido al siguiente:

```arduino
#include <SPI.h>
#include <Ethernet.h>
const char APIKEY[] ="La APIKEY de api.cosm.com se ha de poner aquí";
//Aquí se ha de poner nuestro "feed ID"
const char FEEDID[]="00000";
//Aquí se ha de poner el nombre del proyecto
const char USERAGENT[]="Mi proyecto";
byte mac[] = {0xDE, 0xAD, 0xBE, 0xEF, 0xFE, 0xED};
IPAddress ip(192,168,1,177);
EthernetClient micliente;
/*Usando la ip del servidor "api.cosm.com", se reduce
  el tamaño de nuestro sketch en la memoria Flash */
IPAddress miservidor(216,52,233,121);
//char miservidor[] = "api.cosm.com";
//Cuándo se conectó a Cosm.com la ultima vez, en milisegundos
unsigned long ultimaConexion = 0;
//Estado de la conexión en la última repetición del loop
boolean conectado = false;
//Tiempo de espera entre conexiones a Cosm.com
const unsigned long intervalo = 10*1000; //10000 milisegundos
void setup() {
```

```arduino
              if (Ethernet.begin(mac) == 0) {
                  Serial.println("DHCP ha fallado. Pruebo ip fija");
                  Ethernet.begin(mac, ip);
              }
}
void loop() {
  int lectura;
/*Los datos a enviar a Cosm.com son cadenas que siempre tienen el
mismo formato: "nombredelsensor,valordelsensor". En nombre del sensor
podemos escribir lo que queramos*/
  String mensaje= "sensor1,";
  //Leo un sensor cualquiera, en este caso analógico
  lectura = analogRead(0);
  //Concateno el valor de la lectura al mensaje, para completarlo
  mensaje.concat(lectura);
/*Se pueden añadir múltiples lecturas de diferentes sensores en un
mismo mensaje, poniendo cada pareja nombresensor<->valorsensor en una
línea diferente. Cada una de ellas aparecerá en Cosm.com como un
"Datastream" diferente dentro del "feed" utilizado. Por ejemplo:
  int otralectura = analogRead(1);
  mensaje.concat("\nsensor2,");
  mensaje.concat(otralectura);     */
/*Si no se está conectado a Cosm.com actualmente y ya han pasado 10
segundos desde la última conexión, vuelvo a conectar y envío el
dato*/
  if(micliente.connected()==false && (millis() - ultimaConexion > intervalo))
  { envioDatos(mensaje);
  }
}
void envioDatos (String dato) {
  if (micliente.connect(miservidor, 80)==true) {
/*Envío una petición HTTP al servidor web "api.cosm.com". En este
caso, la petición no es de tipo GET (no queremos ver ninguna página
web) sino de tipo PUT (porque queremos enviarle unos datos para que
los recoja). Las otras líneas de la cabecera han de ser tal como se
ponen */
      micliente.print("PUT /v2/feeds/");
      micliente.print(FEEDID);
/*Los datos a enviar son valores separados por comas. Esto se conoce
como formato CSV ("comma-separated values"), pero también podríamos
utilizar otros, como JSON o XML*/
      micliente.println(".csv HTTP/1.1");
      micliente.println("Host: api.cosm.com");
      micliente.print("X-ApiKey: ");
```

```
    micliente.println(APIKEY);
    micliente.print("User-Agent: ");
    micliente.println(USERAGENT);
    micliente.print("Content-Length: ");
    //He de enviar el número de bytes que ocupa el mensaje
    micliente.println(dato.length());
    micliente.println("Content-Type: text/csv");
    micliente.println("Connection: close");
    micliente.println(); //Fin de la cabecera de cliente
    /*Ahora es cuando realmente se envía el mensaje con
    los datos de la petición PUT */
    micliente.println(dato);
    delay(100); //Me espero un momento y me desconecto
    micliente.stop();
  } else { //Si no puedo conectar con éxito, me desconecto
    micliente.stop();
  }
  //Anoto cuándo la conexión se realizó o intentó
  ultimaConexion = millis();
}
```

El código anterior nos sirve como muestra para saber cómo se podría implementar un cliente web estándar que solicitara una misma página cada diez segundos (siempre que cambiemos el tipo de petición PUT por una petición GET y hagamos unos mínimos cambios más). Se deja como ejercicio.

En realidad, utilizando la librería Arduino oficial de Cosm.com (https://github.com/cosm/cosm-arduino) habríamos simplificado mucho nuestro código, pero entonces no hubiéramos aprendido cómo funciona internamente la comunicación y transferencia de datos con esta plataforma, conocimiento que nos vendrá bien para comprobar que muchos servicios parecidos a Cosm.com (listados en el párrafo siguiente) trabajan de una forma similar. Además de la librería oficial, también existen otras librerías de terceros que realizan la misma labor igual de bien; en este sentido, podemos probar la "Arduino Cosm Library", disponible en https://github.com/blawson/PachubeArduino o también la librería "PachubeLibrary", disponible en http://code.google.com/p/pachubelibrary.

Cosm.com es muy completo y puede realizar muchísimas funciones más no explicadas aquí. Pero no es el único sitio web de estas características: una alternativa muy interesante a Cosm.com es por ejemplo Nimbits (http://www.nimbits.com), plataforma que nos ofrece una librería oficial para que nuestros sketches Arduino puedan interaccionar con ella fácilmente, y que, además, nos ofrece su código fuente interno para que podamos montar un servidor Nimbits en nuestro propio computador si así lo deseamos. Otros servicios similares son también Thingspeak (https://www.thingspeak.com), OpenSense (http://open.sen.se) o SensorMonkey (https://sensormonkey.eeng.nuim.ie). En todo caso, recomiendo leer la documentación y guías de cada uno de estos servicios para comprobar cuál es el que se adapta mejor a nuestras necesidades.

Caso práctico: obtención de datos provenientes de Cosm.com

Igual que podemos enviar desde nuestra placa Arduino datos de sensores locales a la web de Cosm.com, nuestra placa Arduino también puede obtener datos de sensores remotos (provenientes de nuestros "feeds" o de los de otros usuarios que los hayan hecho públicos) y utilizar esta información según nos convenga. De esta forma, podríamos controlar una instalación Arduino mediante una entrada de datos provenientes de cualquier rincón del mundo. Por ejemplo, según la temperatura detectada en Hong-Kong podríamos encender un LED conectado a un Arduino situado en Montreal.

Estos datos podemos obtenerlos en tres formatos distintos: CSV, JSON o XML. Por tanto, para poder recuperar la información deseada deberíamos ser capaces de comprender la estructura interna del formato elegido. Afortunadamente, esto no será necesario porque lo que haremos será utilizar una librería que nos facilitará mucho las cosas. Se trata de la librería "PachubeLibrary", descargable de la página http://code.google.com/p/pachubelibrary. Esta librería permite de forma muy sencilla tanto el envío de datos de sensores locales (que es lo que hemos realizado en el caso práctico anterior), como la obtención de datos de sensores remotos (que es para lo que la usaremos). Para ambos casos ofrece códigos de ejemplo, y el mostrado a continuación se basa en uno de ellos. Concretamente, el sketch siguiente obtiene cada cinco segundos los "datastreams" pertenecientes al "feed" y "apikeys" especificados, y los muestra por el canal serie.

```
#include <SPI.h>
#include <Ethernet.h>
#include <ERxPachube.h>
byte mac[] = { 0xCC, 0xAC, 0xBE, 0xEF, 0xFE, 0x91 };
byte ip[] = { 192, 168, 1, 177 };
const char APIKEY[]="La APIKEY de api.cosm.com se ha de poner aquí";
//Aquí se ha de poner nuestro "feed ID"
const char FEEDID[]="00000";
//Creo un objeto que manejará los datos recibidos del FeedID
ERxPachubeDataIn datos(APIKEY,FEEDID);
```

```
void setup() {
      Serial.begin(9600);
      Ethernet.begin(mac, ip);
}
void loop() {
      int estadoConexion;
      word numDatastreams, i;
//Conecto con el FeedID
      estadoConexion = datos.syncPachube();
//Si la conexión es correcta, recibiremos un código HTTP 200 (OK)
      Serial.println(estadoConexion);
//Cuento cuántos datastreams tiene el FeedID (puede haber más de uno)
      numDatastreams = datos.countDatastreams();
      Serial.println("<Sensor>,<Valor>");
      for(i = 0; i < numDatastreams; i++){
            //Obtengo el nombre del sensor del datastream "i"
            Serial.print(datos.getIdByIndex(i));
            Serial.print(",");
            //Obtengo el valor del sensor del datastream "i"
            Serial.print(datos.getValueByIndex(i));
            Serial.println();
      }
      delay(5000);
}
```

Caso práctico: envío de datos a Google Spreadsheets

Si lo que queremos es almacenar los datos leídos por nuestros sensores en una hoja de cálculo online, y así poder realizar diferentes operaciones estadísticas, visualizar gráficos a partir de la información obtenida, descargar esta información en nuestro computador o bien compartirla con otros usuarios (entre muchas otras posibilidades más), una de las maneras más prácticas es utilizar el servicio "Google Spreadsheets", perteneciente a la suite "Google Docs". Para ello, necesitaremos tener una cuenta de usuario Google.

El truco está en crear un "Google Form" que recibirá los diferentes datos enviados por nuestra placa Arduino. "Google Form" es un servicio que permite generar formularios online de forma muy sencilla y rápida, ideal para encuestas o cuestionarios. Lo bueno de los "Google Form" es que automáticamente importan en "Google Spreadsheets" los datos recibidos, sin tener que hacer absolutamente nada.

Para crear un formulario de Google, deberemos dirigirnos a http://docs.google.com y pulsar en el botón "Create->Form". Deberemos darle un título al formulario y a todas las preguntas que creemos. Las preguntas que añadamos (mediante el botón "Add ítem") deben ser siempre de tipo TEXT. Los títulos de las preguntas serán los nombres de las columnas de la hoja de cálculo, y cada respuesta obtenida se almacenará en una fila diferente de esa hoja de cálculo. Una vez completado el formulario, deberemos clicar en el botón "Save". En la parte inferior de la página nos aparecerá un enlace para visualizar el formulario ya acabado. Cliquemos en él para fijarnos en la barra de direcciones del navegador, porque allí veremos la "formkey" del formulario, que es una cadena larga de números y letras que identifica ese formulario entre todos los demás. Esta formkey la deberemos incluir en nuestro sketch Arduino para que nuestra placa pueda interactuar correctamente con él.

También nos debemos fijar en otro detalle importante para nuestro sketch: las cajas de tipo TEXT en el formulario de Google suelen tener un nombre interno identificativo como "entry.0.single" (para la primera pregunta), "entry.1.single" (para la segunda), etc. No obstante, si modificamos la estructura básica del formulario estos nombres pueden cambiar; para asegurarnos de que no lo hayan hecho, es buena idea consultar el código HTML del formulario ya acabado y presentable. Si usamos el navegador libre y multiplataforma Firefox, esto se puede hacer simplemente pulsando a la vez la combinación de teclas CTRL y U.

Ya tenemos creado el formulario, y por tanto, ya es capaz de almacenar en "Google Spreadsheets" los datos introducidos de forma interactiva. Pero si queremos que sea nuestra placa Arduino quien los introduzca de forma autónoma, debemos saber que esta introducción se puede realizar mediante el envío a Google de la dirección:*https://spreadsheets.google.com/formResponse?formkey=MIFORMKEY&ifq &NOMBREINTERNOPREGUNTA1=VALOR&NOMBREINTERNOPREGUNTA2=VALOR&sub mit=Submit*

En el código siguiente se muestra cómo guardar en un Google Spreadsheet cada dos segundos aproximadamente los valores de dos sensores analógicos conectados a los pines nº 0 y nº 1. Si no hubiera ningún sensor conectado en esos pines, se obtendrán valores aleatorios provenientes del ruido ambiental.

```
#include <SPI.h>
#include <Ethernet.h>
//Se ha de sustituir por la "formkey" de nuestro Google Form
char formkey[] = "DdMBUd3xmTQ52Yvx2XZ01V83VUp2U06EQM";
```

```
byte mac[] = {0x90,0xA2,0xDA,0x00,0x55,0x8D};
byte ip[] = {192,168,1,177};
byte subnet[] = {255,255,255,0};
byte servdns[] = { 8,8,8,8};
byte gateway[] = {192,168,1,1};
char miservidor[] = "spreadsheets.google.com";
String datos="";
EthernetClient micliente;
void setup(){
    Ethernet.begin(mac, ip , servdns, gateway , subnet);
    //Me espero para darle tiempo al shield Ethernet a inicializarse
    delay(1000);
}
void loop(){
        //Creo la cadena a enviar, concatenando sus diferentes partes
        datos="entry.0.single=";
        datos=datos + analogRead(0);
        datos=datos + "&entry.1.single=";
        datos=datos + analogRead(1);
        datos=datos + "&submit=Submit";
        if (micliente.connect(miservidor,80)!=0) {
            micliente.print("POST /formResponse?formkey=");
            micliente.print(formkey);
            micliente.println("&ifq HTTP/1.1");
            micliente.println("Host: spreadsheets.google.com");
            micliente.println("Content-Type:   application/x-www-form-
urlencoded");
            micliente.println("Connection: close");
            micliente.print("Content-Length: ");
            micliente.println(datos.length());
            micliente.println();
            micliente.print(datos);
            micliente.println();
        }
        delay(1000);
        if (micliente.connected()==true) { micliente.stop(); }
        delay(1000);
}
```

En el sketch anterior, para enviar los datos a Google hemos hecho uso del método POST en vez del método GET visto en anteriores ejemplos. La diferencia entre ambos métodos es que con GET los datos recibidos por el formulario se envían como una parte más de la dirección de la página solicitada (y por tanto, aparecen visibles en la barra de direcciones del navegador) y con POST los datos se envían como una cabecera más de cliente, situada al final de todas las demás y ubicada entre líneas en blanco.

Caso práctico: envío de notificaciones a Pushingbox.com

Pushingbox.com (http://www.pushingbox.com) es un servicio de notificaciones online. Para poderlo probar necesitamos disponer previamente de una cuenta de usuario de Google y de una placa Arduino provista de sensores preparados para detectar algún evento. La placa deberá ejecutar un sketch específico, el cual enviará una notificación a Pushingbox.com cada vez que ese evento ocurra. Lo interesante está en que Pushingbox.com se encarga de reenviar este mensaje a los (múltiples) destinos que hayamos configurado: podemos emitir la notificación a una cuenta de Twitter, a un buzón de correo electrónico, o a alguna aplicación específica para teléfonos móviles de última generación, entre otros. De esta forma, podemos estar informados en cualquier momento y en cualquier lugar de lo que ocurre con nuestra instalación Arduino.

Los pasos para utilizar este servicio son los siguientes. Primero deberemos iniciar sesión con una cuenta de usuario de Google e ir al apartado "My services". Allí deberemos clicar en "Add a service". Veremos que tenemos varias posibilidades de "receptores" de las notificaciones enviadas por Pushingbox: podemos elegir un determinado buzón de correo, una cuenta de Twitter o diferentes aplicaciones para móviles de última generación (concretamente, Prowl o Pushme.to para teléfonos iPhone, Notifry o "Notify my Android" para teléfonos Android o Toasty para teléfonos Windows Phone). Por cada "receptor" seleccionado (podemos elegir varios a la vez) nos aparecerá un botón "Submit" que deberemos clicar y que nos conducirá a un proceso diferente según el tipo de "receptor" elegido. En el caso de utilizar aplicaciones para móviles, en este paso deberemos introducir la "API Key" concreta que se generó en instalar esa aplicación en nuestro aparato.

Una vez realizado este paso, debemos continuar yendo al apartado "My scenarios". Allí deberemos darle un nombre a cada escenario que queramos crear y clicaremos en "Create a scenario". Crear un escenario nos permite básicamente obtener un "DeviceID", que es una cadena identificativa que deberemos introducir en el sketch ejecutado por Arduino, y que nos permitirá identificarnos en Pushingbox. Una vez creado el escenario (o escenarios) deseado, tendremos que decidir qué "receptores" de los definidos en el paso anterior queremos utilizar. Para ello, deberemos clicar en "Add an action". Dependiendo del "receptor", nos preguntarán diferentes detalles (si es un correo nos dirá qué asunto y qué texto queremos añadir, si es un envío a Twitter nos dirá qué mensaje queremos añadir, etc.). Y ya está.

Disponemos del botón "Test" para probar que el envío de notificaciones para esa acción se realice correctamente, pero lo interesante es que este envío lo realice la placa Arduino.

Para ello, podemos utilizar el sketch de ejemplo mostrado a continuación. Para probarlo deberemos tener un pulsador conectado al pin de entrada digital nº 3 de nuestra placa Arduino. Cada vez que se pulse, el sketch lo notificará a PushingBox (y este lo renotificará a los "receptores" que tengamos configurados para el escenario asociado al DevID especificado en el código). Cada vez que se deje de pulsar también se realizará una notificación. Evidentemente, este ejemplo tan básico es solo una referencia para poder añadir a partir de aquí diferentes sensores más sofisticados.

```
#include <SPI.h>
#include <Ethernet.h>
byte mac[] = { 0x00, 0xAA, 0xBB, 0xCC, 0xDE, 0x19 };
/*En la siguiente línea se ha de poner el DevID correspondiente al
escenario que se desea monitorizar. Se pueden utilizar múltiples
DevIDs en un mismo sketch (asociados a diferentes pines de la placa
Arduino).*/
String DEVID1="Tu_DevID_Aqui";
char miservidor[] = "api.pushingbox.com";
boolean estadopulsador = false;
EthernetClient micliente;
void setup() {
  //Pin de entrada digital donde tengo conectado el pulsador
  pinMode(3, INPUT);
  /*Si hay error, no hago nada más y si está todo ok, continúo.
  Presupongo que hay un servidor DHCP en mi LAN que me ofrece
  todos los datos de conectividad */
  if (Ethernet.begin(mac) == 0) { while(true){;} }
  delay(1000);
}
void loop(){
    //Si apreto el pulsador y antes no estaba apretado
    if (digitalRead(3) == HIGH && estadopulsador == false){
      estadopulsador = true;
      //Envío la notificación correspondiente a Pushingbox
      enviarAPushingBox(DEVID1);
    }
    //Si dejo de apretar el pulsador
    if (digitalRead(3) == LOW && estadopulsador == true){
      estadopulsador = false;
      //Envío la notificación correspondiente a Pushingbox
```

```
      enviarAPushingBox(DEVID1);
   }
}
//Función que envía las notificaciones a Pushingbox
void enviarAPushingBox(String devid){
  if (micliente.connect(miservidor, 80)) {
    micliente.print("GET /pushingbox?devid=");
    micliente.print(devid);
    micliente.println(" HTTP/1.1");
    micliente.print("Host: ");
    micliente.println(miservidor);
    micliente.println("User-Agent: Arduino");
    micliente.println();
  }
  micliente.stop();
}
```

Shields alternativos a Arduino Ethernet

Además del shield oficial, existen otros shields de terceros que también añaden conectividad Ethernet (TCP/IP) a una placa Arduino UNO y que podemos elegir en función de sus características. Shields que incorporan el mismo chip Wiz5100 que el shield oficial son por ejemplo el "Ethernet shield" de DFRobot o el "Ethernet shield" de Seeedstudio (que, sin embargo, no incluyen el zócalo para la tarjeta microSD).

Otros shields incorporan un módulo PoE ya integrado, como el "Ethernet shield with PoE" de Freetronics. Este shield dispone concretamente de unos pines (convenientemente señalados) que permiten adaptar su comportamiento según sea el valor del voltaje de entrada transportado por la señal PoE: si ese voltaje es de hasta 12 V, solo se tendrán que colocar un par de puentes de plástico ("jumpers") sobre dichos pines y ya está (con esto haremos que el pin PoE "+" del shield se conecte al pin "Vin" de la placa Arduino y el pin "-" se conecte al pin "Gnd"); si ese voltaje es de hasta 28 V, será necesario entonces acoplar a los pines del shield un regulador de voltaje adecuado, tal como el "PR28V" (fabricado también por la propia Freetronics) para no quemar la placa. Este regulador proporciona hasta 1 A de corriente, una tensión de salida de 5 V o 7 V y puede recibir una tensión de entrada de hasta 28 V, por lo que no es compatible con el estándar 802.3af (el cual permite tensiones de hasta 48 V) y por tanto, no está preparado para ser conectado a switches PoE comerciales. Para poder conectar este shield a este tipo de switchs (y poder recibir entonces a través de la señal PoE un voltaje de hasta 48 V), es necesario utilizar otro regulador más capaz (como el "PoE Regulator 802.3af", proporcionado también por la propia Freetronics).

Otro ejemplo parecido al shield anterior es el "PoEthernet shield" de Sparkfun. Dispone de un par de agujeros marcados como "GND/-" y "Vin/+" para soldar allí pines en los que colocaremos un par de "jumpers" (al igual que en el shield anterior). Estos pines permiten recibir correctamente la señal PoE por el cable Ethernet, señal que puede ser regulada a 5 V y 3,3 V. No se puede aplicar, no obstante, una señal PoE con un voltaje mayor de 12 V. Este shield también incluye un zócalo microSD accesible mediante la librería "SD" oficial.

Si no queremos utilizar un shield completo, sino que deseamos usar un módulo Wiz5100 externo independiente (con conector RJ-45 incorporado), podemos adquirir el "WIZnet W5100 Ethernet/Network Module" de IteadStudio. Este módulo se comunica con el exterior mediante el protocolo SPI, por lo que debe ser programado mediante la librería "SPI" oficial de Arduino. Otra plaquita muy similar a la anterior es la distribuida por Sparkfun con el código de producto 9473.

Por otro lado, existen shields Ethernet que no incluyen el chip Wiz5100, sino otro chip diferente, el ENC28J60 de Microchip (también comunicado con la placa mediante SPI). Este chip permite un control mucho más detallado de la comunicación por red y una gran libertad en el uso de diferentes protocolos, libertad que el Wiz5100 no es capaz de ofrecer. No obstante, requiere unos conocimientos algo mayores para poder ser programado. Técnicamente, esto es debido a que el chip Wiz5100 ofrece una pila de protocolos TCP/IP ya integrada en el hardware, de forma que el usuario no los tiene que programar desde cero; esto ofrece la ventaja de no tener que "mancharse las manos" trabajando a bajo nivel, pero ofrece la desventaja de no ser tan flexible y versátil como el chip ENC28J60.

Ejemplos de shields de que incorporan el chip ENC28J60 son el "Gate 0.5" de Snootlab o el "IE shield" de Iteadstudio (que además incorpora un módulo PoE y un zócalo microSD), los cuales se han de programar con alguna librería diferente de la librería "Ethernet" oficial de Arduino. La librería más utilizada es la llamada EtherCard (http://jeelabs.net/projects/cafe/wiki/EtherCard. Otra menos conocida es la librería disponible en https://github.com/turicas/Ethernet_ENC28J60. También es posible añadir la funcionalidad del chip ENC28J60 a nuestra placa Arduino UNO mediante un módulo SPI (como el "ENC28J60 Ethernet module" de Iteadstudio), sin necesidad por tanto de utilizar un shield al completo.

Comunicación por red usando una placa Arduino UNO estándar

Es posible conectar una placa Arduino UNO a una red Ethernet sin necesidad de utilizar ni el shield Arduino Ethernet ni la placa Ethernet propiamente dicha: solamente con la ayuda de un computador ya es posible. Concretamente, conectando nuestra placa UNO vía USB a un computador con acceso a la red, podremos usar este como intermediario para reenviar los mensajes de la placa UNO al exterior (y en sentido contrario también).

Para ello, necesitamos ejecutar un programa en el computador que establezca por el puerto USB una comunicación serie con la placa Arduino (para recibir datos de ella —de sensores, normalmente— y también para enviarle señales de control —a actuadores, normalmente—) a la vez que establezca por el puerto Ethernet una comunicación de red con el resto de la LAN e Internet. Es decir, que actúe como un "puente" entre la red y una placa Arduino sin capacidad para conectarse a ella por sí misma. A estos programas se les llama genéricamente "proxies serie-red".

Un "proxy serie-red" normalmente lo deberemos desarrollar nosotros mismos, ya que su funcionalidad dependerá mucho del diseño de nuestro proyecto y del tipo de mensajes que queramos transmitir o recibir del exterior. Por tanto, debemos conocer algún lenguaje de programación que nos permita crear ese programa intermediario capaz a la vez de contactar con Arduino vía puerto serie y el resto del mundo vía Ethernet.

Se escapa por completo de los objetivos de este libro profundizar en el uso de otros lenguajes de programación diferentes del propio de Arduino, pero a modo de referencia, podemos nombrar lenguajes que han sido suficientemente probados en estas circunstancias. Uno de ellos es naturalmente Processing, lenguaje muy parecido a Arduino enfocado en el desarrollo de aplicaciones visuales y animadas. Incorpora una librería llamada "Serial" (http://processing.org/reference/libraries/serial) y otra librería llamada "Network" (http://processing.org/reference/libraries/net), que permiten vincular en un mismo programa los dos extremos de la comunicación (serie y Ethernet).

Otro lenguaje diferente de Processing, pero también libre y multiplataforma es Python (http://www.python.org). Este lenguaje es multipropósito, ya que puede ser utilizado para el desarrollo de aplicaciones de tipo binario ("ejecutable") o bien de tipo web. En el caso que nos ocupa, para la comunicación vía Ethernet existen varias posibilidades, pero la más versátil y potente es usar la llamada "Socket", integrada dentro del intérprete del lenguaje por defecto. Para la comunicación vía serie en cambio no disponemos de ninguna librería por defecto, por lo que deberíamos de descargar e instalar una de terceros. La más recomendable es la librería "PySerial", disponible en http://pyserial.sourceforge.net.

Otro lenguaje, libre y multiplataforma es PHP (http://www.php.net), lenguaje multipropósito que puede ser utilizado también para el desarrollo de aplicaciones binarias o (sobre todo) de tipo web. Ofrece una sintaxis mucho más parecida al lenguaje Arduino que Python, debido a que, al igual que aquel, está basado en C. En el caso que nos ocupa, para la comunicación vía Ethernet existen varias posibilidades, pero la más versátil y potente es usar la llamada "Sockets", integrada dentro del intérprete del lenguaje por defecto. Para la comunicación vía serie en cambio, no disponemos (al igual que en Python) de ninguna librería por defecto, por lo que deberíamos de descargar e instalar una de terceros. La más recomendable es la librería "PhpSerial", disponible en http://code.google.com/p/php-serial.

Por otro lado, algo muy habitual cuando se utiliza la configuración de computador intermediario que estamos describiendo es recopilar datos procedentes de Arduino para almacenarlos en un servidor de bases de datos remoto. En ese caso, más que una librería Ethernet genérica, el lenguaje de programación con el que esté desarrollado el proxy serie-red ha de proporcionar librerías específicas para la conexión y trabajo con servidores específicos de bases de datos. Todos los lenguajes mencionados (Processing, Python o Php) disponen de esta funcionalidad.

Si no tenemos los conocimientos (o el tiempo) suficientes para desarrollar nuestro propio proxy serie-red genérico, también podemos elegir alguno ya desarrollado y listo para ser instalado y utilizado al momento. Así no nos tendremos que preocupar de desarrollar nada "a mano" y tan solo deberemos ocuparnos de aprender a usar ese software en concreto; lo malo es que puede que dicho software no se adapte a nuestras necesidades particulares. La idea es en todos los casos la misma: los sketches de nuestra placa Arduino se comunicarán con nuestro computador utilizando el objeto Serial y nuestro computador, mediante el proxy que hayamos instalado, se encargará a abrir un puerto TCP/IP (configurable) para hacerlo disponible al resto del mundo.

Un ejemplo de proxy serie-red (solo funcional en sistemas Windows, no obstante) es Bloom, disponible en https://sensormonkey.eeng.nuim.ie. Un proxy serie-red que funciona en sistemas Linux es Ser2net (http://ser2net.sourceforge.net). Un proxy serie-red que funciona en ambos sistemas es SerProxy, disponible en http://www.lspace.nildram.co.uk/freeware.html.

COMUNICACIÓN A TRAVÉS DE WI-FI

¿Qué es Wi-Fi?

El funcionamiento aparente de una red Wi-Fi es muy similar al de una red Ethernet, solo que sin cables. No obstante, además de las direcciones IP y las direcciones MAC, en esta tecnología inalámbrica hay que tener en cuenta otros conceptos:

Estándar IEEE802.11: "Wi-Fi" se basa en este estándar, el cual es en realidad un conjunto de estándares. Dependiendo de la compatibilidad con uno o más de dichos estándares, encontraremos dispositivos que pueden formar parte de redes Wi-Fi 802.11b, 802.11g o 802.11n entre otros. La diferencia más importante entre ellos es la velocidad de transmisión de datos (de hasta 11 Mbits/s, 54 Mbits/s y 600 Mbits/s, respectivamente), pero las tres especificaciones operan en la banda de los 2,4 GHz (el 802.11n además en la de 5,4 GHz) y su rango de señal llega hasta el centenar de metros.

Punto de acceso (AP): un punto de acceso es un equipo de red inalámbrico (puede ser un computador con el software adecuado, o un dispositivo hardware específico) que se encarga de gestionar de forma centralizada las comunicaciones de todos los dispositivos que forman la red Wi-Fi. No solo se utiliza para controlar las comunicaciones internas de la red, sino que también hace de puente en las comunicaciones con las redes externas (redes Ethernet e Internet), a modo de "transformador de señal" entre redes inalámbricas y cableadas. Pueden existir redes Wi-Fi que no dispongan de punto de acceso; en este caso, las comunicaciones se llevan a cabo directamente entre los distintos terminales que forman la red y su estructura se suele denominar "ad-hoc", (o también de igual a igual" –"peer-to-peer"– ó IBSS). Las redes Wi-Fi que disponen de punto de acceso tienen una estructura llamada "en infraestructura" (o "BSS").

Modo: un dispositivo Wi-Fi puede tener un rol determinado dentro de la red, y esto se configura estableciendo su modo de funcionamiento. El modo Station o ("Managed") es el modo en el que un dispositivo es un mero cliente que se conecta a un punto de acceso para tener conectividad. El modo AP o ("Master") es el modo en el que un dispositivo puede trabajar él mismo como punto de acceso (si dispone del firmware adecuado). Existen otros modos más exóticos que no veremos.

SSID: es un dato emitido por el punto de acceso que identifica la red inalámbrica a la que pertenece. En otras palabras, es el "nombre de la red" que los terminales son capaces de ver para poderse conectar. El SSID se puede modificar accediendo a la configuración del punto de acceso. No confundir con el BSSID, que representa la dirección MAC del punto de acceso.

Canal: la banda de frecuencias electromagnéticas en la que trabaja una red Wi-fi (la banda de los 2,4 GHz, generalmente) se divide en varios canales. Concretamente, el estándar subdivide el rango de los 2,4 GHz en 14 canales separados entre sí por 5 MHz (aunque cada país aplica sus propias restricciones al número de canales disponibles: en Europa solo se pueden utilizar del canal 1 al 13, por ejemplo). El problema de esta distribución es que cada canal necesita 22 MHz de ancho de banda para operar, y como se puede apreciar en la figura siguiente, esto produce un solapamiento de varios canales contiguos (por ejemplo, el canal 1 se superpone con los canales 2, 3, 4 y 5). La consecuencia de que los dispositivos emitan en rangos solapados es que generan interferencias entre sí, dificultando la conectividad y velocidad de la red. Así pues, en la medida de lo posible, se deberá elegir canales diferentes para evitar esto (lo más habitual es elegir los canales 1, 6 y 11).

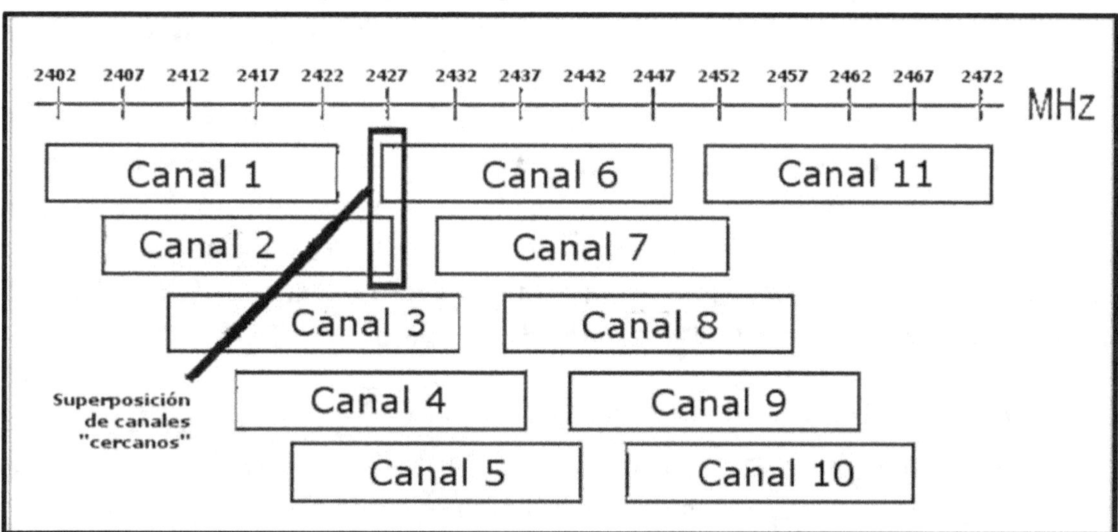

Algoritmo de cifrado: la comunicación entre los dispositivos que forman una red Wi-Fi se puede cifrar, de tal forma que los datos transmitidos entre ellos no puedan ser conocidos por dispositivos ajenos a ella. Así se dota de seguridad y confidencialidad a unas comunicaciones que son fácilmente captadas de por sí (ya que el medio es el aire). Existen diferentes métodos de cifrado: el sistema WEP (no recomendable debido a su debilidad ante ataques de descifrado), el WPA-TKIP (más seguro que el WEP pero no lo suficiente) o el más actual WPA2-CCMP (también conocido como WPA2-AES o 802.11i, implementa una mayor protección de datos y un mejor control de acceso), entre otros. Dentro del método WPA2-CCMP podemos elegir varias tecnologías de almacenamiento de contraseñas: la PSK (llamada también "WPA2 Personal") o la EAP (llamada también "WPA2 Enterprise"); el WPA2-Personal es más adecuado para instalaciones inalámbricas domésticas debido a su rápida y sencilla configuración, y el WPA2-Enterprise está pensado para instalaciones corporativas donde se requiere la seguridad adicional ofrecida por un servidor central de contraseñas (de tipo RADIUS). En cualquier caso, todos los métodos de cifrado estudiados en este libro requerirán la introducción dentro de la configuración del punto de acceso de una contraseña (o "clave de paso"), que deberá ser conocida por los dispositivos que se quieran unir a él.

Uso del Arduino WiFi Shield y de la librería oficial WiFi

Si para utilizar comunicación Wi-Fi elegimos trabajar con el shield oficial de Arduino (el "Arduino WiFi Shield"), deberemos programar nuestros sketches con la ayuda de la librería "WiFi". Esta librería es bastante similar a la librería "Ethernet" vista en apartados anteriores, por lo que tan solo se mencionarán las diferencias más importantes y se remitirá al estudio de la librería "Ethernet" para conocer los detalles.

Una vez importada la librería, lo primero que deberemos hacer es inicializarla mediante la función *WiFi.begin()*, la cual es en cierta medida equivalente a la ya conocida *Ethernet.begin()*. Esta función puede ser escrita de tres maneras diferentes, devolviendo en todas ellas el valor constante predefinido WL_CONNECTED si consigue conectar con la red Wi-Fi especificada o el valor WL_IDLE_STATUS si no.

WiFi.begin(ssid): donde "ssid" representa el SSID de la red Wi-Fi a la que nos queremos conectar. Esta forma de escribir *WiFi.begin()* es la que debemos usar cuando la red Wi-Fi es de tipo abierto (sin cifrar).

WiFi.begin(ssid, pass): donde "pass" representa la contraseña de la red Wi-Fi protegida mediante WPA2-Personal a la que nos queremos conectar.

WiFi.begin(ssid, indice, key): si nos queremos conectar a una red Wi-Fi protegida mediante WEP, debemos proporcionar dos datos: "índice" y "key". Las contraseñas WEP son cadenas de 10 o 26 caracteres hexadecimales (parámetro "key") y como pueden existir hasta cuatro diferentes en una misma red, el parámetro "índice" sirve para de indicar cuál de ellas (0, 1, 2 o 3) se quiere utilizar.

Como se puede comprobar, en *WiFi.begin()* no se puede especificar ninguna ip fija (ni máscara, ni puerta de enlace ni servidores dns), ya que se presupone que toda esta información la asigna dinámicamente mediante DHCP el punto de acceso al que se conecte el shield en ese momento.

Otras funciones generales interesantes de la librería WiFi son:

WiFi.disconnect(): desconecta el shield de la red actual. No tiene parámetros ni valor de retorno.

WiFi.scanNetworks(): escanea las redes Wi-Fi disponibles y devuelve el número total de redes encontradas —dato de tipo byte—. No tiene parámetros.

WiFi.SSID(): su valor de retorno es una cadena que contiene el SSID de la red a la que está conectado actualmente el shield. Opcionalmente, se puede indicar un parámetro —de tipo byte— que representa la posición numérica (0,1,2…) dentro de la lista de redes encontradas por *WiFi.scanNetworks()* que tiene la red de la cual se quiere conocer su SSID (aunque no sea la red a la que estamos conectados actualmente).

WiFi.BSSID(): no tiene valor de retorno, pero sí un parámetro obligatorio que ha de ser de tipo array de 6 posiciones de tipo byte. Allí se guardará la dirección MAC del punto de acceso al cual el shield está conectado en este momento. El elemento 0 del array corresponde al byte de la MAC de más a la derecha, y el 5 el de más a la izquierda.

WiFi.RSSI(): devuelve un valor —de tipo long— que representa la fuerza de la señal recibida en la conexión actual (el llamado "Received Signal Strength", medido en dBm). Opcionalmente, se puede indicar un parámetro —de tipo byte— que representa la posición numérica (0, 1, 2…) dentro de la lista de redes encontradas por *WiFi.scanNetworks()* que tiene la red de la cual se quiere conocer este dato (aunque no sea la red a la que estamos conectados actualmente).

WiFi.encryptionType(): devuelve un valor —de tipo byte— que representa el tipo de encriptación de la red actual. Un 2 equivale a WPA-TKIP, un 4 a WPA2-

CCMP, un 5 a WEP y un 7 a red abierta. Opcionalmente, se puede indicar un parámetro –de tipo byte– que representa la posición numérica (0, 1, 2...) dentro de la lista de redes encontradas por *WiFi.scanNetworks()* que tiene la red de la cual se quiere conocer este dato (aunque no sea la red a la que estamos conectados actualmente).

WiFi.macAdress(): no tiene valor de retorno, pero sí un parámetro obligatorio que ha de ser de tipo array de 6 posiciones de tipo byte. Allí se guardará la dirección MAC del propio shield. El elemento 0 del array corresponde al byte de la MAC de más a la derecha, y el 5 el de más a la izquierda.

WiFi.localIP(): devuelve la dirección ip actual del shield. Este valor de retorno ha de ser declarado previamente de tipo "IPAddress" (el cual no deja de ser un simple array de 4 posiciones numéricas). Esta función no tiene parámetros. Sería equivalente a la función *Ethernet.localIP()*.

WiFi.subnetMask(): devuelve la máscara de red actual del shield. Este valor de retorno ha de ser declarado previamente de tipo "IPAddress". Esta función no tiene parámetros.

WiFi.gatewayIP(): devuelve la dirección ip de la puerta de enlace actualmente configurada en el shield. Este valor de retorno ha de ser declarado previamente de tipo "IPAddress". Esta función no tiene parámetros.

Tal como ocurre con la librería Ethernet, en la librería WiFi disponemos tanto de objetos de tipo servidor como objetos de tipo cliente, y en ambas librerías su funcionamiento y comportamiento es exactamente igual:

Para crear un objeto servidor: debemos declararlo mediante una línea parecida a esta: `WiFiServer miservidor(80);`, donde "miservidor" es el nombre que hemos elegido para el objeto de tipo WiFiServer, y el número entre los paréntesis representa el puerto que se abre a la espera de las conexiones entrantes de los clientes. A partir de aquí, podremos utilizar las funciones ya conocidas **miservidor.begin()**, **miservidor.available()** –la cual, en este caso, devuelve un objeto de tipo "WiFiClient"–, **miservidor.write()**, **miservidor.print()** y **miservidor.println()**.

Para crear un objeto cliente: debemos declararlo mediante una línea parecida a esta: `WiFiClient micliente;` donde "micliente" es el nombre que hemos elegido para el objeto de tipo WiFiClient. A partir de aquí, podremos utilizar las funciones ya conocidas **micliente.connected()**, **micliente.connect()** –donde el servidor se puede especificar por su ip o por su nombre DNS–, **micliente.write()**, **micliente.print()**, **micliente.println()**, **micliente.available()**, **micliente.read()**, **micliente.flush()** y **micliente.stop()**.

A continuación, mostraremos unos cuantos sketches que inciden en las novedades que aporta esta librería respecto a la librería Ethernet. Los ejemplos presentados anteriormente en el apartado correspondiente a la librería Ethernet continúan siendo perfectamente válidos con la librería WiFi: tan solo se ha de cambiar el modo de establecimiento de la conexión con *WiFi.begin()* y el tipo de los objetos a usar (WiFiServer y WiFiClient).

<u>Ejemplo 8.4</u>: El siguiente código no se conecta a ninguna red Wi-Fi: lo que hace es mostrar por el canal serie las redes detectadas (y de regalo, la dirección MAC del shield). Hay que aclarar que posiblemente, el shield no detecte tantas redes como un computador, ya que estos suelen incorporar una antena de mayores dimensiones.

```cpp
#include <SPI.h>
#include <WiFi.h>
void setup() {
  Serial.begin(9600);
  printMacAddress(); //Muestra la dirección MAC del shield
}
void loop() {
  listNetworks(); //Muestra información de las redes WiFi disponibles
  delay(10000);
}
void printMacAddress() {
  byte mac[6];
  WiFi.macAddress(mac);
  Serial.print("MAC: ");
  Serial.print(mac[5],HEX);   Serial.print(":");
  Serial.print(mac[4],HEX);   Serial.print(":");
  Serial.print(mac[3],HEX);   Serial.print(":");
  Serial.print(mac[2],HEX);   Serial.print(":");
  Serial.print(mac[1],HEX);   Serial.print(":");
  Serial.println(mac[0],HEX);
}
void listNetworks() {
  byte numSsid = WiFi.scanNetworks();
  Serial.print("Numero de redes disponibles: ");
```

```
    Serial.println(numSsid);
    /*Muestro el índice de cada red encontrada, además de su SSID,
    su fuerza de señal y su cifrado utilizado */
    for (int i = 0; i<numSsid; i++) {
      Serial.print(i); Serial.print(") "); Serial.print(WiFi.SSID(i));
      Serial.print("\tSeñal (en dBm): ");  Serial.print(WiFi.RSSI(i));
      Serial.print("\tCifrado:");Serial.println(WiFi.encryptionType(i));
    }
}
```

Ejemplo 8.5: El código siguiente muestra cómo conectar el shield a una red WiFi abierta, de nombre "mired".

```
#include <SPI.h>
#include <WiFi.h>
char ssid[] = "mired";
int status = WL_IDLE_STATUS;
void setup() {
  Serial.begin(9600);
  status = WiFi.begin(ssid);
  if (status != WL_CONNECTED) {
    Serial.println("Error en la conexión");
  } else {
    Serial.println("Conectado");
  }
}
void loop() {}
```

Ejemplo 8.6: El código siguiente muestra cómo conectar el shield a una red WiFi de nombre "mired" y cifrada mediante WPA2-Personal con la contraseña "12345678".

```
#include <SPI.h>
#include <WiFi.h>
char ssid[] = "mired";
char pass[] = "12345678";
int status = WL_IDLE_STATUS;
void setup() {
  Serial.begin(9600);
  status = WiFi.begin(ssid, pass);
  if (status != WL_CONNECTED) {
    Serial.println("Error en la conexión ");
  } else {
```

```
      Serial.println("Conectado");
   }
 }
 void loop() {}
```

Ejemplo 8.7: El código siguiente muestra cómo conectar el shield a una red WiFi de nombre "mired" y cifrada mediante WEP con una clave de 10 caracteres hexadecimales e índice 0.

```
#include <SPI.h>
#include <WiFi.h>
char ssid[] = "mired";
char key[] = "ABBADEAF01";    //La clave de 10 caracteres
int keyIndex = 0;             //El índice de la clave dentro del AP
int status = WL_IDLE_STATUS;
void setup() {
  Serial.begin(9600);
  status = WiFi.begin(ssid, keyIndex, key);
  if (status != WL_CONNECTED) {
    Serial.println("Error en la conexión ");
  } else {
    Serial.println("Conectado");
  }
}
void loop() {}
```

Ejemplo 8.8: Una vez conectado a una red WiFi (del tipo que sea), el shield adquirirá un conjunto de parámetros de red (ip, máscara, puerta de enlace, etc.) gracias al punto de acceso al cual se conecte. En nuestros sketches podemos utilizar la función siguiente para conocer en todo momento el valor de dichos parámetros.

```
void printWifiData() {
  IPAddress ip = WiFi.localIP();
  Serial.print("Dirección IP: ");
  Serial.println(ip);
  IPAddress subnet = WiFi.subnetMask();
  Serial.print("Máscara de red: ");
  Serial.println(subnet);
  IPAddress gateway = WiFi.gatewayIP();
  Serial.print("Puerta de enlace: ");
  Serial.println(gateway);
}
```

<u>Ejemplo 8.9</u>: Una vez conectados también podemos conocer algunos datos de la red a la que nos hemos incorporado (concretamente el SSID de esa red, la fuerza de señal al punto de acceso, el algoritmo de cifrado usado y la MAC de ese punto de acceso) mediante la ejecución en nuestro sketch de la siguiente función:

```
void printCurrentNet() {
  Serial.print("SSID: ");
  Serial.println(WiFi.SSID());
  Serial.print("Fuerza de señal (RSSI):");
  long rssi = WiFi.RSSI();
  Serial.println(rssi);
  Serial.print("Tipo de cifrado:");
  byte encryption = WiFi.encryptionType();
  Serial.println(encryption,HEX);
  //Muestro la MAC del punto de acceso al cual estoy conectado
  byte bssid[6];
  WiFi.BSSID(bssid);
  Serial.print("BSSID: ");
  Serial.print(bssid[5],HEX);
  Serial.print(":");
  Serial.print(bssid[4],HEX);
  Serial.print(":");
  Serial.print(bssid[3],HEX);
  Serial.print(":");
  Serial.print(bssid[2],HEX);
  Serial.print(":");
  Serial.print(bssid[1],HEX);
  Serial.print(":");
  Serial.println(bssid[0],HEX);
}
```

Otros shields y módulos que añaden conectividad Wi-Fi

Además del shield oficial, existen otros shields que también añaden conectividad Wi-Fi a una placa Arduino. En esta categoría podemos encontrar por ejemplo el "Wifly Shield" de Sparkfun (producto nº 9954), que permite conectarse a redes Wi-Fi de tipo 802.11b/g usando varios sistemas de encriptación gracias al módulo Wi-Fi RN-131C que incorpora (del fabricante Roving Network). Al igual que el shield oficial, se comunica con la placa a través de los pines SPI, pero a diferencia de aquel, el "Wifly Shield" funciona a 3,3 V regulados. Otro detalle de este shield es que dispone de una pequeña área de prototipado. La manera más sencilla (aunque no la única) de configurar y gestionar este shield es utilizando la librería disponible en <u>https://github.com/sparkfun/WiFly-Shield</u>.

Otro shield interesante es el "Wifi shield" de DFRobot, el cual incorpora el módulo Wi-Fi WizFi210 de Wiznet. Este módulo aporta conectividad 802.11b/g/n con posibilidad de usar también varios sistemas de encriptación. Además, este shield permite el acoplamiento de una antena externa gracias a su conector de tipo "U.FL". La configuración de este shield es algo diferente a los anteriores: para establecer los datos de conexión del shield (SSID con el que asociarse, la posible contraseña, la indicación de si se solicitará ip vía DHCP o no, etc.) se ha de utilizar un programa de tipo "terminal serie" y enviar una serie de comandos específicos. Una vez hecho esto, el shield ya estará configurado de forma predefinida para conectarse a una red predeterminada. A partir de allí ya podremos recibir y enviar datos a través de ella utilizando en nuestro sketch simplemente las funciones *Serial.print()* y *Serial.read()*. Los usuarios de Windows pueden utilizar el programa gráfico WizSmartScript (descargable de la página oficial de Wiznet) que ayuda a tener configurado este shield en unos pocos pasos sin necesidad de conocer ningún comando concreto. Para más detalles sobre cómo configurar y utilizar este shield, remito a la información disponible en la web del producto.

Otro ejemplo es el shield "Arduino Wifi Shield", de Open-Electronics, el cual incorpora una antena integrada y el chip ZG2100 de Microchip (todo ello encapsulado en forma de módulo, el MRF24WB0MA). Este shield permite utilizar los modos 802.11b/g/n, incluye también un zócalo microSD, funciona a 3,3 V, y se comunica con la placa mediante SPI. Para poder configurarla y utilizarla se puede utilizar una librería específica disponible en http://code.google.com/p/wifi-shield-oe.

Otro shield que incorpora el mismo módulo wi-fi de Microchip es el "CuHead Wifi Shield" de Linksprite, el cual utiliza también el protocolo SPI para comunicarse con la placa, pero ha de ser programado mediante una librería propia, descargable desde https://github.com/linksprite/ZG2100BasedWiFiShield. Linksprite también construye y vende otros shields wi-fi, como el llamado "Anaconda" (el cual puede ser controlado simplemente mediante *Serial.print()* y *Serial.read()*) o el llamado "Juniper" (con el módulo wi-fi GS1011 del fabricante Gainspan). En todo caso, remito a la consulta de las páginas web respectivas para conocer los detalles técnicos de configuración y uso de cada uno de estos shields.

Otro shield similar es el "Arduino Wifi Shield" de Olimex, el cual incorpora el zócalo para incluir un módulo Wiz610wi de Wiznet (el módulo propiamente y la antena se ha de adquirir aparte). Este módulo es capaz utilizar los modos 802.11b/g y se puede programar con una librería específica, descargable desde la propia web de Olimex. Allí también podemos acceder a su guía de instalación, configuración y uso, además de descargar varios códigos de ejemplo.

Otro shield que permite la conectividad 802.11b (y varios métodos de cifrado) es el llamado "Hydrogen" de DIY Sandbox. Contiene un zócalo microSD y se puede programar mediante la librería "Wirefree", disponible en la página https://github.com/diysandbox/Wirefree. El mismo fabricante ofrece también una placa llamada "Platinum" que es compatible con la placa Arduino UNO y que tiene la capacidad de conectarse vía Wi-Fi sin necesidad de ningún shield (de hecho, ofrece las mismas prestaciones que el shield "Hydrogen" –mismos métodos de cifrado, mismo zócalo microSD, misma librería de programación, etc.– pero en forma de una única placa). Esta placa se programa vía FTDI.

Otro shield es el "RedFly" de Watterott. Este shield permite conectarse a redes de tipo 802.11b/g/n/i con los mismos métodos de cifrado que el resto de shields ya comentados. No dispone de zócalo microSD. Se programa mediante la librería disponible en https://github.com/watterott/RedFly-Shield.

Si hablamos de módulos, Sparkfun comercializa con el código de producto 10050 un módulo llamado "Wifly GSX Breakout" que incluye el mismo chip que viene en su "Wifly Shield", el RN-131C. Esta plaquita breakout en su configuración más básica tan solo requiere cuatro conexiones: alimentación (3,3 V), tierra, RX (a un pin TX por software de la placa Arduino, para no interferir con la comunicación serie por hardware) y TX (al pin RX de Arduino), y se puede programar mediante la librería "Wifly Serial", disponible en http://sourceforge.net/projects/arduinowifly.

Otros módulos Wi-Fi (más baratos que el anterior) son los llamados RN-XV, distribuidos también en Sparkfun con códigos de producto 11047, 11048 y 10822. Estos productos se diferencian entre sí en el tipo de conector que proporcionan para la antena: el primero ofrece un conector de tipo "SMA" para enchufarle una antena compatible (como podría ser por ejemplo el producto nº 145 o nº 558), el segundo proporciona un conector de tipo "U.FL" para enchufarle una antena compatible (como podría ser por ejemplo el producto nº 11320) y el tercero proporciona directamente una antena de tipo "wire". Salvando estas diferencias, todas estas plaquitas breakout permiten conectarse a redes de tipo 802.11b/g y, en su configuración más básica, requieren las mismas cuatro conexiones: alimentación (3,3 V), tierra, RX (a un pin TX por software de la placa Arduino, para no interferir con la comunicación serie por hardware) y TX (al pin RX de Arduino). Todas se pueden programar mediante la misma librería usada con el "Wifly Shield" de Sparkfun (aunque incorporen otro chip, el RN-171).

La ventaja de los módulos RN-XV es que tiene la misma forma y disposición de pines que los módulos XBee, por lo que, de hecho, se podrían utilizar acoplados a la "Arduino Wireless Shield" oficial. Esta característica hace que sean ideales cuando tengamos una instalación ya montada de módulos XBee y deseemos realizar un cambio a la tecnología Wi-Fi de la forma más rápida y sencilla posible: simplemente sustituyendo un módulo por el otro (y modificando los sketches pertinentes, claro) ya debería ser suficiente.

COMUNICACIÓN A TRAVÉS DE BLUETOOTH

¿Qué es Bluetooth?

Bluetooth (http://www.bluetooth.org) es el nombre de una especificación industrial (estandarizada oficialmente con el nombre de IEEE 802.15.1) que define las características de un tipo de redes inalámbricas de corto alcance. Su principal uso es proporcionar un protocolo de comunicación entre distintos dispositivos electrónicos de consumo (computadores, impresoras, teléfonos, cámaras digitales, dispositivos de audio, etc.) relativamente próximos (a unos pocos metros de distancia) sin que haya la necesidad de llevar un control explícito por parte del usuario de direccionamientos de red, permisos y otros aspectos típicos de redes tradicionales. La principal ventaja de usar Bluetooth es que permite simplificar el descubrimiento y configuración automática de dispositivos cercanos, ya que estos pueden indicarse entre sí los servicios que ofrecen de forma autónoma.

El estándar Bluetooth utiliza para la transmisión de voz y datos un enlace de radiofrecuencia en la banda ISM de los 2,4 GHz. Las bandas ISM ("Industrial, Scientific and Medical") están reservadas internacionalmente para el uso no comercial de radiofrecuencia electromagnética. Esto quiere decir que se pueden utilizar abiertamente por todo el mundo sin necesidad de licencia, simplemente respetando las regulaciones que limitan los niveles de potencia transmitida. Existen otras tecnologías inalámbricas que utilizan las mismas bandas ISM, como por ejemplo el estándar inalámbrico "Wi-Fi" (basado en la especificación IEEE802.11, http://www.ieee802.org/11) que precisamente utiliza también la banda de los 2,4 GHz, tal como ya sabemos. No obstante, Bluetooth y Wi-Fi cubren necesidades diferentes: Wi-Fi utiliza una potencia de salida de señal mayor, por lo que lleva a conexiones más sólidas, rápidas, seguras y de mucho mayor alcance, pero requiere una cierta configuración previa (similar a una red Ethernet tradicional).

Dentro del estándar Bluetooth están definidos los llamados "perfiles de dispositivo". Cada "perfil" es un protocolo adicional superpuesto al protocolo Bluetooth básico que determina la manera de comunicarse que tendrá el dispositivo que lo implemente. Es decir: dependiendo del perfil utilizado, un dispositivo Bluetooth será capaz de recibir/transmitir en un formato de datos concreto y no en otro. Esto implica que para que dos dispositivos Bluetooth se puedan comunicar entre sí, han de utilizar el mismo perfil: no basta con que "sean solo Bluetooth".

Un dispositivo puede implementar uno o más perfiles, y actuar por tanto de una manera u otra según el uso que se le dé. Los perfiles más habituales dentro del ecosistema Arduino son dos: el SPP (Serial Port Profile) y el HID (Human Interface Device Profile). El primero sirve para que el dispositivo que lo implemente pueda establecer una comunicación de tipo serie con otros dispositivos (al estilo de los chips UART); este es el perfil que tienen los módulos y shields Bluetooth estudiados en este apartado. El segundo sirve para que el dispositivo que lo implemente pueda comportarse como un ratón, un teclado, un joystick o un pulsador (entre otros dispositivos de baja latencia y consumo). De hecho, el perfil HID de Bluetooth es muy parecido al protocolo HID definido en el estándar USB (el cual implementan las placas Leonardo y Due mediante las librerías "Mouse" y "Keyboard").

Módulos que añaden conectividad Bluetooth

Si queremos dotar a nuestra placa Arduino UNO de la capacidad de comunicarse vía Bluetooth, deberemos conectarle algún módulo receptor/transmisor Bluetooth. Estos módulos funcionan por lo general como dispositivos esclavos, por lo que deberá ser el otro extremo de la comunicación (normalmente un computador o un teléfono móvil con capacidad Bluetooth) el que funcione como dispositivo maestro. Es decir, siempre será el computador/móvil quien inicie la conexión con la placa Arduino y no al revés. Si nuestro computador no dispusiera de ningún emisor/receptor de Bluetooth integrado, podríamos acoplarle uno externo, como por ejemplo el producto nº 9434 de Sparkfun.

Sparkfun distribuye varios módulos, llamados genéricamente "BlueSMiRF". Dos de ellos (el producto nº 158 y el nº 10268) incorporan el chip RN-41, el cual permite conexiones de hasta distancias de 100 metros. La diferencia entre estos dos módulos consiste en que el primero incluye un conector de tipo "SMA" para enchufar una antena compatible y el segundo incluye la antena ya integrada dentro del PCB del módulo.

Otros módulos "BlueSMiRF" son los productos nº 10269 y nº 10393. Ambos incorporan el chip RN-42 y tienen la antena ya integrada dentro del PCB del módulo. La principal diferencia entre ambos módulos es que el segundo está específicamente diseñado para ser usado junto con las placas Arduino Pro o Arduino Lilypad mediante conexión FTDI. Por otro lado, la principal diferencia entre el chip RN-42 y el RN-41 de los módulos anteriores es que el RN-42 es de "clase 2" mientras que el RN-41 es de "clase 1". Que un dispositivo sea de "clase 2" implica que su distancia máxima útil de detección y transmisión de datos es de tan solo unos 10 metros, pero a cambio, su consumo eléctrico es mucho menor.

En todo caso, todos estos módulos se configuran y utilizan de forma similar. Básicamente lo que hacen es transformar la señal Bluetooth recibida desde el exterior en una señal serie RX para entregarla al ATmega328P de la placa Arduino, y transformar la señal TX generada por el ATmega328P en una señal Bluetooth lista para enviar al exterior. Por tanto, una vez establecido el cableado pertinente, manejar la transferencia de datos vía Bluetooth es tan sencillo como utilizar las funciones del objeto Serial (concretamente, *Serial.print()* para enviar al exterior y *Serial.read()* para recibir de él). La velocidad de comunicación entre el ATmega328P y los módulos BlueSMiRF es por defecto de 115200 bits/s, por lo que este valor deberá ser el especificado en *Serial.begin()*.

Los módulos BlueSMiRF disponen de 6 conectores. Dos de ellos no los utilizaremos para nada: se trata de los etiquetados como "CTS" y "RTS". Los otros conectores son triviales: el conector de alimentación "VCC" ha de ser enchufado a una fuente de 3,3 V (aunque los 5 V los acepta también), el conector "GND" a tierra, el conector "TX" ha de ser enchufado al pin-hembra "RX" de la placa Arduino y el conector "RX" ha de ser enchufado al pin-hembra "TX" de la placa. Además, puede existir un séptimo conector algo distanciado de los anteriores etiquetado como "PIO4", utilizado para resetear los valores de fábrica del módulo (este tampoco lo utilizaremos). No obstante, para no tener problemas a la hora de configurar estos módulos, no debemos cablear "de golpe" los cuatro conectores (VCC, GND, TX y RX), sino que debemos seguir estos pasos:

1. Cargar en la placa Arduino de la forma habitual (vía USB) el código que queramos que ejecute.

2. Alimentar el módulo enchufando solamente el conector "VCC" y "GND" y situarlo cerca de un dispositivo maestro Bluetooth (un computador o un teléfono móvil) con el que se quiere establecer comunicación. Se puede hacer esto con más de un dispositivo maestro si se desea.

3. El módulo debería ser detectado por ese dispositivo maestro. El software de gestión Bluetooth que esté instalado en este (todos los sistemas operativos incluyen uno "de fábrica") solicitará entonces una clave para poder establecer comunicación con el módulo. La clave por defecto de todos los módulos BlueSMiRF comercializados por Sparkun es "1234". Una vez introducida la clave, el dispositivo maestro reconocerá automáticamente ese módulo como un puerto serie más, cuyo nombre concreto depende del sistema operativo del dispositivo maestro (por ejemplo, en Windows los módulos Bluetooth suelen detectarse como puertos "COMx", en Linux como dispositivos /dev/rfcommX, etc). Afortunadamente, este dato generalmente no será necesario conocerlo.

4. Conectar el módulo a la placa Arduino (es decir, las líneas RX y TX). A partir de aquí ya disponemos de una placa Arduino autónoma capaz de comunicarse utilizando un canal serie con los dispositivos maestros configurados en los pasos anteriores.

5. Para poder enviar datos interactivamente desde el dispositivo maestro a la placa Arduino o bien para observar los datos recibidos de esta en tiempo real, debemos utilizar una aplicación de tipo "terminal serie" como los comentados en el capítulo 3 para sistemas Windows, Linux y Mac OS X (si estamos utilizando como dispositivo maestro un teléfono con Android, una buena aplicación es BlueTerm (https://play.google.com/store/apps). Como siempre, lo único que debemos hacer para utilizar este tipo de programas es seleccionar el puerto serie correspondiente al módulo Bluetooth (de entre los detectados en ese momento, mostrados en una lista) y la velocidad de comunicación (en bits/s) apropiada. Una vez lleguen los datos al dispositivo maestro, otro tema sería qué hacer con ellos (guardarlos en un fichero tabulado, o en una base de datos, o representarlos gráficamente en tiempo real, etc.).

Si las líneas RX y TX del módulo se mantienen conectadas y se desea volver a cargar un nuevo sketch en la placa Arduino, aparecerán problemas de comunicación y el sketch no podrá ser cargado correctamente. Una solución sería desconectar estas dos líneas, cargar el sketch y volverlas a conectar. Otra solución sería utilizar en vez de las líneas RX/TX hardware, un par de líneas SoftwareSerial; de esta manera, la comunicación serie con el módulo Bluetooth no interfiere con la comunicación serie a través de USB.

Ejemplo 8.10: A continuación mostramos un código de ejemplo donde se demuestra lo sencillo que resulta (una vez realizados los pasos anteriores) la gestión de tráfico Bluetooth entre la placa Arduino y un dispositivo maestro. Concretamente, este sketch hace que la placa Arduino envíe inalámbricamente al dispositivo maestro un mensaje infinitas veces, cada dos segundos.

```
#include <SoftwareSerial.h>
//Conectamos el módulo a los pines 2 y 3 (de tipo SoftwareSerial)
SoftwareSerial bt(2,3);
void setup(){
  bt.begin(115200);  //Velocidad por defecto de los módulos BlueSMiRF
}
void loop(){
  bt.println("Hola");
  delay(2000);
}
```

Ejemplo 8.11: El siguiente sketch supone que hemos conectado un LED al pin de salida digital nº 13 de nuestra placa Arduino. Cuando esta reciba a través de una señal Bluetooth (proveniente de algún dispositivo maestro) el carácter "1", el LED se encenderá; cuando reciba el carácter "0", el LED se apagará.

```
#include <SoftwareSerial.h>
char carácter;
SoftwareSerial bt(2,3);
void setup() {
  bt.begin(115200);
  pinMode(13, OUTPUT);
}
void loop() {
  //Mientras no se recibe nada, no hago nada
  while (bt.available()==0){;}
  caracter = bt.read();
  if( caracter == '0' ) digitalWrite(13,LOW);
  if( caracter == '1' ) digitalWrite(13,HIGH);
  delay(50);
}
```

Los módulos BlueSMiRF se comercializan con un conjunto de valores "de fábrica" (bits/s por defecto, clave por defecto, nombre del módulo por defecto, etc.) que pueden ser modificados por nosotros si así lo deseamos. Para ello, debemos entrar en el "modo comando" y enviar los comandos de configuración pertinentes.

Esto se hace conectándonos al módulo mediante nuestra aplicación "terminal serie" preferida a una velocidad a 9600 bits/s y escribiendo el comando especial "$$$" (sin las comillas). Atención, esto ha de hacerse dentro del primer minuto después del encendido eléctrico del módulo: después ya no será posible entrar en el "modo comando". Si se considera este tiempo demasiado corto, se puede modificar y guardar el nuevo tiempo mediante precisamente un determinado comando.

Una vez escrito el comando "$$$", el módulo debe responder con el mensaje "CMD". A partir de aquí, antes de enviar cualquier comando, debemos cambiar primero la configuración del programa terminal serie para que los comandos enviados acaben en un carácter de final de línea (el módulo así lo requiere) por lo que deberemos establecer una opción llamada "Newline", "Carriage return" o similar allí donde antes aparecía la opción "No line ending" o similar, que es la que generalmente está puesta por defecto.

Una vez hecho lo anterior, ya podremos enviar los comandos que deseemos, los cuales pueden ser de tres tipos: comandos para obtener información del módulo, comandos para establecer parámetros de configuración del módulo y comandos para conectar/desconectar con otros módulos. Un comando del primer tipo es por ejemplo "D" (sin comillas), que permite conocer los datos básicos del módulo (bits/s, nombre, dirección, etc.); otro que ofrece información algo más detallada es el comando "E". Un comando del segundo tipo puede ser el comando "SP,nuevaclave", que sirve para cambiar la clave del dispositivo (por defecto, "1234", recordemos) por la especificada. Un comando del tercer tipo puede ser el comando "I,30", el cual realiza un escaneado durante los segundos especificados (30, en este caso) para detectar la presencia de dispositivos Bluetooth cercanos. Existen multitud más de comandos, pero en este libro no tenemos espacio suficiente para profundizar en ellos; afortunadamente, todos los comandos están perfectamente documentados tanto en el datasheet de los chips RN-41 y RN-42 (de hecho, son los mismos comandos para ambos) como en la estupenda "Advanced User Guide", descargable de la página web del producto en Sparkfun. Para salir del "modo comando" y volver al modo de transmisión de datos estándar, se ha de escribir el comando "---" (sin comillas). Recordar establecer la opción "No line ending" otra vez.

Otra placa breakout Bluetooth interesante es la llamada "JY-MCU BT BOARD", disponible en DealExtreme (entre otros) con código de producto nº 104299. Trabaja por defecto a 9600 bits/s y su clave es también "1234". Igualmente, dispone de cuatro conectores: "VCC" (a conectar en este caso a 5 V), "GND", "RXD" y "TXD" y tiene la antena integrada en el PCB. Los pasos a seguir son similares a los ya descritos: cargar el código en la placa Arduino, emparejar el módulo Bluetooth con los dispositivos maestros a utilizar, conectarlo a la placa y utilizar un programa terminal serie para interaccionar con él.

Una placa breakout Bluetooth curiosa es el "BTBee" de IteadStudio, ya que su forma y la disposición de los pines VCC, GND, RX y TX es compatible con los módulos XBee (y trabajan, como ellos, a 3,3 V). Esta característica hace que sean ideales para cuando tengamos una instalación ya montada con módulos XBee y deseemos realizar un cambio a la tecnología Bluetooth de la forma más rápida y sencilla posible. Incorpora el módulo HC-06, que integra una antena en su PCB. Esta placa se adquiere funcionando por defecto a 38400 bits/s y con una clave de "0000". En la página web del producto hay disponible gran cantidad de información muy recomendable de consultar: desde la referencia de comandos de configuración hasta varios códigos de ejemplo, pasando por diferentes esquemas de conexiones.

Otra placa a destacar es el "LC-05 Bluetooth Serial Module Master/Slave in One" fabricado por AliExpress y distribuido entre otros por ElectronDragon. Tal como su nombre indica, esta placa, a diferencia de las anteriores, puede funcionar tanto en como esclavo (por defecto) como maestro (si se le configura mediante los comandos adecuados). Puede funcionar a 3,3 V o 5 V, trabaja a 9600 bits/s por defecto y su clave es "1234".

Shields que añaden conectividad Bluetooth

Para añadir conectividad Bluetooth, también podemos utilizar shields acoplables a nuestra placa Arduino en vez de módulos independientes. En este caso, la forma de trabajar de los shields es muy similar: a través de dos pines se alimentan eléctricamente (5 V o 3V3 y GND) y a través de otros dos pines se establece una comunicación serie (normalmente de tipo software para no interferir con la comunicación serie hardware existente en los pines 0 y 1). Estos dos pines generalmente pueden ser escogidos dentro de nuestro sketch.

Un ejemplo es el "Bluetooth Shield" de Seeedstudio. Este shield puede actuar tanto como dispositivo maestro como esclavo, por lo que nos puede servir tanto para establecer comunicación con un computador o teléfono móvil (como hemos venido viendo hasta ahora) pero también para establecer comunicación entre dos Arduinos con sendos shields Bluetooth (uno maestro y otro esclavo). Debido a esta versatilidad, su configuración y uso es algo más complejo que lo visto hasta ahora. Hay que tener en cuenta, no obstante, que su rango de detección máximo es de 10 metros (clase 2). En la wiki oficial del producto ofrecen una amplia documentación sobre sus valores por defecto, todas sus configuraciones posibles y diversos casos de uso. Además, se proporciona una librería propia específica para su manejo y varios códigos de ejemplo. Otros shields muy parecidos al anterior (ya que también pueden funcionar en modo esclavo o maestro) son el "Bluetooth Shield" de Elecfreaks y el "BT shield v2.2" de Iteadstudio, ambos basados en el módulo HC-05, también de clase 2 y con antena integrada.

Hay que distinguir el "BT shield v2.2" del "BT shield v2.1" de Iteadstudio. Este último es un shield que está basado el módulo Bluetooth HC-06 (también de clase 2) pero que tan solo puede funcionar como modo esclavo. Esto hace que la configuración y funcionamiento de este shield sea más sencillo. Concretamente, lo primero que debemos hacer para empezar a utilizarlo es acoplarlo sobre una placa Arduino encendida pero que no esté ejecutando ningún tipo de código. Para asegurar este punto, lo más sencillo es cargar un sketch en el cual las funciones "setup()" y "loop()" estén completamente vacías. Con esto conseguimos alimentar el shield de forma que pueda ser detectado por el dispositivo maestro y pueda ser emparejado (la clave por defecto es "1234"). Una vez reconocido el shield por este dispositivo maestro, debemos desacoplar el shield y cargar seguidamente a la placa Arduino el código deseado (vía USB como siempre). Este código deberá usar el objeto "Serial" para la comunicación serie-Bluetooth (funciona a 9600 bits/s por defecto). Finalmente, hemos de volver a acoplar el shield sobre la placa Arduino y asegurarnos de que el pequeño interruptor que este incorpora está colocado en posición "To Board".

Si queremos configurar los datos básicos de este shield (nombre, clave, etc.), tendremos que entrar en el "modo comando". Para ello, deberemos mantenerlo acoplado a la placa Arduino y conectar esta a un computador vía USB, colocando el pequeño interruptor del shield en la posición "To FT232". Tendremos que volver a cargar un sketch completamente vacío en la placa Arduino y seguidamente, ejecutar nuestra aplicación "terminal serie" preferida a una velocidad de 9600 bits/s para conectarnos al puerto USB (¡no al Bluetooth!): a partir de entonces podremos ejecutar los comandos de configuración que deseemos. Un comando útil es por ejemplo "AT+PINxxxx" (sin comillas), que sirve para cambiar la clave (la nueva se especifica en el lugar de las "x"). Todos los comandos disponibles se pueden consultar en el datasheet del módulo HC-06. Una vez hayamos terminado, deberemos desacoplar el shield y cargar seguidamente a la placa Arduino el código deseado (vía USB como siempre). Finalmente, hemos de volver a acoplar el shield sobre la placa Arduino, asegurándonos de que el pequeño interruptor que este incorpora está colocado en posición "To Board".

DISTRIBUIDORES DE ARDUINO Y MATERIAL ELECTRÓNICO

Existen muchas tiendas online donde podemos adquirir los distintos modelos de placas y shields Arduino. Las variaciones de precio suelen ser de unos pocos euros y el servicio en general es bueno en todas, así que la elección de una u otra se suele basar principalmente en la experiencia personal de cada uno. A continuación, se indican (ni mucho de menos de forma exhaustiva ni completa) alguna de las tiendas más conocidas para adquirir todo lo necesario para nuestros proyectos con Arduino.

El primer sitio donde podemos ir es la tienda oficial de Arduino: http://store.arduino.cc. Además de las placas y shields oficiales, desde aquí podemos adquirir otros elementos, como por ejemplo diferentes shields no oficiales, módulos TinkerKit (por separado o en forma de kit), el microcontrolador Atmega328P suelto pero con el bootloader Optiboot ya cargado, el chip controlador de motores L298N, tarjetas microSD, módulos PoE, cables USB de distinto tipo, ristras de pines-macho y pines-hembra de distinta longitud para colocar en shields, etc. También podemos comprar componentes electrónicos básicos para poder montar cualquier circuito, como resistencias, potenciómetros, LDRs, condensadores, LEDs, pulsadores, cables de distinta longitud, pinzas, breadboards de diferente tamaño, etc.

Otro sitio que podemos consultar es http://arduino.cc/en/Main/Buy, donde podemos ver un listado exhaustivo de los distintos distribuidores de Arduino oficiales reconocidos, clasificados por países. En todos ellos podremos encontrar las diferentes placas y shields oficiales Arduino, así como el resto de componentes necesarios para realizar cualquier proyecto (desde resistencias, potenciómetros, condensadores, diodos, LEDs, LCDs, transistores, zumbadores, pulsadores, breadboards, cables, multímetros... hasta motores de diversos tipos, material para robótica, módulos TinkerKit, módulos XBee, antenas, diferentes tipos de fuentes de alimentación y sus complementos, teclados numéricos, chips de todo tipo, sensores de toda clase, placas y shields no oficiales...), incluyendo también la posibilidad de adquirir kits completos ya preparados con lo esencial. Algunos de los distribuidores que aparecen en la sección "Spain" son:

Electan	(http://www.electan.com)
CanaKit	(http://www.canakit.es)
Bricogeek	(http://www.bricogeek.com/shop)
Cooking-Hacks	(http://www.cooking-hacks.com)
Ardutienda	(http://www.ardumania.es/ardutienda)
Elect. Embaj.	(http://www.electronicaembajadores.com)
Bcncybernetics	(http://www.bcncybernetics.com)
Ro-botica	(http://www.ro-botica.com/arduino.asp), especializados en robótica.

También existen diversos distribuidores para Argentina, Brasil, Chile, Colombia, Costa Rica, Ecuador, México, Panamá y Uruguay.

Aunque si lo que queremos es consultar durante horas y horas el inmensísimo catálogo que presentan los grandes distribuidores de Arduino y electrónica a nivel mundial (y leer la gran cantidad de interesantísimos artículos y tutoriales que muy a menudo ofrecen sobre sus productos, algunos de los cuales están diseñados y fabricados por ellos mismos), a continuación, se muestra una lista (ni mucho menos exhaustiva) de los más importantes. Algunos de ellos han aparecido a menudo a lo largo del libro.

Sparkfun	(http://www.sparkfun.com)
Adafruit	(http://www.adafruit.com
Makershed	(http://www.makershed.com)

Y también:

DFRobot	(http://www.dfrobot.com)	Freetronics	(http://www.freetronics.com)
Iteadstudio	(http://iteadstudio.com/store)	Seeedstudio	(http://www.seeedstudio.com)
Yourduino	(http://www.yourduino.com)	Fungizmos	(http://store.fungizmos.com)
Modern Device	(http://shop.moderndevice.com)	Cutedigi	(http://www.cutedigi.com)
RSH Electronics	(http://www.rshelectronics.co.uk)	SK Pang	(http://www.skpang.com)
Littlebird Elect.	(http://littlebirdelectronics.com)	Hacktronics	(http://www.hacktronics.com)
Hobbytronics	(http://www.hobbytronics.co.uk)	Mindkits	(http://www.mindkits.com)
Cool Components	(http://www.coolcomponents.co.uk)	Oomlout	(http://www.oomlout.co.uk)

Nkcelectronics	(http://www.nkcelectronics.com)	Eio	(http://www.eio.com)
Australian Robotics	(http://australianrobotics.com.au)	Snootlab	(http://www.snootlab.com)
EarthShine Design	(http://www.earthshinedesign.com)	Kineteka	(http://shop.kineteka.com)
EvilMadScience	(http://evilmadscience.com)	Lees	(http://www.leeselectronic.com)

Proveedores de Arduino que están más específicamente especializados en componentes para robótica son:

Pololu	(http://www.pololu.com)	Solarbotics	(http://www.solarbotics.com)
RobotShop	(http://www.robotshop.com)	RobotBits	(http://robotbits.co.uk)
TrossenRobotics	(http://www.trossenrobotics.com)	SGBotic	(http://www.sgbotic.com)
ActiveRobots	(http://www.active-robots.com)	RobotGear	(http://www.robotgear.com.au)
Toysdownunder	(http://www.toysdownunder.com)	RobotStore	(http://www.robotstore.com)
RobotElectronics	(http://www.robot-electronics.co.uk)	SuperRobot	(http://www.superrobotica.com)
Juguetronica	(http://www.juguetronica.com)		

Otros proveedores dignos de mención también son: Open Electronics (http://store.open-electronics.org), especializados en control remoto y localización, Makerbot (http://store.makerbot.com) y RepRap (http://reprap.org), especializados en el diseño y construcción de impresoras 3D, o Microcontrollers Shop (http://microcontrollershop.com), los cuales venden todo lo relacionado con microcontroladores Atmel y de otras marcas.

Si estuviéramos buscando un componente electrónico tan extraño que no lo encontráramos en ninguno de los sitios anteriores, después de preguntar en nuestra tienda local más cercana aún podríamos consultar los inabarcables catálogos de los siguientes proveedores más importantes a nivel mundial de componentes eléctricos y electrónicos (la lista no es exhaustiva, ni mucho menos), como por ejemplo:

Mouser	(http://es.mouser.com)	Jameco	(http://www.jameco.com)
Farnell	(http://es.farnell.com)	RS	(http://es.rs-online.com)
Digikey	(http://www.digikey.es)	Newark	(http://www.newark.com)
Conrad	(http://www.conrad.com)	Mpja	(http://www.mpja.com)
Maplin	(http://www.maplin.com)	RadioShack	(http://www.radioshack.com)
Verical	(http://www.verical.com)	Vishay	(http://www.vishay.com)
Velleman	(http://www.velleman.eu)	Jaycar	(http://www.jaycar.com)
Satistronics	(http://www.satistronics.com)	Allied El.	(http://www.alliedelec.com)
Future Electronics	(http://www.futureelectronics.com)	Futurlec	(http://www.futurlec.com)
Gateway Catalog	(http://www.gatewaycatalog.com)	BGMicro	(http://www.bgmicro.com)
Sure Electronics	(http://www.sureelectronics.net)	Chip1Stop	(http://www.chip1stop.com)
BPE Solutions	(http://www.bpesolutions.com)	DealExtreme	(http://www.dx.com)
Goldmine	(http://www.goldmine-elec.com)	RapidOnline	(http://www.rapidonline.com)
AllElectronics	(http://www.allelectronics.com)	PartsExpress	(http://www.parts-express.com)

OnlineComponents (http://www.onlinecomponents.com)

Por si fuera poco, también disponemos de dos páginas muy prácticas que nos pueden ayudar a buscar dónde venden un componente determinado y comparar su precio (y stock actual) entre distintos proveedores: http://www.findchips.com y http://www.octopart.com.

Kits

De todas formas, lo más cómodo para el principiante de Arduino es adquirir los llamados "kits", formados por una placa Arduino (normalmente, el modelo UNO) más una colección relativamente completa de componentes electrónicos ya preempaquetados. Incluso algunos de ellos vienen con un libro didáctico de proyectos paso a paso. Adquiriendo uno de estos kits, pues, el usuario no se tiene que preocupar buscando individualmente cada elemento que necesita para sus proyectos porque la mayoría de ellos ya los habrá adquirido de golpe con el kit. La mayoría de proyectos que vistos en este libro se pueden hacer realidad con cualquiera de estos kits que se listan a continuación:

"Arduino Starter Kit" (de la tienda oficial de Arduino): contiene resistencias de diferentes valores, un termistor, un LDR, un potenciómetro, un diodo, condensadores de diferentes clases, LEDs de diferentes colores, pulsadores, cables, una breadboard, pines para conectar a shields, un transistor bipolar NPN y otro MOS, un zumbador, un chip L293D, un motor DC de 6/9 V y un servomotor, un par de sensores de inclinación, un par de optoacopladores y un cable USB A/B para conectar el computador a la placa. Además, incorpora un libro de 170 páginas donde se desarrollan 15 proyectos didácticos, de más sencillos a más complicados; la lista completa se puede leer en http://arduino.cc/en/Main/ArduinoStarterKit. Existen dos variantes de este kit: uno que incorpora además de todo lo anterior una placa Arduino UNO y otro en el que no.

"Getting started with Arduino kit" (de Makershed): contiene resistencias de diferentes valores, un par de LDRs, un breadboard, cables, pulsadores, LEDs de diferentes colores, un contenedor para pilas de 9 V con conector de 2,1 mm, un cable USB y la placa Arduino UNO. Otro kit de Makershed más completo es el **"Ultimate Microcontroller Pack"**, que contiene además de todo lo anterior, dos motores mini-servos, un minimotor DC, un motor de vibración, una pantalla LCD de 16x2, una resistencia sensible a la fuerza (FSR), una caja para guardar los componentes, más modelos de breadboards, condensadores, sensor de inclinación, pulsadores, termistores, interruptores, un diodo, un transistor bipolar NPN, un altavoz, un zumbador y varias ristras de pines.

"Inventor's kit" (de Sparkfun): contiene resistencias de diferentes valores, potenciómetros de varios tipos, un LDR, diodos, LEDs de diferentes colores, pulsadores, un pequeño motor DC, un motor mini-servo, dos transistores bipolares NPN, un relé, un sensor de temperatura, un sensor de flexión, un zumbador, cables, ristra de pines, un breadboard y un soporte para fijarla, un cable USB y la placa Arduino UNO. Contiene además una guía ilustrada de proyectos. Un kit parecido al anterior es el **"Starter kit - Flex"**, el cual contiene además un termistor pero no incorpora ni la guía ilustrada, ni los transistores ni los diodos ni los motores ni el relé ni el sensor de temperatura, entre otras diferencias menores. Por otro lado, Sparkfun también distribuye el "Jumper Wire Kit", que simplemente es un conjunto extra de cables de diferentes longitudes, ideal para tenerlos siempre a mano por si faltan en nuestros proyectos de prototipado.

"Starter pack" (de Adafruit): contiene resistencias de diferentes valores, potenciómetros, un LDR, LEDs de diferentes colores, pulsadores, cables, un breadboard pequeña, una Protoshield, un adaptador AC/DC a 9 V, un contenedor para pilas de 9 V con conector de 2,1 mm, un cable USB y la placa Arduino UNO. Un kit parecido al anterior es el **"Budget pack"**, pero éste no contiene ni el contenedor para pilas ni el adaptador AC/DC ni el Protoshield, entre otras diferencias menores.

"ARDX Experimentation kit" (de Adafruit): contiene resistencias de diferentes valores, potenciómetros, una resistencia sensible a la fuerza (FSR), un LSR, dos diodos, LEDs de diferentes colores, pulsadores, un pequeño motor DC, un motor mini-servo, dos transistores bipolares NPN, un relé, un sensor de temperatura, un zumbador, cables, un breadboard y un soporte para fijarla, un clip para unir una pila de 9 V a un jack macho de 2,1 mm, un cable USB y la placa Arduino UNO. Contiene además una guía ilustrada de proyectos.

Existen muchos otros kits; dignos de mención son: el **"Kit Workshop"** de Ardumania (cuyos componentes más destacados son un sensor de temperatura, un LDR, un motor mini-servo, un zumbador, un transistor MOSFET y un diodo, pero ojo, no incluye ni el cable USB ni la placa); el **"Arduino Starter Kit",** el **"Arduino Sidekick Basic Kit"** y el **"Arduino Lab Kit"** de Cooking-Hacks (a cual más completo, además del

"Components Kit" que viene sin Arduino); el **"Starter Kit"** de Cutedigi (el cual puede ser adquirido completo o bien por partes llamadas "A","B","C", etc); el **"Arduino Educational Kit"** de Hacktronics; el **"Low-cost Starter Set"** de Yourduino; el **"Starter Kit"** de EarthShine (que contiene un manual de proyectos muy bien escrito, al igual que el **"Arduino Workshop"** de SmileyMicros.com); los **"Kits de iniciación"** de TodoElectronica.com, el "**Electronics Tools and Parts Starter Kit**" de CuriousInventor (sin Arduino), los **"Electronics Components Packs 1a"** y **"2a"** de Makershed (sin Arduino), los **"Component Starter Kit"** y **"Resistor Starter Kit"** de Akafugu (sin Arduino), etc.

Si nos interesa también el ámbito de los kits educativos de electrónica general (sin relación con Arduino), son interesantes las páginas web http://www.elektor.es y la mencionada http://www.todoelectronica.com, las cuales también son responsables de publicaciones periódicas didácticas sobre electrónica muy interesantes.

CÓDIGOS IMPRIMIBLES DE LA TABLA ASCII

Código numérico	Carácter	Código numérico	Carácter	Código numérico	Carácter
33	!	65	A	97	a
34	"	66	B	98	b
35	#	67	C	99	c
36	$	68	D	100	d
37	%	69	E	101	e
38	&	70	F	102	f
39	´	71	G	103	g
40	(	72	H	104	h
41	)	73	I	105	i
42	*	74	J	106	j
43	+	75	K	107	k
44	,	76	L	108	l

45	-	77	M	109	m
46	.	78	N	110	n
47	/	79	O	111	o
48	0	80	P	112	p
49	1	81	Q	113	q
50	2	82	R	114	r
51	3	83	S	115	s
52	4	84	T	116	t
53	5	85	U	117	u
54	6	86	V	118	v
55	7	87	W	119	w
56	8	88	X	120	x
57	9	89	Y	121	y
58	:	90	Z	122	z
59	;	91	[	123	{
60	<	92	\	124		
61	=	93	]	125	}
62	>	94	^	126	~
63	?	95	_	127	DEL
64	@	96	`		

Si se quiere conocer la tabla ASCII al completo (y sus diferentes ampliaciones), se puede consultar http://www.asciitable.com. En sistemas Linux también podemos visualizarla mediante el comando `man ascii`.

RECURSOS PARA SEGUIR APRENDIENDO

Una vez finalizada la lectura de este libro, ¡esto no ha hecho más que empezar! Las posibilidades que se abren a partir de ahora son realmente casi infinitas. No obstante, el lector necesitará otros recursos de información para progresar. Así pues, para evitar el estancamiento, a continuación, ofrecemos una lista de recursos recomendados (tanto en papel como en formato web) para profundizar en el conocimiento de las diversas áreas tratadas en el libro.

Plataforma Arduino

El mejor sitio para continuar aprendiendo todo sobre Arduino es, lógicamente su página web oficial. Lo más interesante es tal vez su "Playground" (http://www.arduino.cc/playground), wiki editable por la comunidad donde se muestran multitud de trucos y tutoriales prácticos de la más diversa índole. Otra fuente de información (aunque mucha de ella ya ha sido expuesta en este libro) es el apartado de "Hacking" de la misma web oficial (http://www.arduino.cc/en/Hacking). También existe, dentro de la web oficial, un apartado a enlaces externos con multitud de información sobre Arduino (http://www.arduino.cc/en/Tutorial/Links).

La ayuda que podemos recibir no se acaba aquí, ni mucho menos: también podemos formar parte de la amplia comunidad Arduino existente en el mundo a través del foro oficial (http://forum.arduino.cc). Desde allí podremos ayudar y ser ayudados en cualquier tema relacionado con Arduino: existen muchas categorías, que van desde consultas sobre electrónica básica, programación básica, microcontroladores, problemas en la instalación y uso del IDE, tipos de sensores, tipos de actuadores, maneras de comunicar la placa –red, serie, etc.–... hasta consultas relacionadas con ámbitos de uso, como la robótica, la domótica, el diseño interactivo, educación, ciencia, uso de textiles... pasando por consultas sobre posibles mejoras al hardware y al software Arduino, noticias sobre eventos y talleres, etc. Incluso existe un apartado específico para la comunidad hispanohablante. Es decir, resumiendo: cualquier persona interesada en Arduino debe consultar el foro oficial si quiere acceder a una ingente cantidad de información de valor incalculable, aportada gracias a la cooperación desinteresada de toda la comunidad, que hace que Arduino sea un proyecto cada vez más y más grande. ¡No olvides colaborar y aportar tu propio granito de arena!

Otro sitio de reunión de la comunidad Arduino hispanohablante es el portal Arduteka (http://www.arduteka.com), útil para estar al día de las novedades y acceder a completos tutoriales.

No está de más comentar también la existencia tanto de la cuenta de Twitter oficial de Arduino (@arduinoteam) como del blog oficial de Arduino (http://blog.arduino.cc), que nos permitirán estar al día de los proyectos más interesantes que surjan dentro de la comunidad, así como de las novedades oficiales que vayan apareciendo.

Finalmente, en la dirección http://www.arduino.cc/en/Main/ContactUs se listan las direcciones de correo electrónico utilizadas por el Arduino Team para recibir sugerencias o consultas sobre algún aspecto de Arduino que no haya quedado suficientemente aclarado en las páginas anteriores.

Respecto a la información bibliográfica existente sobre Arduino, es un hecho que cada vez es más extensa y variada. Un rápido vistazo al catálogo de la librería online Amazon, por ejemplo nos revelará multitud de títulos: algunos más enfocados a la vertiente hardware de Arduino y otros más a la vertiente de programación, otros centrados en ser un compendio de proyectos y otros en ser meras introducciones, otros más especializados en el estudio de la comunicación de sensores en redes inalámbricas y otros en la comunicación con sistemas Android, otros relacionados con la robótica y otros más en la domótica, o en el textil electrónico, etc. En este sentido, para poder elegir el libro que realmente necesitemos, recomiendo consultar su índice y así confirmar si nos ofrece lo que buscamos. También es importante fijarse en la fecha de edición, ya que fechas demasiado antiguas incorporarán códigos obsoletos.

Electrónica general

Para aprender electrónica, la mejor opción es adquirir un libro especializado en la materia. Para iniciarse recomiendo los siguientes:

*"Make: Electronics"   Charles Platt. *Make; 1ed (2009)*
*"Getting Started In Electronics" Forrest M. Mims III. *Master Publishing, Inc. (2003)*
*"Electronics for Dummies"   Cathleen Shamieh. *For Dummies;2ed (2009)*

De un nivel intermedio podemos destacar:

*"Complete Electronics Self-Teaching Guide" Earl Boysen. *Wiley;3ed (2012)*
*"Practical electronics for inventors"   Paul Scherz. *McGraw-Hill; 2ed (2006)*
*"Circuitbuilding for dummies"   H.Ward Silver. *For Dummies; 1ed (2008)*
*"Electronic projects for dummies"   Earl Boysen. *For Dummies; 1ed (2006)*
*"Teach Yourself Electricity and Electronics" Stan Gibilisco. *McGraw-Hill; 5ed (2011)*
*"Beginner's Guide to Reading Schematics"   Robert J. Traister.*TAB Books; 2ed (1991)*
*"Lessons in electric circuits"   Tony R. Kuphaldt *(2006-2010)*

El último libro mencionado en realidad son varios volúmenes descargables gratuitamente de http://openbookproject.net/electricCircuits Viene acompañado de un conjunto de preguntas, disponibles en http://www.ibiblio.org/kuphaldt/socratic.

Y de un nivel bastante más avanzado:

*"The Art of Electronics"   P. Horowitz. *Cambridge U.P;2ed (1989)*
*"The Circuit Designer's Companion"   Tim Williams. *Newnes;2ed (2005)*
*"Practical Introduction to Electronic Circuits" M.H.Jones. *Cambridge U.P;3ed (1996)*

Si, no obstante, se desea utilizar recursos online, una página web que contiene tutoriales de electrónica y circuitos de ejemplo interesantes es http://www.kpsec.freeuk.com, y también http://www.radio-electronics.com. Una web que contiene muchos ejemplos de circuitos es http://www.extremecircuits.net. Si se quieren conocer más recursos online, una web con muchos enlaces es http://www.dapj.net/hobby/educational.

Proyectos

Existen varios portales web que diariamente recopilan proyectos muy interesantes publicados en blogs personales. En realidad, muchos proyectos no están relacionados exclusivamente con Arduino, sino que muestran proyectos autónomos de robótica, domótica, control remoto, multimedia, impresión 3D…, pero consultar estos portales es una buena manera para estar al día de las ideas que van surgiendo en la comunidad y para tomar buena nota de los trucos y conocimientos empleados por mucha gente. Está claro que para aprender procedimientos frescos y adquirir ideas nuevas, lo mejor es estudiar proyectos de otras personas, y estos portales nos lo permiten. Algunos de ellos son:

Instructables (http://www.instructables.com)
Makezine (http://blog.makezine.com/arduino)
MakeProjects (http://makeprojects.com/Topic/Arduino)
HackADay (http://hackaday.com/category/arduino-hacks)
HackNMod (http://hacknmod.com)
Dangerous Prototypes (http://dangerousprototypes.com)
Electronics Lab (http://www.electronics-lab.com/blog)
BricoGeek (http://www.bricogeek.com)
Embedds (http://www.embedds.com)
Sección de proyectos Jameco (http://www.jameco.com/Jameco/PressRoom/diy.html)
Sección de proyectos Arduino (http://arduino.cc/playground/Projects/ArduinoUsers)
Proyectos del HLT (http://hlt.media.mit.edu/?cat=20 , http://hlt.media.mit.edu/?p=1283 y ?p=1314)

Algunos distribuidores (como Sparkfun, Adafruit, Makershed, Bricogeek, Cooking-Hacks, y más) incorporan dentro de sus páginas oficiales secciones donde informan puntualmente de las novedades y los eventos más destacables dentro del mundo de la computación física, siendo pues su consulta muy recomendable para estar al día en este ámbito.